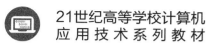

21世纪高等学校计算机
应用技术系列教材

大学计算机基础与计算思维 第2版

赵锋 主编

清華大学出版社

北京

内 容 简 介

本书从计算思维的角度,从科技与艺术的关系入手,阐述计算机基础知识、数字媒体技术、新一代信息技术、计算机应用、计算机网络与伦理共五方面的内容,通过全面的理论覆盖和个性化的案例教学,循序渐进地为读者提供大学计算机通识知识内容,并首次在教学内容和教学方法上引入生成式人工智能资源,有助于提升读者的信息素养、科技素养和艺术素养,引导读者正确认识和使用新一代信息技术。

本书内容全面,结构清晰,由浅入深,注重实践。本书适合作为高等学校本科各专业大学计算机通识课程的教材,也可作为相关计算机培训机构的教学用书,还可作为计算机爱好者的参考书。

图书在版编目(CIP)数据

大学计算机基础与计算思维 / 赵锋主编. -- 2 版.
北京:清华大学出版社,2024.7. -- (21 世纪高等学校计算机应用技术系列教材). -- ISBN 978-7-302
-66690-5

Ⅰ. TP3;O241
中国国家版本馆 CIP 数据核字第 20242ET467 号

责任编辑:陈景辉　张爱华
封面设计:刘　键
责任校对:李建庄
责任印制:宋　林

出版发行:清华大学出版社
　　　网　　　址:https://www.tup.com.cn,https://www.wqxuetang.com
　　　地　　　址:北京清华大学学研大厦 A 座　　　　邮　　　编:100084
　　　社 总 机:010-83470000　　　　　　　　　　　邮　　　购:010-62786544
　　　投稿与读者服务:010-62776969,c-service@tup.tsinghua.edu.cn
　　　质量反馈:010-62772015,zhiliang@tup.tsinghua.edu.cn
　　　课件下载:https://www.tup.com.cn,010-83470236
印 装 者:三河市天利华印刷装订有限公司
经　　销:全国新华书店
开　　本:185mm×260mm　　　印　　张:15　　　　　字　　数:364 千字
版　　次:2016 年 7 月第 1 版　2024 年 7 月第 2 版　印　　次:2024 年 7 月第 1 次印刷
印　　数:1~2500
定　　价:49.90 元

产品编号:105728-01

前　言

　　新一代信息技术正在蓬勃发展。2024年我国的政府工作报告中提出开展"人工智能＋"行动,人工智能＋教育已成为教育领域不可逆转的发展趋势。它不仅改变了传统的教学模式和教学方法,更提高了教育质量和教学效率,为未来的教育发展指明了方向。把人工智能技术深入教育教学和管理全过程、全环节,让青年一代更加主动地学,让教师更加创造性地教,就必须主动拥抱智能时代。在这一背景下,本书的改版计划应运而生,同时也是我们对第1版教材6年教学使用的改革实践。

　　与第1版相比,本书的主要改进如下。

　　本次改版在原书7章的基础上,对其内容做了增删和调整,更新了一些最新的计算机通识知识描述,增加了新一代信息技术章节和计算机色彩、当代科技艺术、计算机伦理学等相关内容,删减了原书第3章Windows操作系统和第7章网页设计与制作,对第2章计算机基础知识进行了重新梳理,使全书结构更加科学合理。

　　具体章节的修订如下。

　　第1章:增加了计算思维方法和科技艺术概念相关内容,对当代科技艺术的发展进行了溯源和展望,强化了数据和计算在智能时代的基础地位,调整了原有小节的名称,增强内容的连贯性,使本书更顺应时代发展。

　　第2章:对计算机发展和应用、计算机系统组成进行了大幅度修改,新增了计算机与色彩相关内容,将操作系统知识及其应用调整到计算机软件系统下,章节结构更加清晰,易于读者理解。

　　第3章:对数字媒体技术进行了详细阐述,并从数字音频、数字图像和视频剪辑与制作三个方向结合软件讲授了具体应用,特别针对当前互联网的流量密码——短视频进行介绍和案例制作演示。

　　第4章:新增新一代信息技术内容,立足学科交叉融合信息技术的观点,介绍了云计算与大数据、3D打印、物联网、VR技术和人工智能等技术,重点对VR和人工智能进行了详细分析解读,以帮助读者更好地掌握一两项新一代信息技术,提高了本书内容的前沿性、实用性。

　　第5章:对计算机基础软件应用进行了改版升级,对书中部分图表做了重新绘制,更新了案例描述以增强本书内容的时效性,在紧跟时代步伐的同时夯实PC端基础操作,兼顾基础教育阶段与高等教育阶段的有效衔接。

　　第6章:删减了部分网络应用服务内容,对网络应用新的方向做了针对性介绍,新增了计算机伦理与职业道德准则相关内容,加大关注数字教育之下人工智能伦理、隐私保护等的规范性,使本书内容更加完整、清晰。

配套资源

为便于教与学,本书配有源代码、教学课件、教学大纲、教案、教学进度表、案例素材、习题题库。

(1) 获取源代码、案例素材和全书网址方式:先刮开并用手机版微信 App 扫描本书封底的文泉云盘防盗码,授权后再扫描下方二维码,即可获取。

源代码   案例素材   全书网址

(2) 其他配套资源可以扫描本书封底的"书圈"二维码,关注后回复本书书号,即可下载。

本书力求科学性、实用性、科普化、通识化,内容由浅入深、循序渐进、条理清晰,结合科技与艺术的相辅相成策划、组织内容,以期达到不同专业取舍、不同层次教学研究的需要。

本书的修订由赵锋老师统筹完成,期间得到了湖北美术学院各级领导和相关部门的支持与帮助,在此深表谢意。

由于大学计算机通识教育涉及面广,知识点多,加上新一代信息技术不断进步,人工智能快速迭代发展,新的方法和技术乃至新的应用领域不断涌现,对其中不少问题,作者还缺乏深入研究,加上学识水平有限、时间仓促,书中难免存在各种疏漏,敬请各位专家和读者不吝指教。

赵 锋

2024 年 3 月

目 录

第 1 章   计算思维与科技艺术

科学和艺术本是同源。艺术思维和计算思维为人们提供了不同的视角来观察世界和生活。以逻辑思维为主的理性思考及创作需要和以形象思维为主的感性思考及创作相结合,艺术利用科学更好地通过艺术品来表达情感,科学借助艺术创作来说明世界,二者相辅相成,提供了把握世界和生活的不同支点。本章首先阐述思维的概念与科学思维的方法和内涵,通过分析计算机与计算思维之间的关系,详细介绍计算思维的提出、定义、本质、特征和应用领域,并深入探讨艺术思维与计算思维两者在内涵与发展、特征与方法、交叉与融合等多方面的异同点。

1.1   思维与科学思维

1.1.1   什么是思维

思维,作为人和动物最明显和最本质的区别,是人脑对客观事物的一般特性和规律性的一种概括的、间接的反映,是对客观事物本质和规律的一种抽象和高级认知,它运用分析和综合、抽象和概括等智力操作对所感知的信息进行加工,以存储记忆中的知识为媒介,以概念、判断和推理的形式反映事物的共同本质和规律性联系。

人类通过感觉媒体认知世界,通过记忆来组合世界,感觉和知觉是当前事物在人头脑中的直接印象,而记忆是过去经历过的事物的印迹在人头脑中的再现。如果说记忆对应人类的过去,那么感知则对应人类的现在,通过对记忆和感知的分析和比较,进而形成抽象和概括的思维过程则对应人类的未来。人们在生活实践中常常遇到许多仅靠感觉、知觉和记忆解决不了的问题,实践要求人们在已有的知识经验的基础上能预见到事物的未来变化和发展,通过迂回、间接的途径去寻找问题的答案。这种通过迂回、间接的途径去寻找问题的答案的认识活动就是思维活动。如农民依据光照、温度和作物生长周期判断作物大概的成熟日期并做出收割计划,医生依据医学知识、临床经验和一定的辅助检查判断病人的病因、病情并做出治疗方案,艺术家依据大众的审美水平、社会背景和典型的艺术形象来传达自己的情感并创作艺术作品,数学家依据人体上下结构的最优比例和艺术作品的几何尺寸发现黄金分割并为体型的优劣提供了科学依据等。直观的感觉和知觉只能反映事物的个别属性,而思维则能够反映事物的本质和事物之间的规律性联系。例如,人类通过感觉和知觉,能感知苹果从树上掉落,而月亮却能一直悬挂于星空,思维活动则能揭示这种现象背后万有引力的本质。

思维以感知为基础又超越感知的界限,它既包含理性的判断、推理、想象,又包含非理性

2

的直觉、灵感和幻想，是人们认识客观世界的高级阶段。人们的思维过程是一种对客观事物的概括的、间接的反映过程，因此间接性、概括性是思维的两个重要特征。

　　思维这两个重要特征在实践中处处存在。例如，两把从外观看几乎一模一样的菜刀，我们要知道它们哪一把更坚硬。看，看不出；摸，摸不清；闻，闻不到。直观的感知都无法得到精确的答案，只能通过思维活动去想办法。可以让两把菜刀以同样的初始速度和角度相互对砍，就会发现其中一把有豁口或者两把有不同的豁口。根据这个结果，就可以推断出哪一把菜刀更为坚硬。感知不能直接告诉我们结果，但根据两者相互作用的结果可以间接地推断出来。任何一门学科都可以找到给予我们间接认知的例证，与区别两把刀具的硬度问题相比，认知自然界或社会上更为复杂的现象就需要更为复杂的思维活动，需要更为深入地对感性材料进行加工抽象的间接认知过程。这种通过事物相互作用结果或通过其他媒介间接认知事物的活动，就体现了思维的间接特征。

　　然而，这种间接认知之所以可能，首先有赖于人们对事物的概括的认识，有赖于人们对事物的一般特性的认识。例如，为什么推断没有豁口或者豁口小的刀具比有豁口或者豁口大的刀具更硬一些呢？这是因为人们在生活实践中概括地知道金属的相对硬度和刀具豁口之间的关系。人们概括了所观察的诸如此类现象，并由此得出这类现象的一般特性，发现这类现象之间的规律性的联系和关系，即当两个硬度不同的刀具相互对撞时，其中较硬的一方往往没有豁口或者豁口更小一些。这种规律和关系并不只存在于某一两个物体对撞中，而且具有一般特性，它存在于任何具有不同硬度的两个物体对撞中，如鸡蛋碰石头、斧头砍木头等。这种事物的概括性，对事物一般特性和规律性的联系和关系的认识，是思维过程的第二个重要特征。

图 1-1　蝙蝠与雷达

　　人的思维虽然决定于客观世界，但客观世界并不是直接地、机械地决定着思维，而是通过人的改造，通过人脑对感知材料进行加工后间接地决定着思维的。因此，思维具有一定的能动性，能借助感知材料经过加工处理的方式与途径来改造客观世界。如人类通过研究飞鸟进而发明了飞机、通过研究蝙蝠进而发明了雷达（图 1-1）、通过生物工程进而提高了作物产量等，都是借助思维改造客观世界的典型案例。

　　思维借以实现的形式称为思维形式，形象思维、抽象思维、灵感思维是三种普遍的思维形式。形象思维是借助于具体形象来展开的思维过程，也称直感思维。由于艺术家、文学家在进行创造活动时较多地运用形象思维，因此也有人称之为艺术思维。抽象思维是运用概念、判断、推理等来反映现实的思维过程，也称逻辑思维。灵感思维是在不知不觉之中突然迅速发生的特殊思维形式，也称顿悟思维或直觉思维。具体人的思维在现实生活中不可能局限于哪一种。解决一个问题、做一项工作或某个思考过程，至少是两种思维并用，即抽象思维和形象思维，当然，偶然也会加上灵感思维。

　　根据思维的凭借物和解决问题的方式，可以把思维分为直观动作思维、具体形象思维和抽象逻辑思维；根据思维过程中是以日常经验还是以理论为指导来划分，可以把思维分为经验思维和理论思维；根据思维的形成和应用领域来划分，思维可分为科学思维和日常思维,科学思维比日常思维更具有严谨性和科学性。

1.1.2　什么是科学思维

　　要理解科学思维,还需要从科学抽象这个词入手。从对思维的理解可以发现,人类对自然、社会和意识活动的本质及其客观规律性的研究,都是基于具体的感知形象而存在的。思维活动经过分析和综合,从而能够将其抽象为经验或理论。抽象既与感性直观相区别,又是感性直观的发展。抽象过程的作用在于从客体的各种属性中区分并提取出它的一般属性,任何科学认识过程都是以获得对客体的这种具体认识为目标的。运用理性思维进行一番去伪存真、由表及里的改造制作,去掉感知形象非本质的、表面的、偶然的东西,抽取出事物本质的、内在的、必然的东西,从而揭示客观对象的本质和规律。科学抽象的作用更在于对对象的混沌表象进行"解剖",发现并析取其某些本质的属性、关系和联系,即对它的内在矛盾的诸方面及其关系和联系进行分别考察,并以概念、范畴和规律的形式使之确定化。历史上曾经有一些自然科学家认为,经验的方法是自然科学唯一正确的方法。但随着自然科学的进一步发展,当需要对材料进行整理时,事实说明了这样一条真理:知识不能单从经验中得出,只能依靠理性思维的帮助,才能揭示自然的本质。因此,科学抽象是科学认识从感性认识阶段上升到理性阶段的飞跃的决定性环节(图 1-2)。

　　科学抽象的产物包括科学概念、科学符号、思想模型,广义上还包括科学判断、科学假说和理论等。科学概念是科学认识中人们对事物本质属性的认识,是科学思维的最基本的单元与形式。科学概念是通过抽象抽取共同点并经过辩证分析而得出来的,必须要有实践上的可检验性,随着认识的发展而深化、变化,甚至更新,但是在一定阶段和时段具有稳定性。科学符号是思想、意义的承

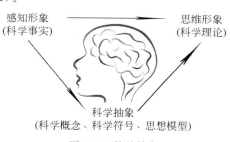

图 1-2　科学抽象

载体,在方法上是推动科学研究不可缺少的有力工具,如自然语言、科学术语中的元素符号、计算机语言等。思想模型则将对象的本质属性和基本过程以最纯粹的形式甚至以某种极限状态表现出来,如原子模型、3D 打印模型、DNA 模型等。科学理论研究的直接对象是思想模型,以实践为基础建立的思想模型,可间接地起到关于原型知识的真实性的判据作用,往往甚至可以超越现实条件,揭示研究对象在理想条件下可能出现的情况。

　　相对于艺术思维、宗教思维、情感思维等种种不同的思维形式,科学思维是指人类从事科学活动时的思维形式。因此,科学思维通常是指理性认知及其过程,是在科学研究中通过对各种经验材料的比较与分析,去其次要因素,抽取本质因素,形成科学抽象的成果——概念、符号和思想模型所进行的揭示研究对象的普遍规律和因果关系的思维方法,是主体对客体本质理性的、逻辑的、系统的认识过程,是人脑对客观事物能动的和科学的反映。科学思维具有逻辑思维、非逻辑思维(形象思维和直觉思维)两种基本类型。从西方的发展历程来看,科学思维的主要表现包括理性思维、逻辑思维、系统思维和创造性思维等几方面,其中创造性思维是科学与艺术的灵魂和基础。以目前的认识,在科学思维的谱系中,真正具备了系统和完善的表达体系的思维模式只有三个,分别是理论思维、实验思维和计算思维。其中,计算思维是最晚一个被研究和整理的思维模式。一般来说,理论思维、实验思维和计算思维

分别对应于理论科学、实验科学和计算科学。

理论思维又称逻辑思维,其推理源于数学,是通过定义、定理、证明和公理化方法,以推理和演绎为特征,利用抽象概括建立描述事物本质的概念,并应用科学的方法探寻概念之间联系的一种思维方法。理论思维以数学学科为代表,支撑着所有的学科领域。

实验思维又称实证思维,是通过观察和实验获取自然规律法则的一种思维方法,其先驱是意大利科学家伽利略。实证思维以观察和归纳自然规律为特征,往往借助特定设备来获取数据并进行分析,以物理学科为代表,其先驱是被誉为"近代科学之父"的意大利科学家伽利略。

计算思维是通过约简、抽象、转化和仿真等方法,利用计算机学科的基本概念把困难的问题重新阐释,或选择一个合适的方式去陈述问题,或对问题相关方面进行建模使其变得易于处理的思维方法。它以设计和构造为特征,以计算机学科为代表,其本质为抽象和自动化。

1.1.3 科学思维与科学方法

科学思维方法是各门具体科学通用的研究方法,是进行科学探索、科学实践、科学研究的一般方法。它是对只适用于某一门具体科学的专门方法的概括与总结,是具体科学思维方法和哲学思维方法之间的中介层次的方法,一般具有跨学科的特征。尽管一般科学思维方法只是从某一角度或侧面来审视世界,但由于它具有较高的概括力和较大的适用范围,因而能够同时应用于不同的学科。这种方法的客观基础是科学研究对象和科学本身存在着共同的属性与规律,这些共同的属性与规律通过客体向主体、客观向主观的转化,形成了各门科学通用的思维规则和手段,即各门科学共同的方法,这便是科学思维方法。

科学思维方法分逻辑方法和非逻辑方法两种。逻辑方法包括比较与分类、归纳与演绎、分析与综合、论证与反驳、抽象与具体等,非逻辑方法包括联想与类比、想象、灵感与直觉等。

比较用于确定对象之间的相同点和差异点,可以同中求异,也可以异中求同,还可以在同一对象的不同方面、不同部分之间进行。比较方法可以建立科学概念,也可以导致新的理论的诞生,如比较教育学。根据对象的相同点和不同点,也可以将对象划分为不同的分类。

归纳是从同类的个别事实推演出共同本质或一般原理的逻辑思维方法。它可以帮助我们发现自然界及人类活动的一些规律,我们甚至可以根据画家的一幅作品特征归纳出他在一段时间内的绘画风格,如梵·高于生命的晚期绘制了著名画作《麦田上的鸦群》,这幅作品以摧枯拉朽的黑暗场景展示了大自然风景的壮丽与恢弘,再用浓重的色彩进行厚涂,反映了他对自然界的深刻观察和对人类情感的敏锐捕捉。

演绎则以科学理论为前提,通过提供逻辑证明把知识联系起来形成公理体系。如欧氏几何就是演绎系统的典范,欧几里得在《几何原本》(图 1-4)中以 23 个定义、5 条公设和 5 条公理作为出发点,推演出 467 个数学命题,将古代关于几何学的知识系统化为一个逻辑上完美、严密的体系。

分析就是在思想中把研究对象的整体分解成为多个部分、多个层次、多个方面和多个要素,或者把一个复杂的过程分解为多个阶段分别加以考察,把复杂的过程简单化,便于进行研究。而综合则把研究对象结合成为一个统一的整体加以考察,以便从整体上认识和把握研究对象。综合并不是简单的因素堆积,而是采用某种观点把它们联系起来。分析是综合的基础,综合是分析的结果。

抽象通常指在认识上把事物的规定、属性、关系从原来有机联系的整体中孤立地抽取出

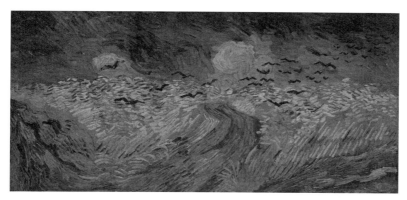

图 1-3 《麦田上的鸦群》(梵·高)

来,具体是指尚未经过这种抽象的感性对象。人对客观事物的认识是在实践的基础上,由感性的具体上升为理性的抽象的过程。抽象的本质是一种归类行为,把类似的东西归为一类并寻找对这一类都适用的统一描述方法来描述它们。客观存在的东西具有物质特性,很多具体的形象特征放在一起,会发现或体现一定的客观规律,这些规律就是抽象的,是人们主观对客观规律的认识。这种抽象在艺术上也有体现,如图 1-5 所示,徐悲鸿先生绘制的奔马图,就是从千千万万马匹的形态特征中抽象出一个具体的艺术形态,这也是长年累月仔细观察形象主体的特征,然后提炼出来的结果。

图 1-4 《几何原本》(欧几里得)

图 1-5 《奔马图》(徐悲鸿)

联想是由于某种诱因导致不同表象之间发生联系的一种没有固定思维方向的自由思维活动。主要思维形式包括幻想、空想、玄想。其中,幻想,尤其是科学幻想,在人们的创造活动中具有重要的作用,诸如无线传电、手势操作控制等很多科幻电影中的科技产品均已实现。类比则是根据两类不同对象的部分属性相似,联想推论出两类对象的其他属性也可能相似的一种推理方法。

想象在于对艺术形象情感的联想,中国传统文化所强调的内在美,即意境,意义即在于此。想象能突破时间和空间的束缚,达到思接千载、神通万里的境域。灵感则是主体对于反复思考而尚未解决的问题,因某种偶然因素或潜意识信息启发而得到突然顿悟的心理状态。直觉思维是指思维对感性经验和已有知识进行思考时,不受某种固定的逻辑规则约束而直接领悟事物的本质的一种思维方式。

计算思维与科技艺术

1.2 计算思维的概念

1.2.1 计算思维的来源和定义

目前国际上广泛使用的计算思维的概念是由美国卡内基-梅隆大学周以真教授提出的,即计算思维是运用计算机科学的基础概念,求解问题、设计系统和理解人类行为,涵盖了计算机科学之广度的一系列思维活动。

如何去理解上述计算思维的定义呢?可以从三方面进行阐述。

1. 计算思维方式求解问题

国际教育技术协会(ISTE)和计算机科学教师协会(CSTA)于2011年通过给计算思维的各要素作描述的方式下了一个操作性的定义,即计算思维是一个问题解决的过程,该过程包括以下特点:指定问题,并能够利用计算机和其他工具来帮助解决问题;要符合逻辑地组织和分析数据,并能通过抽象,如模型、仿真等,再现数据;通过算法思想(一系列有序的步骤),识别、分析和实施可能的解决方案,找到最有效的方案并支持自动化;有效结合这些步骤和资源,将该问题的求解过程进行推广并移植到更广泛的问题中。

求解问题依赖于常识性的过程、非规范的表示、朴素思想指导下的经验和科学合理的过程、形式化的描述、专家经验等。大学课堂常识性的知识不值得教,教了学生也觉得乏味,但求解问题需要的过程和方法,学生不自觉地能进行应用,也是大学课堂最值得传授的知识。

2. 计算思维方式设计系统

利用大的数据集来完成对复杂系统的建模、仿真、分析和验证。例如,地球系统(地球科学)、引力波(物理学)、星系形成(天文学)、高度复杂的动态系统仿真、健康检查、预测、设计和控制(工程领域)、通信和网络控制及最优化(信息技术)、人类和社会行为仿真(社会科学)、灾难响应模拟及反恐预备(国土防御)、采用自治响应技术的减轻外在威胁的智能系统设计(国土安全)、多样的生态环境中的进化过程的预测(生物科学)、软件开发(信息技术),以及风险分析等均依赖并最终转化为计算来完成。

计算科学是一门正在兴起的综合性学科,它依赖于先进的计算机及计算技术对理论科学、大型实验、观测数据、应用科学、国防以及社会科学进行模型化、模拟与仿真、计算等。特别是对极复杂系统进行模型与程序化,然后利用计算机给出严格理论及实验无法达到的过程数据或者直接模拟出整个复杂过程的演变或者预测过程的发展趋势。计算科学对基础科学、应用科学、国防科学、社会科学以及工程技术等的发展有着不可估量的科学作用与经济效益。

3. 计算思维方式理解人类行为

利用计算手段来研究人类的行为,可视为社会计算。社会计算涉及人们的交互方式、社会群体的形态及其演化规律等问题。目前人们广泛地以各种不同形式、方式生活在各种网络中,人们频繁地检查电子邮件和使用搜索引擎,随时随地拨打移动电话和发送短信,每天刷卡乘坐交通工具,经常使用信用卡购买商品,在朋友圈发微信,通过社交APP来维护人际关系。在公共场所,监视器可以记录人们的活动情况;在医院,人们的医疗记录以数字形式被保存;在互联网络,大数据把艺术家作为金融市场的"个股"来进行分析,从这个角度观察艺术品和艺术家成长的轨迹,并借助这些数据去分析艺术品的走向,为投资人提供艺术品投资市场的准确发展方向(图 1-6)。以上种种事情都留下了人们的数字印记。这些数据中蕴含的关于个人和群体行为的规律可能足以改变我们对个人生活、组织机构乃至整个社会的认知。

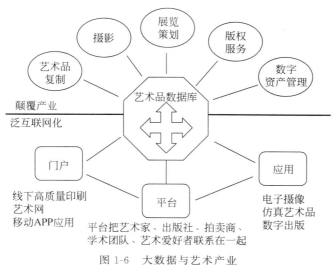

图 1-6　大数据与艺术产业

利用大规模数据收集和分析能力揭示个人和群体的行为模式,与传统社会科学通过问卷调查形式获得的数据不同,可以借助以上种种新技术获得长时间的、连续的、大量人群的各种行为和互动的数据。继计算与网络融合、计算与物理系统融合、计算与脑科学及认知科学即智能的融合之后,计算与社会科学融合形成计算社会科学已经是信息时代人类世界的必然趋势。

计算思维的详细描述是:计算思维就是通过约简、嵌入、转化和仿真等方法,把一个看来困难的问题重新诠释成一个人们已知其解决方案的问题。计算思维是一种递归思维,是一种并行处理,是数据与代码之间衔接与转译的媒介;计算思维是一种采用抽象和分解来控制繁杂的任务或进行巨大、复杂系统设计的方法,是一种选择合适的方式去陈述一个问题,或对一个问题的相关方面建模并使其易于处理的思维方法;计算思维是利用海量数据来加快计算,在时间和空间之间、在处理能力和存储容量之间折中的思维方法。在自然的、工程的、社会的和艺术的系统中,很多过程都是自然计算的,计算成为一种通用的思维方式。

需要特别指出的是,计算思维不是今天才有的,它早就存在于中国的古代数学之中,只不过周以真教授使之清晰化和系统化了。中国古代学者认为,当一个问题能够在算盘上解算时,这个问题就是可解的,这就是中国的"算法化"思想。吴文俊院士正是在这一基础上围绕几何定理的证明展开了研究,开拓了一个在国际上被称为"吴方法"的新领域——数学的机械化领域,并于 2000 年获得国家首届最高科学技术奖。

1.2.2　计算思维的本质及特征

当看到图 1-7 所示的这幅画时,人们直觉上会直接识别出绘画的主体为一个人物,这是为什么呢?不难发现,这其实是人类对人类自身观察并经过简化后得到的一个模糊形象,是

计算思维与科技艺术

8

图 1-7 自然抽象

人类自身自然抽象能力的一个最好诠释。而计算思维中的抽象可以完全超越物理的时空观,可以完全用符号或者图案来表示,是比数学抽象更为丰富和复杂的一种思维活动。计算思维中的抽象不仅像数学思维那样抛开了现实事物的物理、化学和生物等特性,而且可以使人们根据不同的抽象层次,进而有选择地忽视某些细节,最终控制系统的复杂性。在分析并解决问题的过程中,计算思维要求将注意力集中在感兴趣的抽象层次上,并要求最终能够机械地一步一步自动执行。为了确保机械地自动化,就需要在抽象过程中进行精确、严格的符号标记、建模和仿真。

计算是抽象的自动执行,自动化需要计算机去解释抽象。从操作层面上,计算就是如何寻找一台计算机去求解问题,隐含地说就是要确定合适的抽象,选择合适的计算机去解释执行该抽象,后面这个过程就是自动化。

因此,计算思维的本质是抽象和自动化。它反映了计算的根本问题,即什么可以计算并能被有效地自动进行。

有关计算思维的特征,可以从以下几方面进行总结。

(1) 计算思维是一个概念,而不是编程。

计算思维不是计算机思维;计算思维是像计算机科学家那样去思维,不是像程序员那样编程,而是能够在抽象的多个层面上思维。所以,计算机科学不是计算机编程,不能只关注计算机这一工具本身,就像绘画不能只关注画笔,唱歌不能只关注麦克风。可见,要真正理解这个特征,首先需要解决的就是"计算机工具论"误区的问题。

(2) 计算思维是人的思维,不是计算机的思维方式。

计算思维是人类解决问题的一条途径,其本质是人的思维,它的核心并非寻找什么技巧和公式,而是人类思维的一种模拟,但绝非是使人类像计算机那样去思考。计算机是一种枯燥且沉闷的机器,人类聪颖且富有想象力,正是人类发明并配置了计算设备,才赋予计算机智慧去解决那些计算时代之前不敢尝试的问题。反之,计算机也赋予了人类强大的计算能力,人类才能有力量去解决那些计算时代之前只能想却无力实现的想象。因此,说到底,计算思维还是人类的创作思维。

(3) 计算思维是数学与其他学科的交叉和融合。

计算机科学在本质上源自数学思维,像所有的科学一样,其形式化基础建立在数学之上。计算机科学又从本质上源自工程思维,因为人们建造的是能够与实际世界互动的系统,基本计算设备的限制迫使计算机科学家必须计算性地思考,不能只是数学性地思考。构建虚拟世界的自由使人们能够设计超越物理世界的各种系统。数学与其他学科的交叉和融合,以及它在建筑、机械制造、计算机技术、商业贸易、生物学、音乐、哲学、宗教、美术等学科中的角色地位,都证明了数学是几乎所有科学艺术法则中不可或缺的重要成员。

1.2.3 计算机与计算思维的关系

要理清计算机与计算思维的关系,首先需要对计算机学科有一个准确的定位认识。计算机学科即计算机科学与技术,包括科学和技术两方面,计算机科学侧重研究现象与揭示规律;计算机技术则侧重研究使用计算机进行信息处理的方法和技术手段。科学和技术相辅相成、相互影响,两者高度融合是其突出的特点。计算机技术发展至今,源于其应用的广泛性和社会对它的强烈需求,使它逐步渗透到人类社会的各个领域,成为经济发展的倍增器以及科学文化和社会进步的催化剂。

但随着计算的技术进步,信息器件、设备与软件的变革性突破,计算机越来越变得平民化和傻瓜化,与核技术、化工技术、光电技术等相比,计算机完全没有了神秘感,人们对计算机的功能都非常熟悉,每个人都将计算机作为工具使用,进而形成了一种看法:"计算机只不过是工具。"这种看法不可避免地反映到了中小学信息技术教育以及高等院校计算机课程教学中。这种看法本身没有什么不对,事实上我们对计算机知识的学习多数情况下也都是从掌握和使用这个"计算机工具"开始的,但用它来作为计算机学科定位的出发点就会产生极大的误导。

南京大学陈道蓄教授提出过一个有名的"菜刀科学"问题。他说,即使是菜刀这样的工具,也会涉及科学、技术、工程和应用的各个层面。菜刀过于简单,其他学科的知识足能满足它的需要,因此没有什么"菜刀科学"。以色列学者哈雷尔在《算法学:计算的本质》一书中提出这样的问题:论技术的影响,电话的影响也很大,为什么没有电话科学?论技术的复杂性,人造卫星很复杂,为什么没有被广泛接受的人造卫星科学?他认为其实计算机是计算的工具,用计算机给这门科学命名,就像用"手术刀科学"给外科学命名一样不合适。

荷兰著名的计算机科学家狄杰斯特拉(E. W. Dijkstra,1930—2002)有一句名言:"我们所使用的工具影响着我们的思维方式和思维习惯,从而也将深刻地影响着我们的思维能力。"当今社会处于一个工具主义时代,工具主义思维主导下的思维方式往往会从工具性、技术性的角度去解决问题,会更多地考虑能不能用、可靠不可靠的问题,功利性色彩太过明显,会导致我们思维方式上的偏差,这就需要依靠艺术思维来进行弥补。计算机涉及了科学、技术、工程和艺术等众多复杂的内容。当计算机科学这门新学科出现时,主要内容就是"算法"和"形式系统",是"程序设计的科学",不是现在大众理解的"编程"。计算思维虽然带有很多计算机的特征,但其本身并不是计算机的专属。实际上,即便没有计算机,计算思维也会得到逐步发展,甚至有些内容与计算机没有关联。但是,正是由于计算机的出现,给计算思维的研究和发展带来了根本性的变化。随着以计算机科学为基础的信息技术的迅猛发展,计算思维的作用被极大地释放了。正像天文学有了望远镜,生物学有了显微镜,音乐产业有了麦克风一样,"计算思维"的力量正在随着计算机速度的快速增长而被加速地放大。尽管这种力量往往需要借助于计算机,但是计算机科学却不能说成是专注于计算机的学问,就像天文学依靠望远镜展开研究,但不能说成是关于望远镜的学科一样。

从思维的角度看,计算科学主要研究计算思维的概念、方法和内容,并发展成为解决问题的一种思维方式。在计算机和计算思维发展的过程中,计算思维的特点被逐步揭示出来,计算思维的内容得到不断的丰富和发展,其与理论思维、实验思维的差别越来越清晰了。什么是计算?什么是可计算?什么可以被自动地计算?计算思维的这些性质和计算机学科的终极问题都得到了前所未有的彻底研究。今天,我们对这些问题的答案仍是一知半解。

计算机科学分为理论计算机科学和应用计算机科学两部分。理论计算机科学包括计算

计算思维与科技艺术

机理论、信息与编码理论、算法和数据结构、程序设计语言理论、形式化方法、并行和分布式计算系统、数据库及信息检索等。应用计算机科学包括人工智能、计算机系统结构与工程、计算机图形学、计算机视觉、计算机安全和密码学、信息科学以及软件工程等。计算机科学根植于数学、电子工程和语言学的土壤里,它是科学、工程和艺术的结晶。计算机科学是研究计算机以及它们能干什么的一门学科。它研究抽象计算机的能力与局限、真实计算机的构造与特征,以及用于求解问题的数不清的计算机应用。计算机科学的研究是基于图灵机和冯·诺依曼机,它们是绝大多数实际机器的计算模型。

对非计算机专业的人群如何进行计算思维能力的培养,是一个有待深入研究的问题,可以说是任重而道远。多年来,非计算机专业的计算机教育以学习基本知识、掌握基本工具为核心要求,一般并不有意识地强调计算思维能力的培养。如何在十分有限的学时中使学生既掌握必要的工具,又让计算思维诸要素融入他们的能力结构中,更好地帮助他们建立计算机问题求解意识,是对非计算机专业的计算机教育的挑战。

1.2.4 计算思维的方法

计算思维是运用计算机科学的基础概念去求解问题、设计系统和理解人类的行为。它包括了涵盖计算机科学之广度的一系列思维活动。当求解一个特定的问题时,人们通常会问:解决这个问题需要多少步骤?有没有最佳的解决方法?这需要计算机科学根据坚实的理论基础来准确地回答这些问题,计算思维的方法通过分解、模式识别、抽象和算法四个基本步骤来解决问题,同时利用海量数据加快计算,在海量序列数据中搜索、寻找模式规律,在时间和空间之间,在处理能力和存储容量之间进行权衡。

1. 分解

分解是指将事物拆分为多个组成其基本结构的部分。这其实是一项重要的学习能力,因为它教会人们如何通过将大的整块信息细分成相对较小的部分,逐一了解,有利于降低认知难度,从而更有效率地学习。这在系统设计中是一种自上而下的分析方法,其核心理念是将复杂的问题拆解成小问题,把复杂的物体拆解成较轻易应付和理解的小物件,通过约简、嵌入、转化和仿真的方法,借助外界工具如计算机或其他工具,并利用启发式推理来解决小问题,通过解决小问题而解决复杂的问题,使问题变得更加简单。就好比拼图游戏一样,将一块块的拼图板块按照既定规则组合,最终形成一个宏大的蓝图。又如在艺术创作领域当前热门的生成式 AI 绘画应用中,要实现对生成图像的精确控制,其描述过程并不是一步到位,而是逐步丰富提示词,将图像描述逐步细化的过程。

2. 模式识别

模式识别的核心理念是寻找到事物之间的共同特点或相似点,利用这些相同的规律去解决问题。当复杂的问题被分解为小问题时,我们经常会在小问题中找到模式,这些模式在小问题中有相似点。当一个问题被解决时,通过模式识别,其他类似的问题也将迎刃而解。模式匹配引导人们寻找事物之间的共性,也可以寻找不同之处,从而进行辨别。通常倾向于寻找事物的共同特征,并把对问题的理解用数学语言描述出来,即数学建模,从而完成把实际问题转化为数学问题的过程。例如,观察下面这张动物识别图(图 1-8),有很多的动物,能快速区别谁是食草动物,谁是食肉动物吗?

图 1-8   动物识别

再看另外一张人类表情图（图 1-9），能分辨出他们的表情都代表什么样的心情吗？所以说，人类在模式识别上具有天然的优势，这是机器所难以比拟的能力。

图 1-9   人类表情

3. 抽象

数学建模只是解决了可计算化的第一步，为了让计算机帮忙求解问题，还需要虚拟的符号来代替的数学模型中的每个变量和运算规则，这就是抽象能力。抽象化思维的核心理念是将重要的信息提炼出来，并去除次要信息的能力。掌握了抽象化的能力，就可以将一个解决方案应用于其他事物中，制定出解决方案的总体思路。例如，将各类金额计算问题抽象后建立数学模型，通过数学公式来统一处理。图 1-10 是将毕加索的牛的变形图片由具象到抽象的一个排序。可以看出，建立模型的过程本质上就是将对象抽象化的过程。

计算思维与科技艺术

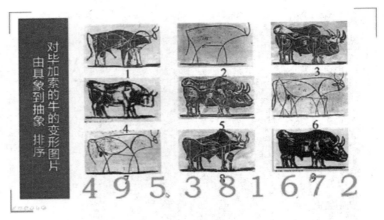

图 1-10　毕加索的牛的变形图片

人类的抽象能力是无与伦比的,凭借此能力可以创造出无数精妙绝伦、无法想象的作品,包括文字,这些都是人类对语言表达问题的理解和创新。例如图 1-11,通过不同色块和光影的拼接和重叠,在人类抽象能力的理解中就形成了一幅宠物狗的表情图。

再如图 1-12,相信绝大多数人都可以一眼识别出图中蕴含的文字,尽管它是以图的形态存在,但随着人类接受教育程度和抽象思维能力的提升,这种象形符号经过高度抽象后逐渐演变成象形文字并被人类所共识。

图 1-11　宠物狗的表情

图 1-12　文字

那么,什么又是抽象思维的具象化问题?就是将抽象概念以可视化语言(图形)或形式化语言(编程语言)表达出来。图 1-13 要表达的寓意相信大家能够一目了然。

4. 算法

算法在概念上是完成一项任务的程序步骤列表,是把解决问题的思路用程序语言完整地告诉计算机。其核心理念是要一步一步地解决问题,按照既定的顺序完成一个任务。流程建设完成后,其他人也可以依照相同的问题解决方案来处理类似问题。例如编程,如果想让计算机完成计算一串数字的和,需要定义清楚求和的顺序或算法,那么计算机就可以按照既定的流程或算法求出最终的解了。

以上步骤中,前三步都是人来完成的,最后一步执行算法进行运算由机器自动完成,体

图 1-13　寓意图

现了计算思维的抽象和自动化两大特征。在整个过程中,抽象是方法,是手段,贯穿整个过程的每个环节。自动化是最终目标,让机器去做计算的工作,把人脑解放出来,中间目标是实现问题的可计算化,体现在成果上就是数学模型、映射、算法。一旦有了一个可行的解决方案,计算思维还需要使用相应的评估方法来对方案进行分析和评估,并通过建模对当前一类问题以及具体算法进行提炼、再封装,使其输入、输出成为一整套可靠稳定,进而可用于解决一大类问题,最后通过泛化或迁移,使其改进可用于解决另一个领域的问题。

1.3　计算思维应用领域

　　计算思维代表着一种普遍的认识和一类普适的技能,它应该像"读、写、算"一样成为每个人的基本技能,而不仅仅是计算机科学家的专业知识,因此每个人都应热心于对它的学习和运用。计算思维所采用的抽象和分解等新思想、新方法促进了自然科学、社会科学与工程技术等领域革命性的研究,计算思维也是创新人才、复合人才的基本要求和专业素质,其应用已渗透到不同学科研究领域的各个方面。

1.3.1　生物学

　　近年来,计算机科学家对生物学越来越感兴趣,因为他们坚信生物学家能够从计算思维中获益。生物学的"数据爆炸"为计算机科学带来了巨大的挑战和机遇,传统的计算机科学通常处理的数据量要远远小于这一规模,如何处理、存储、查询和检索这些巨大的数据并非易事。更为重要的是,生物系统比一般的工程系统要复杂得多,如何从各类数据中发现复杂的生物规律和机制,进而建立有效的计算模型就更加困难了。利用这样的模型进行快速模拟和预测,指导生物学的实验,辅助药物设计,改良物种用于造福人类,都是计算生物学中最富有挑战性并最有影响力的任务。

　　我们可以从最简单的植物研究中所看到的数学特征入手,来了解生物界所蕴含的计算思维因素。花瓣对称排列在花托边缘,叶子沿着植物茎秆相互叠起,有些植物的种子是圆的,有些是刺状,有些则是轻巧的伞状……所有这一切都向我们展示了很多富于魅力的计算模型。著名数学家笛卡儿很早以前就根据他所研究的一簇花瓣和叶形曲线特征,列出了曲线程 $x^3+y^3-3axy=0$,即著名的"笛卡儿曲线"。后来不少学者研究三叶草、睡莲、垂柳、常

14

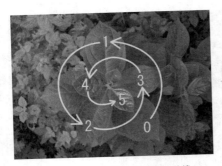

图 1-14　三叶草上的玫瑰形线

青藤等植物的花和叶，又找到了描述其特征的曲线方程 $\rho = a\sin k\varphi$。现代数学中，这类描绘花叶外部轮廓的曲线被统称为"玫瑰形线"（图 1-14）。后来，研究者们又发现植物的花瓣、萼片、果实的数目等其他特征都符合一个奇特的数列，即著名的斐波那契数列：1，1，2，3，5，8，13，21……

可以看出，现代生物学的发展会产生大量的数据，这些数据蕴涵着许多自然的规律性的东西，但是传统的生物学主要以实验为主，如何从这些海量数据中挖掘出一些重大的生物学规律是对数据挖掘的挑战。如果从各种生物的 DNA 数据中挖掘出一些 DNA 序列自身的规律和 DNA 序列进化的规律，就可以帮助人们从分子层次上认识生命的本质及其进化规律。如分子遗传研究中的"鸟枪法"，是常用的一种使用基因组中的随机产生的片段作为模板进行克隆的方法，最初主要用于测定微生物基因组序列，近年来，美国塞莱拉公司利用改进的全基因组"鸟枪法"完成了人类基因组的测序工作，中国科学家甚至设计出了一种序列组装软件，能有效克服"鸟枪法"全基因组测序组装过程中的困难，并使之成为各种基因组测序的通用方法，大大降低了基因组测序的成本，提高了测序的速度。

生物计算机是人类期望在 21 世纪完成的伟大工程，它是计算机科学中最年轻的一个分支。目前的研究方向大致为：一是研制分子计算机，即制造有机分子元件去代替目前的半导体逻辑元件和存储元件；二是研究人脑结构和思维规律，再构想生物计算机的结构。

1.3.2　计算化学

计算化学是近年来快速发展的一门学科，主要以分子模拟为工具实现各种核心化学的计算问题，架起了理论化学和实验化学之间的桥梁。计算化学是化学、计算方法、统计学和程序设计等多个学科交叉融合的一个新兴学科，它利用数学、统计学和程序设计等方法，进行化学与化工的理论计算、实验设计、数据与信息处理、分析和预测等。其主要目标是利用有效的数学近似以及计算机程序计算分子的性质并用以解释一些具体的化学问题。图 1-15 为计算药物化学研究的实例。

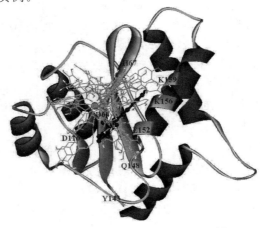

图 1-15　计算药物化学研究的实例

其研究领域包括以下几方面。

1. 数值计算

数值计算即利用计算数学方法,对化学各专业的数学模型进行数值计算或方程求解,例如,量子化学和结构化学中的演绎计算、分析化学中的条件预测、化工过程中的各种应用计算等。

2. 化学模拟

化学模拟包括以下几类:数值模拟,如用曲线拟合法模拟实测工作曲线;过程模拟,根据某一复杂过程的测试数据建立数学模型,预测反应效果;实验模拟,通过数学模型研究各种参数(如反应物浓度、温度、压力)对产量的影响,在屏幕上显示反应设备和反应现象的实体图形,或反应条件与反应结果的坐标图形。

3. 模式识别应用

最常用的方法是统计模式识别法,这是一种统计处理数据、按专业要求进行分类判别的方法,适于处理多因素的综合影响,例如,根据二元化合物的键参数(离子半径、元素电负性、原子的价径比等)对化合物进行分类,预报化合物的性质。模式识别广泛用于最优化设计,根据物性数据设计新的功能材料。

4. 数据库及检索

在化学数据库中,数据、常数、谱图、文摘、操作规程、有机合成路线、应用程序等都是数据。数据库能存储大量信息,并可根据不同需要进行检索。根据谱图数据库进行谱图检索,已成为有机分析的重要手段,首先将大量的谱图(红外、核磁、质谱等)存入数据库,作为标准谱图,然后由实验测出未知物的各种谱图,把它们和标准谱图进行对照,就可求得未知物的组成和结构。

5. 化学专家系统

化学专家系统是数据库与人工智能结合的产物,它把知识规则作为程序,让机器模拟专家的分析、推理过程,达到用机器代替专家的效果。如酸碱平衡专家系统,内容包括知识库和检索系统,当人向它提出问题时,它能自动查出数据,找到程序,进行计算、绘图、推理判断等处理,并用专业语言回答人的问题,如溶液 pH 值的计算,任意溶液用酸、碱进行滴定时操作规程的设计等。

1.3.3 艺术学

19 世纪法国文学家福楼拜曾说过:"越往前走,艺术越科学化,同时科学越艺术化,两者在山麓分手,又在山顶会合。"诺贝尔物理学奖获得者李政道教授也曾说过:"科学与艺术是一枚硬币的两个面,它们是不可分割的。它们共同的基础是人类的创造力,它们追求的目标都是真理的普遍性。"科学对现实世界做出富于概括性的陈述,艺术则创造出一种表现形式,如视觉、听觉、交互甚至是想象的知觉形式,将人类情感的本质清晰地呈现出来。人类发展到 21 世纪,越来越多的人开始慢慢接受一种科学与艺术结合的产物,即计算机艺术,很多艺术家也开始尝试用计算机进行艺术创作。计算机艺术为人类提供了一种全新的艺术创作手段,向人们展示了全新的艺术思维和艺术作品。

计算机艺术是科学和艺术相结合的新兴交叉学科,其发展最活跃的领域是计算机美术。其应用一方面体现在纯艺术类的绘画创作上,如模拟传统国画、书法、油画、版画以及由计算机控制的活动雕塑等，另一方面又体现在美术设计与造型艺术上，如计算机辅助设计、广告设计、服装设计、室内设计、建筑模型、影视动画等。艺术创作思维模拟是计算机美术理论与应用研究中的一项前沿课题，它的研究对推动思维科学、艺术创作和计算机模拟技术的发展有着重要的贡献。

在计算机美术创作中，除了绘画技法和色彩搭配上可以借助计算机交互辅助操作外，与计算思维应用联系更为紧密的是造型和构图的完成，所有造型和构图的过程都是对美术创作的规律、原理和法则的数学描述，其算法模型是计算思维集中体现的关键，是所有造型与构图功能的算法基础。算法艺术创作是指用一个公式或一个算法来直接产生一幅或一系列多媒体艺术作品。所谓一系列就是这一公式或者算法能够根据不同的参数而产生类似的多媒体艺术作品。利用该方法创作的艺术作品大多数主题比较抽象，大多数作品具有令人赏心悦目的图案和几何图形。这些抽象的几何图案不仅可以通过挂图或计算机屏保动画的方式供人欣赏，而且在服装设计、工业设计等领域也大有用武之地。目前，最具有代表性的算法艺术创作是分形艺术（图1-16）。

分形艺术图案生成与设计的基本原理除了与普通艺术图案具有相同的规律和法则外，最重要的是运用分形的自相似性，在造型或构图过程中引入递归或迭代算法，以及对局部过程的随机扰动。从造型和构图算法方式出发，结合传统美术图案设计的原理的和方法，对分形图案创作提出了三种构图思维方法，即分形纹样的规则骨架构图、分形整体构造模型构图和纹样的分形分布构图。在造型或构图过程中引入递归或迭代算法还有著名的斐波那契数列和德罗斯特效应，其中德罗斯特效应是递归算法的一种视觉形式，指一张图片的某个部分与整张图片相同，如此产生无限循环（图1-17）。唯一不同的是，照片中的情景好像是无限循环的，但算法中的递归则必须有终止计算的条件，否则就形成了死循环，与算法的有穷性不符。

图1-16　分形艺术图案

图1-17　德罗斯特效应

计算机艺术是一门新兴交叉学科，还需要科学工作者和艺术工作者的共同努力。如何发展计算机艺术、如何处理它与传统艺术的关系、如何培养复合型的艺术人才、如何推动艺术品市场的规范化运作，以及如何形成有中国特色的计算机艺术等，这一系列问题都是亟待研讨的课题，许多科学家和艺术家都关注着计算机艺术的成长。

除此之外，计算思维在其他研究领域也有不错的影响和应用。在医学领域，计算机科学也已从生理系统仿真建模、医院信息管理系统等逐步发展到电子健康档案、移动医疗、计算生物学、生物信息学、健康物联网等新型交叉学科以及更广泛深入的应用，并在医学发展和研究中发挥着越来越重要的作用。在经济学领域,计算博弈论正在改变着人们的思维,"囚徒困境"是博弈论专家设计的典型示例,其博弈模型可以用来描述两个企业的"价格大战"等许多经济现象。2005 年度的诺贝尔经济学奖就授予了两位博弈论专家,更有很多世界一流大学的计算机科学博士在华尔街做金融分析师。计算社会科学更是近年学术界研讨的热门话题,社交网络是社交类 APP 应用发展壮大的重要原因之一,而统计机器学习则被用于推荐和声誉排名系统。计算思维在其他学科领域的应用也是极其广泛的,如 3D 喷绘机器人(图 1-18)、阿姆斯特朗的自行车载计算机追踪人车统计数据、基于高性能计算机用计算科学模拟飓风等。

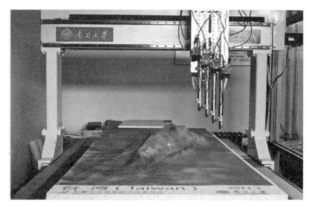

图 1-18   3D 喷绘机器人

1.4   艺术思维与计算思维

1.4.1   内涵与发展

艺术思维就是指在艺术创作活动中,想象与联想、灵感与直觉、理智与情感、意识与无意识、形象思维与抽象思维经过复杂的辩证关系构成的思维方式。它们彼此渗透,相互影响,共同构成了艺术思维。其中,形象思维是主体,起主要作用。艺术思维的方式是指艺术家在艺术体验的基础上,以特定的创作动机为引导,以各种心理活动和艺术表现方式为中介,对生活素材进行加工、提炼和组合,形成艺术意象,并将其物化为艺术形象或艺术情境的整个过程中所采取的一种主要的思维方式。

艺术思维的主体元素是情感和形象这些非理性的元素,其本质是探讨人们的情感和形象的关系的问题,是从艺术的、审美的态度去观察生活。艺术思维的方式具体表现在三方面:一是对形象的直觉,在物理和心理上从一定距离之外去感觉形象;二是对形象情感的想象,这是从文化底蕴、文化氛围及文化传播的角度去解释和处理对形象主体的情感;三是对形象的灵感的领悟,是一种潜在意识的被激发态,是人类在科学、文学、艺术等活动中经过研究、探索、实践积累,在思维高度集中时突然产生的富有创意的思路。艺术思维发展的巅峰是人生的艺术化,是对生活的一种美丽的精神,是对美的生活的精益求精。用艺术思维方式来把握人生,人的情趣和自然、社会、世界进行往复的交流,这样人生才会有艺术化的感觉。

计算思维与科技艺术

计算思维则旨在倡导一种所谓的"计算机科学家的思维方式"，以区别"逻辑（抽象）思维""数学思维""工程化思维"等这些已为学术界普遍认同的思维方式，从而提高社会对学科的认同。其实，人们甚至还没有了解计算思维时就已经开始计算思维般地进行思考。例如，当我们正在做饭时，采用并行处理的方式来确保自己的蔬菜不冷而米饭正在烹饪。从 20 世纪 70 年代中期开始，在诺贝尔物理学奖得主 Ken Wilson 等的积极倡导下，基于大规模并行数值计算与模拟的计算科学（Computing Science）开创了科学研究的第三种范例，即理论、实验、计算机模拟。计算科学协同其他科学领域取得了一系列重要的突破性进展，受到传统科学界的重视和接纳，于是出现了大数据、可视化及云计算等新技术和"信息与计算"等新学科。但由于相对片面地理解和宣扬所谓的"计算科学"，也带来很多副作用，至今学术界仍有相当多的人将"计算科学"与"计算机科学"混为一谈。

朴素的计算思维可以说是"计算机科学之计算思维"，以面向计算机科学学科人群的研究、开发活动为主，包括了计算思维最基础和最本质的内容；而狭义的计算思维是指"计算学科之计算思维"，以面向计算机专业人群的生产、生活等活动为主，是基于计算机以及以计算机为核心的系统的研究、设计、开发、利用活动中所需要的一种适应计算机自动计算的思维方式。今天的计算机早已走出计算学科，甚至与其他学科形成新的学科，例如计算社会科学、计算物理、计算化学、计算生物学等。计算思维也随之走出计算学科。所以，广义的计算思维是指"走出计算学科之计算思维"，适应更大范围的广大人群的研究、生产、生活活动，甚至追求在人脑和计算机的有效结合中取长补短，以获得更强大的问题求解能力，是人们对于现实世界进行信息抽象并利用工具实现信息转换的一种思维方式。我们同样可以用两种说法加以描述："有效利用计算机（工具）、相关思想、方法和技术以及计算环境和资源，以增强能力，提高效率"，或者"有效地利用计算技术进行问题求解，包括在科学研究与系统实现中有效地利用计算学科典型的思想与方法进行问题求解"。这里突出的是计算机不仅作为工具，还可以有效利用与之相适应的意识、思想、方法、技术、环境和资源等。

1.4.2 特征与方法

不同的艺术种类、风格、流派都是艺术思想的传达。高尔基说："艺术靠想象而生存。"每件艺术设计作品，无论是感性还是理性，都传达着作者的思想情感。也许这就是艺术思维的共性和特征。也许我们不懂梵·高的《向日葵》，不懂田崴的《开拓者》，只有他们自己才能对自己作品传达的思想真正了解。这个思维过程将受到各种因素的制约。如日本的浮世绘，最初以"美人绘"和"役者绘"（戏剧人物画）为主要题材，后来逐渐出现了以相扑、风景、花鸟以及历史故事等为题材的作品，都是审美的传达。

艺术思维是对现象和本质两方面进行双重加工，加工的重点在感性形式上，遵循的是个性的情感逻辑。前者用共性概括个性，后者用个性显示共性。对现象的加工是自然作用于人的精神，对本质的加工是人的精神作用于自然。艺术思维特有的双重加工使感性形式和理性内容均发生变化，从而形成新的审美形象统一，结果是新的艺术形象、艺术品的诞生。艺术思维方式可以分为形象思维、抽象思维、灵感思维三种。在科学传统上，西方重"学"唯"实"，是一种科学智慧，讲求学者传统，强调经过实证，在怀疑和批判中进步，崇尚思维工具的锻炼，以"数"和"逻辑思维"为其精髓；东方重"术"论"虚"，是一种诗意智慧，讲求工匠传统，乐于思辨玄想，在继承中发展，倡导用心悟道，以"格物致知"和"心外无物"为其精髓。

计算思维的典型特征是概念化和抽象化,"像计算机科学家一样思考"不仅仅是指计算机编程,其含义比编程更深刻,需要不同抽象层面的思考,是现代社会中每个人都需要具备的基本技能。计算思维不是试图让人类像计算机一样思考,而恰恰相反,计算思维是人的而不是计算机的思维方式,是人们用以处理和求解问题、管理日常事务、与他人通信及交互的计算概念,是数学和工程思维的互补与融合。计算思维虽然是人类思维,但在利用计算机的生产实践活动中,又创造了许多适合计算机解决问题的方法,我们学习计算机思维的目的,就是要了解计算机可以解决哪类问题,并且是如何解决这些问题的,最终能充分利用这些来深入学习计算思维。

计算思维不是人造物,通过约简、嵌入、转化和仿真等方法,把一个看来困难的问题重新阐释成一个我们知道问题怎样解决的思维方法;是一种递归思维,是一种并行处理,是选择合适的方式去陈述一个问题,或对一个问题的相关方面建模使其易于处理的一种思维方法,是利用海量数据来加快计算,在时间和空间之间、在处理能力和存储容量之间进行折中的思维方法。计算思维的另一个特征是面向所有的人,所有地方。当计算思维真正融入人类活动的整体以致不再表现为一种显式之哲学时,它就将成为现实。就教学而言,计算思维作为一个解决问题的有效工具,应当在所有地方、所有学校的课堂教学中得到应用。在中国,从小学到大学教育,计算思维经常被朦朦胧胧地使用却一直没有提升到思维的高度,相对于国外强调学科的思维方式,国内研究的重点都放在学科方法论上,两者具有较高的互补性。

1.4.3 交叉与融合

科学是思想,艺术是感情,二者如车之两轮、鸟之两翼,既相互独立又相互联系,密不可分。

科学和艺术活动的创作过程一般都分为准备期、酝酿期、顿悟期和验证期四个阶段,仔细观察文学和艺术作品的创作过程不难发现,文学艺术创作者们,无论是有意的还是无意的,都在观察他们周围的形象,并且特别关注其中某一个形象,同时还关注若干相似和不相似的形象,将相似形象加以综合,将不相似形象加以比对,依据这些综合和比对的结果,最终找到其规律和相关法则,在作品中构成一个综合的新形象。在新形象中,文学艺术家们或全面地进行描绘,或专注于所考察的诸多形象的优点和弱点而创作出全新的艺术典型。这种通过考察诸多形象的规律和特征进而创作出全新艺术形象的过程相当于技术科学领域的设计过程,这个过程经历了形象分解、简化变形和抽象定型等多个阶段。由此可见,艺术创作与科学创造在具体方式和表现手法上虽然不尽相同,甚至可以说是千姿百态,但在过程上从模糊到清晰,再到更大的模糊,不断修正原有想法和开拓新想法的创作历程却是同出一脉。艺术创作有时候又会反哺科学创作。如1979年美国百路驰(BFGoodrich)公司把传送带做成莫比乌斯带(图1-19),从而避免了普通传送带单面磨损的情况,使其寿命延长了一倍。

针对艺术思维教育环境,计算思维无法离开艺术活动谈突破,计算思维的培养可以从艺术品的鉴赏入手。正如美学家宗白华所说:"我们心中不可没有诗意、诗境,但却不必定要做诗。"计算思维通过抽象符号和数构建虚拟世界,而毕达哥拉斯则声称"万物皆数",计算思维在中外艺术史很多名作中都有所显现。如中国绘画都讲究笔不到意到,此乃留白的艺术手法,齐白石画虾随着其艺术造诣的不断深厚,虾腿的数目不断减少,但其意境愈发凝练,堪称艺术化简的最高境界(图1-20),这其实是想象思维,是提纲挈领,直面本质,而这正好和计算思维中有时候为了简化问题而进行抽象的思维方式不谋而合。

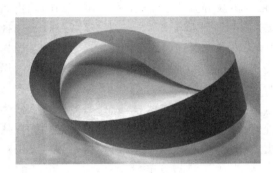

图1-19　莫比乌斯带

图1-20　齐白石画的虾

　　巴伯罗·毕加索一生中画法和风格几经变化,前面所提到的《亚威农少女》是美术史上第一幅立体主义的作品,这幅画无论形象还是背景都进行了高度抽象化的处理,都可被分解为带角的几何面,《格尔尼卡》更是广泛应用了寓意和象征,这些都正好验证了计算思维中的分解、简化、抽象、综合的思维方法。

　　计算思维对设计及造型动画的影响,最常见的莫过于黄金分割和黄金数、图形艺术和镶嵌艺术等。例如,具有黄金螺旋比例的中国古代建筑(图1-21)、《维纳斯》雕像等。雕刻家和建筑艺术家们都深谙计算思维在艺术创作中的应用技巧,计算机在计算思维培养过程中也可以工具论身份出现,通过软件和程序来模拟和仿真艺术作品成型效果。

　　分形艺术更是计算机编程艺术的典范,几何分形都可以通过借助计算机利用数学公式进行再现(图1-22)。微分和不定积分的互逆运算在自然科学和艺术领域的应用比比皆是,莫比乌斯带和平面镶嵌艺术是计算思维的直接体现。许多艺术家开始用计算机来武装自己,更多的科学家也通过艺术来寻求灵感。

　　艺术思维和计算思维在创作中都遵循着美的规律,艺术美和科学美相辅相成,艺术家需要利用科学更好地通过艺术品来表达情感,科学家需要借助艺术创作来说明世界。我们在学习过程中,以逻辑思维为主的理性思考及创作需要和以形象思维为主的感性思考及创作相结合,寻求艺术创作中的规律,利用抽象的或概念性的思想来描述对象,同时,理性和感性的思考及创作成果需要通过感性的表达方式体现出来,以形象、想象、联想为主要思考方式,抓住逻辑规律,运用图形、图像等形式语言来体现计算思维。

图 1-21　具有黄金螺旋比例的中国古代建筑

图 1-22　分形艺术

1.5　科技艺术与计算思维

1.5.1　艺术创作中的计算思想

1. 黄金数与黄金比例

黄金数是希腊数学家欧多克斯(Eudoxus)发现的,由意大利著名科学家、艺术家达·芬奇冠以"黄金"的美称,黄金数和黄金比例从此被当作美的信条,统治着当时的建筑和艺术,并一直影响到现在。用 $\phi = 0.618\ 033\ 618\cdots$ 和 $\phi = 1.618\ 033\ 618\cdots$ 表示两个黄金数。

毕达哥拉斯认为:"凡是美的东西,都具有共同的特性,这就是部分与部分和部分与整体之间的协调一致。"维纳斯(Venus)女神是美的象征,在美术文献中,著名的断臂维纳斯雕像的正式名称是《米洛斯的阿佛洛狄忒》,有时也称其为《米洛斯的维纳斯》。这座雕像虽然不见双臂,仍然显得美丽动人,姿态万千,一个重要的原因就是其优美的姿态和高雅的气质通过形体表现出来。对《米洛斯的维纳斯》雕像进行几何尺寸分析,人们发现这座雕像从脚尖到肚脐占身高比例、肚脐到头顶与肚脐以下身高比例、头部高度与颈根到肚脐比例等多处符合黄金比例。古代希腊人认为,如果形态符合数字上的黄金比例,就会显得特别美丽。如图 1-23 所示,该图通过数据,形象地表达出毕达哥拉斯学派理想的身材比例。

同样,在书法写作中,如果字的笔画很多位于黄金矩形四个顶点时,写出来的字会更加对称、沉稳。在埃及古老的金字塔中,在达·芬奇的名画《蒙娜丽莎》和我们日常所见的理想面容中,也存在着几何中的黄金比例,甚至在生物骨骼中也存在着和谐的黄金比例,如图 1-24～图 1-26 所示。

美是一种感觉,因人而异,也因时而异。黄金比例是一种数量关系,放之四海而皆准,但形式上的美的比例并非仅仅是黄金比例。从本质上说,艺术行为不是一定要服从科学道理的。符合黄金分割原理的绘画是艺术,反其道而行之的绘画也是艺术。

22

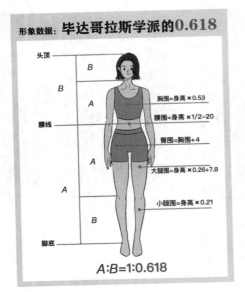

图 1-23　毕达哥拉斯学派的 0.618

图 1-24　《蒙娜丽莎》与黄金比例

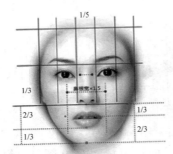

长宽比例：34∶21左右≈1.618

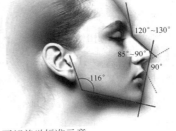

面部美学标准示意

图 1-25　面部黄金比例

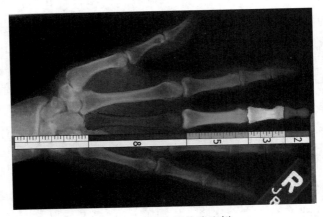

图 1-26　指关节骨骼比例

2. 图形艺术与分形

图形处处可见,千变万化的图形可以分为两类：一类是仿真的；另一类是示意的。人们对示意图往往较难理解,示意图不仅与创作者的构思紧密相关,而且与读者的逻辑推理能力紧密相关。当人们欣赏抽象派的美术作品时,如果不了解作者的意图,是很难理解抽象画的杰作的。

在数学中,人们可以根据函数的单调性、极值以及函数图像的凸凹性描绘函数的图形。然而,艺术家凭借自身的艺术功底可以画出各种图案。在中国高等科学技术中心举办的国际科学学术研讨会上,著名画家吴冠中作了一幅具有现代风格的招贴画《流光》,如图 1-27所示。他以"点线面""黑白灰""红黄绿"这些最简单的元素营造了极复杂的绘画,体现了既"分形"又"混沌"、既"聚合"又"散列"的神韵,使人同时受到科学理性美和艺术感性美的双重感染。

著名画家吴作人的主题画《无尽无极》则以"现代太极图"展现了阴阳二重性,如图 1-28所示。这幅作品寓意世界是动态的,宇宙的全部动力、所有物质和能量都产生于静态的阴阳二极的对峙。这幅"现代太极图"已成为北京正负电子对撞机的标志,这种正电荷与负电荷的对偶结构,中国称之为"阴"和"阳",中国古代的太极符号恰当地表现出阴和阳的关系。

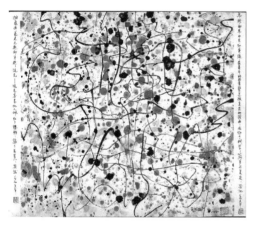

图 1-27　吴冠中的《流光》

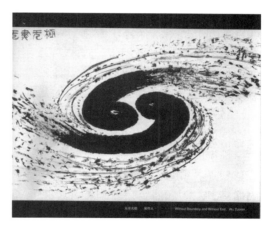

图 1-28　吴作人的《无尽无极》

而在视幻觉领域,人们看到的并不意味着它是真实存在的,重要的是要凭借实际测量确定,而不是基于感觉的结论。人们对这种视幻觉的产生解释为设置在平行线段上不同方向的锐角构成的差异,或者它是由视网膜的曲率造成的。值得指出的是,公元前 5 世纪的古希腊建筑师们就发现,一个完全笔直的建筑结构在人们眼睛看来未必显得是笔直的,这种歪斜是由于视网膜曲率造成的。当一条直线落在特殊角度的范围内时,人们用眼睛看它就会是弯曲的。古代建筑师对这种弯曲进行补偿,巴特农神庙成排的圆形柱子实际上是向外弯曲的,神庙的矩形底座的边也是这样做的,如图 1-29 所示,从而使得巴特农神庙美不胜收。

分形是以无限多的形状呈现出来的美妙物体。分形是一种对象,即将其细微部分放大后,其结构看起来仍与原来一样。分形分为两种:一种是几何分形;另一种是随机分形。当今计算机已经能够把这些分形描绘出来,显示出它们的形状、艺术图案及背后的微分、积分运算原理。

在一定的艺术和数学范畴内,人们发现,数学能使艺术产生灵感,同样,艺术也能使数学

计算思维与科技艺术

图 1-29　巴特农神庙

产生灵感。M. C. Escher 运用拓扑变形思想创作了变形镶嵌。将二维推广到三维,三维空间也能被立体图形镶嵌,空间的镶嵌艺术常用于建筑的内部装饰、商品包装和艺术设计等方面。

3. 算法设计

算法在我国古代文献中称为"术"或者"算术",最早出现在《周髀算经》及《九章算术》中。算法是对特定问题求解步骤的一种描述,由有限个操作组成。从算法视角也可以看出算法设计中的艺术效应。下面以算法设计中最典型的递归算法为例介绍。

美国电影《盗梦空间》中所讲述的从现实进入第一层梦境,从第一层梦境进入第二层梦境,直到进入第四层梦境;再从第四层梦境返回第三层梦境,从第三层梦境返回第二层梦境,故事其实就是一个递归的算法过程。递归是直接或者间接调用自身的算法,也是用自己的简单情况来定义自己。

德罗斯特效应是递归的一种视觉形式,一张图片的某个部分与整张图片相同,如此产生无限循环,图 1-30 即为德罗斯特效应的一个例子。如果想体会德罗斯特效应,可以走在相互平行摆放的两面镜子中间,在镜子里会看到相同的、无限循环的场景。德罗斯特效应图片是人们通过名为 Mathmap 的数学软件制作出来的。

图 1-30　德罗斯特效应

现实世界的任何事物,若要进入计算系统世界进行计算,首先需要将其语义符号化。所谓语义符号化,是指将现实世界的语义用符号表达,进而进行基于符号的计算的一种思维。

语义符号化过程是一个理解与抽象的过程,通过对现实世界现象的深入理解,抽象出普适的概念,进而将概念符号化,进行各种排列和计算,再将符号赋予不同语义,从而可以处理不同问题。我国上古时期的伏羲八卦可以说是语义符号化的典型案例,如图1-31所示。伏羲八卦后来演化成《周易》,是一部占卜和历史相混杂的著作。八卦受到重视,在于其计数方式,它通过阴(两短线)和阳(一长线)来表示0和1。当把语义符号化后,便可考虑符号的位置和组合关系,也能够进行演算或计算。六画阴阳的一个组合便可形成一卦,可表示一种语义,总计可形成64种组合,表示64种语义,即六十四卦。

八卦符号	卦名	意义	二进制数	十进制数
☷	坤	地	000	0
☳	震	雷	001	1
☵	坎	水	010	2
☱	兑	泽	011	3
☶	艮	山	100	4
☲	离	火	101	5
☴	巽	风	110	6
☰	乾	天	111	7

图 1-31　周易八卦与二进制

从计算学科角度讲,八卦其实是一种人工编码系统,是由符号集合及符号变换规则集合构成的系统,是目前所知上古文明中层次最复杂、结构最严密的符号语义系统,它体现出逻辑思维的最基本表现形式:命题与推理。

1.5.2　科技艺术的概念

人们通常会说艺术是创作,不是科研。其实,艺术创意要想落地,其本身就存在研发过程。随着当代科技的迅猛发展,科学技术与艺术的结合也越来越紧密,科技手段的革新往往催生着全新的美术或艺术形态。而这些全新的美术或艺术形态的繁荣发展,又成就了更多此类的科技手段。

科技艺术是创造性地应用科技手段创作出来的艺术形式,是对以往的传统艺术特征的更新和发展,形成数字时代特有的艺术表现样式,是通过不断更新的数字技术来创作的艺术和设计作品。这类艺术作品涉及对数学、物理、化学、生物、信息技术、人工智能、机器人等多种学科的科学方法、思想以及技术手段的创造性及艺术化的应用。美术、艺术、科学、技术相辅相成,相互促进,相得益彰。

从历史来看,科技艺术自古有之。两万年前的陶器是当年的科技艺术。六千年前的科技艺术是青铜器。一千多年的科技艺术是瓷器。中国古代的造纸术和印刷术对书画艺术发展起到重要的推动作用,更促进纸媒科技艺术的到来。运用了当年最新的解剖学、光学和透视学知识的文艺复兴绘画也是科技艺术。1830年的科技艺术是摄影。1895年的科技艺术是电影。1950年的科技艺术是动态艺术。1960年的科技艺术是录像艺术。1970年的科技艺术是计算机艺术……它们都运用了当时最新的科技成果。

今天的科技艺术涉及的领域大致包括媒体艺术(光艺术、声音艺术、录像艺术、计算机动画、多媒体表演……）、互动艺术（体感互动艺术、网络界面互动艺术、虚拟现实、增强现实、混合现实、游戏艺术……）、数字艺术、数据艺术、人工智能艺术（生成艺术、算法艺术、机器人艺术……）、生物艺术、生态艺术（新能源艺术、新人居环境艺术、气象艺术……）、太空艺术、新材料运用艺术等，以及大量正在涌现的、我们还无法确切描述的交叉领域和崭新的实践。随着科技发展、艺术演进，未来还将会有我们今天不可能进行想象和描述的更新的科技艺术。

科技艺术在内涵上与新媒体艺术可能存在一定的交集，但是新媒体艺术这个概念侧重艺术创作所用媒体是"新"的，而科技艺术的概念更注重对艺术作品创作所使用科技手段的工具属性的本质刻画。

在人类文明发展中，把科学和艺术之间的关系表现得淋漓尽致的人不计其数。达·芬奇最早看到了科学与艺术之间密不可分的关系，他将自己对科学的见解融入艺术创作中（图 1-32）。他对人体解剖的细致观察成就了笔下人物的完美。对藏在皮肤下的肌肉纹路的了然于心才让他对人像的捕捉如此精确。达·芬奇对于焦点透视、解剖学、力学等领域的研究，不仅对后来的艺术家们产生了深远影响，也推动了科学的发展。

图 1-32　达·芬奇部分手稿

1.5.3　当代科技艺术

从农业时代、工业时代再到数字信息时代，艺术形态经历了从传统艺术到现当代艺术，再到数字艺术的更迭，当代科技艺术的发展与数字数据紧密相连。

1. 信息与数据

数据本身是无意义的客观存在，每个人都可以成为数据的采集、处理和分享者。而信息是被组织起来的数据，是为了特定目的对数据进行处理和建立内在关联，从而让数据具有意义。主要回答谁（Who）、什么（What）、哪里（Where）、什么时候（When）的问题。知识是对信息的总结和提炼，主要回答为什么（Why）和怎么做（How）的问题。人工智能则是机器对信息和知识的自主应用，如图 1-33 所示，形成数据、信息、知识和人工智能的数据金字塔。

最典型的案例是当前各类热门 APP 的推荐机制,正是依赖强大的信息和知识应用,时刻收集和了解兴趣爱好和个人所需,才营造出一种电子产品被人为监控的错觉。

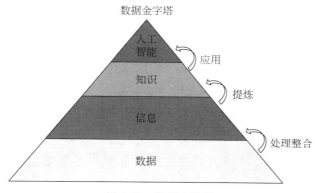

图 1-33　数据金字塔

2. 数据艺术

数据艺术萌芽于计算机科学中的数据可视化领域,是一种将数据转化为艺术品的创作形式。它通过数据可视化和交互设计的手段,将数据图表、数字模型、动态效果等元素结合起来,创造出视觉上令人惊叹的作品。可以是视觉、听觉、数字装置或其他媒介,往往与大数据关联,也可能是动态的艺术。数据艺术家在探索和展示数据的同时,也注重创意和审美。他们通过有意识的设计和艺术表达,将复杂的数据变得易于理解和欣赏。

3. 分形艺术

分形艺术由 IBM 研究室的数学家曼德布洛特(Benoit Mandelbrot)最早提出,是利用分形几何学原理,借助计算机强大的运算能力,将数学公式反复迭代运算,在越来越细微的尺度上不断自我重复,是一项研究不规则性的科学。其要点是一个几何对象的某个局部放大后,与其整体相似,这种性质就叫作自相似性,算法上类似递归。这种自相似的独特之处在于能带给人们奇妙的审美快感,图 1-34 所示的琳达花构型,即为分形艺术爱好者通过使用数学函数对花朵纹理质感的营造,以及大量复杂逻辑的迭代所构成的优美结构。

图 1-34　琳达花构型

4. 生成艺术

生成艺术(Generative Art)是全部或部分使用自主系统创作的艺术,通常指算法艺术

计算思维与科技艺术

(算法确定的计算机生成的艺术品)和合成媒体(任何算法生成的媒体的总称)。生成艺术是数字艺术的一个范畴,艺术家通过使用计算机有意地引入随机性的元素作为创作过程的一部分,从而产生预期和意料之外的结果,而结果往往是一个完整的艺术品。

如图 1-35 所示,澳大利亚莫纳什大学信息技术学院教授 Jon McCormack 创作的 *Fifty Sisters* 是计算机合成植物形态图像的大型装置。这些"植物"是使用人工进化和生成算法从计算机代码中通过法"生长"出来的,本身并不存在,是典型的生成艺术的案例。每个类似植物的形式都源自石油公司徽标的起始图形元素。

图 1-35   Fifty Sisters(Jon McCormack)

生成艺术具有其他艺术形式所没有的客观性与不可掌控性。从理论上来讲,在生成艺术作品完成之前,艺术家本人对此也是未知的,通过赋予计算机自主性、设计一定的规则自由发挥,从而得到无法复制的结果。因此,这种艺术创作方式一般也被称为"自动生成艺术"。根据纽约大学生成艺术和物理计算教授 Philip Galanter 的理论,自动生成艺术具有如下四大典型特征。

(1) 自动生成艺术涉及使用"随机化"来打造组合。

(2) 自动生成艺术包含利用"遗传系统"来产生形式上的进化。

(3) 自动生成艺术是一种随着时间而变化的不间断变化的艺术。

(4) 自动生成艺术由计算机上运行的代码所创建。

进化艺术是生成艺术的一个分支,在这种艺术中,艺术家不做构建艺术品的工作,而是让一个系统来做构建。在进化艺术中,最初生成的艺术要经过反复的选择和修改过程,以达到最终的产品,如图 1-36 所示,而在进化过程中,艺术家仅是选择的代理人。进化艺术要与生物艺术区分开来,生物艺术是用生物作为材料媒介,是利用生物、活组织、细菌、活生物体和生命进化过程进行实践,而不是用油漆、石头、金属等。

5. 人工智能艺术

人工智能艺术(AI Art)是指利用人工智能的理论和手段创造的各种艺术形式。其特点是可以发生不可预测的变化,或者与人类能够进行交互,其背后由计算机程序做一些相应的

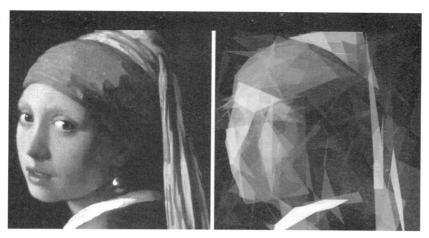

图 1-36　进化艺术

控制,最终由计算机创作出来作品。英国浪漫主义诗人拜伦之女、世界上第一位女程序员埃达(Ada Lovelace)最早提出,如果对象之间的本质关系可以按计算科学的要求来表达,那么当时她与巴贝奇(Charles Babbage)建造的差分机就有可能谱写和制作音乐,这可能是机器创造性思考的雏形。人工智能系统由于无法判断自己创作的作品具有多大的价值,因而还需要艺术家的辅助筛选。艺术家所做的主要工作就是创作人工智能艺术系统,然后由人工智能艺术创作系统来生成艺术作品。

对于每个想要在自己领域有一定成就的人来说,计算思维必不可少。一支笔、一张纸的时代已经结束,现在的研究不再仅仅是通过现象或需求研究其本质。通过抽象,可以建立模型;通过自动化,可以模拟随机性。科学研究已经不再是简单地对规律进行概括,在限定范围内进行推演;艺术也不再是一味地临摹和师从,更可以创造,可以"无中生有",可以凭借计算机的可大量重复的高效优势预测所有可能结果。

习　　题

一、单选题

1. 以下(　　)不是普遍的思维形式。

　　A. 形象思维　　　　　B. 灵感思维　　　　　C. 直观思维　　　　　D. 抽象思维

2. 计算思维的本质是(　　)。

　　A. 收集与分析　　　　B. 抽象和自动化　　　C. 比较与分析　　　　D. 联想与对比

3. (　　)是在认识上把事物从规定、属性和关系从原来有机联系的整体中孤立地抽取出来的过程。

　　A. 分析　　　　　　　B. 归纳　　　　　　　C. 抽象　　　　　　　D. 联想

4. 有关计算思维,下列说法错误的是(　　)。

　　A. 是一个概念,不是编程　　　　　　　B. 是人的思维,像计算机科学家的思维

　　C. 是计算机思维,像计算机那样编程　　D. 是数学与其他学科的交叉和融合

5. 以下( )不是艺术思维方式的具体表现。

A. 对形象的直觉   B. 对形象情感的想象

C. 对形象的抽象   D. 对形象灵感的顿悟

二、填空题

1. _____是对客观事物本质和规律的一种抽象和高级认知。

2. _____是科学认识从感性认识阶段上升到理性阶级的飞跃的决定性环节。

3. 科学思维具有_____和_____两种基本类型。

4. 理论思维、实验思维和计算思维分别对应理论科学、_____和_____。

5. 计算机科学分为_____科学和_____科学两部分,是研究计算机以及它们能干什么的一门学科。

三、简答题

1. 什么是思维?它有哪两个重要特征?

2. 理论思维、实验思维和计算思维有什么区别?

3. 计算思维的本质是什么?它有哪些应用领域?

4. 请根据自己所学,简要分析艺术思维和计算思维的区别和联系。

5. 黄金分割与黄金数在中外艺术史诸多名作中都有体现,请对自己所接触的艺术作品进行深入分析。这一法则还在哪些艺术作品中有所体现?

第2章　计算机基础知识

计算思维的本质是抽象和自动化,抽象是计算思维中的一个重要概念,它使人们可以根据不同抽象层次进而选择忽视某些细节,把注意力集中在感兴趣的问题求解上。计算机软件和硬件系统在不同抽象层次上提供了问题求解的计算环境。本章主要介绍计算机的基础知识,包括计算机的发展和分类、计算机的主要用途、计算机系统组成、数制转换与信息编码等,最后介绍了计算机内部的色彩表示。

2.1　计算机的发展与应用

2.1.1　计算机的发展与分类

计算机是当代信息技术的代表之一,也是人类智慧的结晶之一。从最早的原始计算设备到今天的高性能计算机,计算机经历了漫长而丰富的发展历程。

1. 计算机的发展历程

计算机的起源可以追溯到古代的算盘和计算棍等工具。这些工具虽然功能有限,但是对于古代人们的计算工作有着极大的帮助。随着时间的推移,人们对计算工具的需求越来越高,于是,在17世纪出现了第一批机械式计算工具,如帕斯卡计算器和莱布尼茨计算机等。1822年,英国数学家巴贝奇开始研制差分机,专门用于航海和天文计算,这是最早采用寄存器来存储数据的计算工具,体现了早期程序设计思想的萌芽,使计算工具从手动机械跃入自动机械的新时代。

1886年,美国统计学家赫尔曼·霍勒瑞斯(Herman Hollerith)借鉴了雅各织布机的穿孔卡原理,用穿孔卡片存储数据,采用机电技术取代了纯机械装置,制造了第一台可以自动进行加减四则运算、累计存档、制作报表的制表机。此后几年,德国工程师朱斯和美国哈佛大学应用数学教授霍华德·艾肯相继研制出以继电器作为开关元件的机电式计算机。

1939年,美国数学物理学教授约翰·阿塔纳索夫和他的研究生贝利一起研制了一台称为ABC(Atanasoff Berry Computer)的电子计算机,这种方案第一次提出采用电子技术来提高计算机的运算速度。1945年6月,冯·诺依曼教授发表了EDVAC(Electronic Discrete Variable Automatic Computer,电子离散变量自动计算机)方案,明确奠定了新机器由五个部分组成,包括运算器、逻辑控制装置、存储器、输入和输出设备,并描述了这五部分的职能和相互关系,确立了现代电子计算机的基本体系结构,即冯·诺依曼结构,如图2-1所示。

2. 计算机元器件的发展历程

1946年,由科学家冯·诺依曼和"莫尔小组"的工程师埃克特、莫希利、戈尔斯坦以及华

图 2-1　冯·诺依曼与 EDVAC

人科学家朱传榘组成的研制小组，发明并建造了第一台通用计算机-ENIAC（Electronic Numerical Integrator and Computer，电子数字积分计算机）。ENIAC 的最大特点就是采用电子器件代替机械齿轮或电动机械来执行算术运算、逻辑运算和存储信息。ENIAC 是世界上第一台能真正运转的大型电子计算机，如图 2-2 所示。ENIAC 的出现标志着电子计算机时代的到来。

图 2-2　世界上第一台通用计算机 ENIAC

　　ENIAC 是一个庞然大物，用了 18 000 个电子管，占地 170m^2，重达 30t，耗电功率约 150kW，每秒可进行 5000 次运算，这在现在看来微不足道，但在当时却是破天荒的。ENIAC 以电子管作为元器件，所以又被称为电子管计算机，是计算机的第一代。由于电子管计算机的电子管体积很大，耗电量大，易发热，因而工作的时间不能太长。

　　晶体管的发明在计算机领域引来一场晶体管革命，它以尺寸小、质量轻、寿命长、效率高、发热少、功耗低等优点改变了电子管元件运行时产生的热量太多、可靠性较差、运算速度不快、价格昂贵、体积庞大这些缺陷，从此大步跨进了第二代计算机的门槛。

1954年，美国贝尔实验室研制成功第一台使用晶体管线路的计算机，取名"催迪克"（TRADIC），如图2-3所示。TRADIC相比上一代真空管计算机大幅降低了功耗与体积。与电子管计算机相比，晶体管计算机包含了操作系统，它能够为输入输出、内存管理、存储和其他的资源管理活动提供标准化的程序。

图2-3　世界上第一台全晶体管计算机TRADIC

1958年，美国的IBM公司制成了第一台全部使用晶体管的计算机RCA501型。由于第二代计算机采用晶体管逻辑元件，及快速磁芯存储器，计算机速度从每秒几千次提高到几十万次，主存储器的存储量从几千提高到10万以上。

1958—1964年，晶体管电子计算机经历了大范围的发展过程。从印刷电路板到单元电路和随机存储器，从运算理论到程序设计语言，不断的革新使晶体管电子计算机日臻完善。其软件开始使用面向过程的程序设计语言，如Fortran、ALGOL等。1961年，世界上最大的晶体管电子计算机ATLAS安装完毕。

1964年，中国制成了第一台全晶体管电子计算机441-B型。

随着集成电路的发明和逐步普及使用，更多的元件被集成到单一的半导体芯片上，计算机变得更小，功耗更低，速度更快，电子计算机的发展进入集成电路时期。此后，集成电路的规模基本按照英特尔创始人之一的戈登·摩尔提出的摩尔定律预测的那样发展，即当价格不变时，集成电路上可容纳的元器件的数目，约每隔18～24个月便会翻一番，性能也将提升一倍。这一时期的发展还包括使用了操作系统，使得计算机在中心程序的控制协调下可以同时运行许多不同的程序。多处理机、虚拟存储器系统以及面向用户的应用软件的发展，大大丰富了计算机软件资源。为了充分利用已有的软件，解决软件兼容问题，出现了系列化的计算机。1964年，IBM公司推出了划时代的System/360大型计算机，如图2-4所示，这一系列是世界上首个指令集可兼容计算机。从前，计算机厂商要针对每种主机量身定做操作系统，System/360的问世则让单一操作系统适用于整系列的计算机。

1967年和1977年分别出现了大规模和超大规模集成电路。第四代计算机是指从1970年以后采用大规模集成电路（LSI）和超大规模集成电路（VLSI）为主要电子器件制成的计算机。例如80386微处理器，在面积约为$10\text{mm}\times10\text{mm}$的单个芯片上，可以集成大约32万

计算机基础知识

图 2-4　System/360

个晶体管。美国 ILLIAC-Ⅳ计算机是第一台全面使用大规模集成电路作为逻辑元件和存储器的计算机,它的出现标志着计算机的发展已到了大规模和超大规模集成电路时代。Macintosh 计算机在 1984 年发布(见图 2-5),它彻底改变了计算机行业,采用了紧凑的一体化设计、创新鼠标和用户友好的图形用户界面。

图 2-5　Macintosh 计算机

第五代计算机是把信息采集、存储、处理、通信同人工智能结合在一起的智能计算机系统。它能进行数值计算或处理一般的信息,主要能面向知识处理,具有形式化推理、联想、学习和解释的能力,能够帮助人们进行判断、决策、开拓未知领域和获得新的知识。人机之间可以直接通过自然语言(声音、文字)或图形图像交换信息。

1981年,在日本东京召开了第五代计算机研讨会,随后制订出为期10年的"第五代计算机技术开发计划"。人工智能的应用将是未来信息处理的主流,因此,第五代计算机的发展,必将与人工智能、知识工程和专家系统等的研究紧密相连,并为其发展提供新基础。目前的电子计算机的基本工作原理是先将程序存入存储器中,然后按照程序逐次进行运算。这种计算机是由美国物理学家诺依曼首先提出理论和设计思想的,因此又称诺依曼机器。第五代计算机系统结构将突破传统的诺依曼机的概念。这方面的研究课题应包括逻辑程序设计机、函数机、相关代数机、抽象数据型支援机、数据流机、关系数据库机、分布式数据库系统、分布式信息通信网络等。

3. 计算机的分类

根据规模大小和功能强弱,计算机可分为巨型计算机、大型计算机、小型计算机和微型计算机等。

(1)巨型计算机。巨型计算机(简称巨型机)也称超级计算机,具有极高的性能和极大的规模,价格昂贵,主要用于航天、气象、地质勘探等尖端科技领域。巨型计算机的研发和生产是一个国家科技实力的体现,我国是世界上少数几个能生产巨型计算机的国家之一,成功研制了"银河""曙光""天河""神威"等巨型计算机。在2020年公布的全球超级计算机运算速度排名列表中,图2-6所示的中国"神威·太湖之光"排名第四,"天河二号"紧跟其后排名第五。

图2-6 神威·太湖之光

(2)大型计算机。大型计算机(简称大型机)虽然在量级上不及巨型计算机,但也有很高的运算速度和很大的存储量,适用于政府部门或大型企业(如银行),主要用于复杂事务处理、海量信息管理、大型数据库管理和数据通信等。目前,生产大型机的厂商主要有美国的IBM公司和DEC公司,以及日本的富士通公司等。

(3)小型计算机。小型计算机(简称小型机)的规模比大型机小,但仍能支持十几个用户同时使用。其特点是结构简单、可靠性高和维护费用低。目前,小型机已逐渐被微机取代。

计算机基础知识

（4）微型计算机。微型计算机（简称微机）是当今使用最广泛的一类计算机，其特点是体积小、功耗低、功能多、性价比高。按结构和性能的不同，微机又可分为单片机、单板机、个人计算机（PC）、工作站和服务器等类型。其中，个人计算机包括台式计算机、笔记本电脑、一体机和平板电脑等类型。

硅芯片技术的高速发展同时也意味着硅技术越来越接近其物理极限，为此，世界各国的研究人员正在加紧研究开发新型计算机，计算机从体系结构的变革到器件与技术革命都要产生一次量的乃至质的飞跃。新一代计算机包括量子计算机、光子计算机、生物计算机、纳米计算机等将会在21世纪走进我们的生活，遍布各个领域。

（1）量子计算机。量子计算机是基于量子效应基础上开发的，它利用一种链状分子聚合物的特性来表示开与关的状态，利用激光脉冲来改变分子的状态，使信息沿着聚合物移动，从而进行运算。量子计算机中数据用量子位存储。由于量子叠加效应，一个量子位可以是0或1，也可以既存储0又存储1。因此，一个量子位可以存储两个数据，同样数量的存储位，量子计算机的存储量比通常计算机大许多。同时，量子计算机能够实行量子并行计算，其运算速度可能比目前个人计算机快10亿倍。目前正在开发中的量子计算机有三种类型：核磁共振（NMR）量子计算机、硅基半导体量子计算机和离子阱量子计算机。2019年，美国谷歌公司研制出53个量子比特的计算机"悬铃木"，在全球首次实现量子优越性。2020年，潘建伟团队构建76个光子的量子计算原型机"九章"，使中国成为全球第二个实现量子优越性的国家。中国科学技术大学2023年10月11日发布消息宣布成功构建255个光子的"九章三号"量子计算原型机，实验装置示意如图2-7所示，其$1\mu s$可算出的最复杂样本，当前全球最快的超级计算机约需200亿年才能完成。

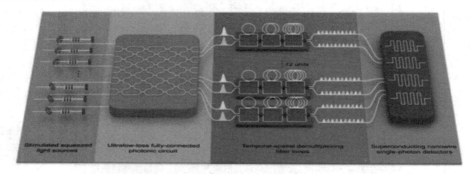

图2-7 "九章三号"实验装置示意

（2）光子计算机。光子计算机即全光数字计算机，以光子代替电子，光互连代替导线互连，光硬件代替计算机中的电子硬件，光运算代替电运算。与电子计算机相比，光计算机的"无导线计算机"信息传递平行通道密度极大。光的并行、高速天然地决定了光计算机的并行处理能力很强，具有超高速运算速度。超高速电子计算机只能在低温下工作，而光计算机在室温下即可开展工作。光计算机还具有与人脑相似的容错性。系统中某一元件损坏或出错时，并不影响最终的计算结果。目前，世界上第一台光计算机已由欧共体的英国、法国、比利时、德国、意大利的70多名科学家研制成功，其运算速度比电子计算机快1000倍。科学家们预计，光子计算机的进一步研制将成为21世纪高科技课题之一。

（3）生物计算机。生物计算机的运算过程就是蛋白质分子与周围物理化学介质的相互作用过程。计算机的转换开关由酶来充当,而程序则在酶合成系统本身和蛋白质的结构中极其明显地表示出来。20 世纪 70 年代,人们发现脱氧核糖核酸(DNA)处于不同状态时可以代表信息的有或无。DNA 分子中的遗传密码相当于存储的数据,DNA 分子间通过生化反应,从一种基因代码转变为另一种基因代码。反应前的基因代码相当于输入数据,反应后的基因代码相当于输出数据。如果能控制这一反应过程,那么就可以制作成功 DNA 计算机。蛋白质分子比硅晶片上电子元件要小得多,彼此相距甚近,生物计算机完成一项运算,所需的时间仅为 10^{-15} s,比人的思维速度快 100 万倍。DNA 分子计算机具有惊人的存储容量,$1m^3$ 的 DNA 溶液,可存储 1 万亿亿的二进制数据。DNA 计算机消耗的能量非常小,只有电子计算机的十亿分之一。由于生物芯片的原材料是蛋白质分子,因此生物计算机既有自我修复的功能,又可直接与生物活体相连。预计 10～20 年后,DNA 计算机将进入实用阶段。

(4) 纳米计算机。纳米(nm)是一个计量单位,$1nm = 10^{-9}m$,大约是氢原子直径的 10 倍。纳米技术是从 20 世纪 80 年代初迅速发展起来的新的前沿科研领域,最终目标是人类按照自己的意志直接操纵单个原子,制造出具有特定功能的产品。纳米技术正从 MEMS (微电子机械系统)起步,把传感器、电动机和各种处理器都放在一个硅芯片上而构成一个系统。应用纳米技术研制的计算机内存芯片,其体积不过数百个原子大小,相当于人的头发丝直径的千分之一。纳米计算机不仅几乎不需要耗费任何能源,而且其性能要比今天的计算机强大许多倍。目前,纳米计算机的成功研制已有一些鼓舞人心的消息,惠普实验室的科研人员已开始应用纳米技术研制芯片,一旦他们的研究获得成功,将为其他缩微计算机元件的研制和生产铺平道路。

2.1.2　计算机的主要用途

在当今社会中,各学科交叉融合日益密切,基于计算机科学的学科交叉应用尤为突出,计算机的用途早已不再仅仅是为人们提供单纯的数值计算。计算机的应用早已渗透到我们社会的各行各业,正在使我们的学习、工作及生活发生巨大改变,促进社会的发展。

1. 科学计算

科学计算又称数值计算。在近代科学和工程技术中常常会遇到大量复杂的科学问题,因此,科学研究、工程技术的计算是计算机应用的一个基本方面,也是我们比较熟悉的。如人造卫星轨迹计算,导弹发射的各项参数的计算,房屋抗震强度的计算等。

2. 数据处理

用计算机对数据及时地加以记录、整理和计算,加工成人们所要求的形式,称为数据处理。数据处理是对数值、文字、图表等信息数据及时地加以记录、整理、检索、分类、统计、综合和传递,得出人们所要求的有关信息。它是目前计算机最广泛的应用领域。

3. 过程控制

过程控制又称实时控制。过程控制是指利用计算机进行生产过程、实时过程的控制,它要求很快的反应速度和很高的可靠性,以提高产量和质量,节约原料消耗,降低成本,达到过程的最优控制。

4. 计算机辅助系统

计算机辅助系统是指用计算机帮助工程技术人员进行设计工作,使设计工作半自动化甚至全自动化,不仅大大缩短设计周期、降低生产成本、节省人力物力,而且保证产品质量。如在艺术设计领域,通常依托于计算机辅助设计(Computer Aided Design,CAD)。在工业生产领域,有计算机辅助制造(Computer Aided Manufacturing,CAM)。在教育领域,有计算机辅助教学(Computer Aided Instruction,CAI)。

信息技术的发展历程中,计算机的发明和应用是重要的里程碑。随着计算机的普及和应用领域的扩大,信息技术也不断升级换代。新一代信息技术是指在计算机技术的基础上,结合互联网、物联网、云计算、人工智能等技术,形成的综合性技术体系。新一代信息技术包括以下内容。

1. 大数据技术

大数据技术是指通过采集、存储、处理和分析海量数据,挖掘数据背后的价值信息的技术。大数据技术的应用范围非常广泛,包括商业智能、金融风控、市场营销、科学研究等方面。大数据技术的发展使得人们能够更加深入地了解数据背后的规律和信息,为决策提供了更加科学的依据。

2. 人工智能技术

人工智能技术是指通过计算机技术和算法,让计算机模拟人类的思维和行为,实现自主学习、推理和决策的能力。人工智能技术的应用领域包括机器人、语音识别、图像识别、自然语言处理等方面。人工智能技术的发展使得人们能够更加高效地完成重复性劳动和工作,释放了人类的创造力和生产力。

3. 物联网技术

物联网技术是指通过互联网将各种智能设备和传感器连接起来,实现信息的交流和共享。物联网技术的应用领域包括智能家居、智能交通、智慧城市等方面。物联网技术的发展使得人们能够更加方便地管理和控制各种设备和系统,提高了人们的生活质量和效率。

4. 云计算技术

云计算技术是指通过网络将计算资源、存储资源和其他服务资源提供给用户使用,实现资源的共享和按需分配。云计算技术的应用领域包括各种在线服务、软件开发等方面。云计算技术的发展使得人们能够更加灵活地使用各种资源和服务,提高了资源的利用效率和灵活性。

新一代信息技术在各个领域都有着广泛的应用,推动着各行各业的发展和变革。在应用新一代信息技术的过程中,需要注意数据的隐私和安全问题,同时还需要关注技术的可靠性和稳定性。只有充分掌握新一代信息技术的特点和规律,才能更好地应用这些技术,推动社会的发展和进步。

2.2 计算机系统

计算机系统是按人的要求接收和存储信息,自动进行数据处理和计算,并输出结果信息的机器系统。

2.2.1 计算机系统组成

计算机系统由计算机硬件和计算机软件两部分组成。

计算机硬件系统主要由主机和外部设备组成,其中主机包括中央处理器(CPU)和内存储器,是计算机中最核心的部分,中央处理器负责执行计算机程序指令,控制计算机硬件设备的操作以及对数据进行处理,内存储器则用于暂时存储程序和数据信息。内存储器的大小和速度直接影响着中央处理器的运行效率,而中央处理器的计算能力和处理速度则要求内存有足够的存储空间和快速的读写速度。计算机通过主板连接这些组件,确保它们可以协同工作。外部设备是计算机系统中输入设备、输出设备、外存储器的统称,对数据和信息起着传输、转送和存储的作用。

计算机软件系统包括系统软件和应用软件,系统软件负责管理计算机系统中各种独立的硬件,使得它们可以协调工作,一般包括操作系统、语言处理系统、系统服务程序和数据库管理系统。应用软件是计算机用户利用计算机的软硬件资源为某一专门应用目的而开发的软件,如文字处理软件、表格处理软件等。

计算机系统组成结构如图 2-8 所示。

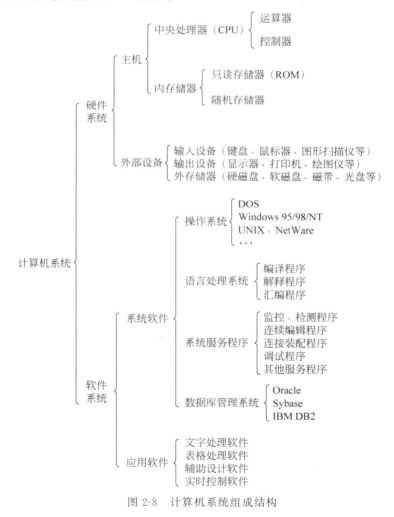

图 2-8   计算机系统组成结构

第
2
章

计算机基础知识

2.2.2 计算机硬件系统

计算机硬件主要分为主机和外部设备(简称外设)两部分,是指构成计算机系统的物理实体,主要由电子器件和机电装置组成。从 ENIAC(世界上第一台计算机)到当前最先进的计算机,硬件系统的设计采用的都是冯·诺依曼体系结构,如图 2-9 所示。

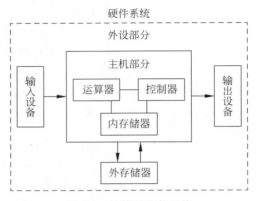

图 2-9 计算机硬件系统

运算器:负责数据的算术运算和逻辑运算,即数据的加工处理。

控制器:整个计算机的中枢神经,分析程序规定的控制信息,并根据程序要求进行控制,协调计算机各部分组件工作及内存与外设的访问等。

存储器:实现记忆功能的部分,用来存储程序、数据和各种信号、命令等信息,并在需要时提供这些信息。

输入设备:实现将程序、原始数据、文字、字符、控制命令或现场采集的数据等信息输入计算机。

输出设备:实现将计算机处理后生成的中间结果或最后结果(各种数据符号及文字或各种控制信号等信息)输出出来。

从硬件设备角度分析,运算器和控制器又统称为中央处理器(CPU)。中央处理器作为计算机系统的运算和控制核心,是信息处理、程序运行的最终执行单元。如图 2-10 所示,其主要的性能指标包括主频、高速缓存和字长等。

图 2-10 CPU

内存也称为内存储器或主存储器,其作用是用于暂时存放 CPU 中的运算数据,以及与硬盘等外部存储器交换的数据,如图 2-11 所示。只要计算机在运行中,CPU 就会把需要运算的数据调到内存中进行运算,当运算完成后 CPU 再将结果传送出来。内存储器最突出的特点是存取速度快,但容量相对较小且数据在断电后会丢失,通常用于存放那些立即要用的程序和数据。内存储器和外存储器之间常常频繁地交换信息,内存的运行也决定了计算机的稳定运行。

图 2-11　内存条

外存也称为辅助存储器,是计算机中用于长期存储数据的地方。与内存不同,外存设备如硬盘、固态硬盘(SSD)、光盘和 U 盘等可以长期保存数据。移动固态硬盘如图 2-12 所示。即使计算机断电,外存中的数据也不会丢失。外存的主要特点是容量大但访问速度较慢。与内存相比,外存设备需要与计算机的主板通过接口进行通信,而且数据的读写过程涉及机械运动(如硬盘的磁头移动)或电子信号传输(如 SSD 的闪存读写),这些过程都需要时间。外存的容量通常比内存大得多,可以以太字节(TB)甚至拍字节(PB)为单位。这使得外存能够存储大量的数据,包括操作系统、应用程序、文档、图片、视频等。

图 2-12　移动固态硬盘

主板是计算机最基本的同时也是最重要的部件之一。主板一般为矩形电路板,上面安装了组成计算机的主要电路系统,一般有 BIOS 芯片、I/O 控制芯片、键盘和面板控制开关

计算机基础知识

接口、指示灯插接件、扩充插槽、主板及插卡的直流电源供电接插件等元件,如图 2-13 所示。主板在整个计算机系统中扮演着举足轻重的角色。可以说,主板的类型和档次决定着整个微机系统的类型和档次,主板的性能影响着整个微机系统的性能。

图 2-13   主板

显卡全称为显示接口卡,又称显示适配器,如图 2-14 所示。显卡是计算机最基本配置、最重要的配件之一。显卡作为计算机主机中的一个重要组成部分,是计算机进行数模信号转换的设备,承担输出显示图形的任务。显卡接在计算机主板上,它将计算机的数字信号转换为模拟信号让显示器显示出来,同时显卡还是有图像处理能力,可协助 CPU 工作,提高整体的运行速度。

图 2-14   显卡

2.2.3   计算机软件系统

计算机软件是指计算机正常运行所需的各种各样的计算机程序,主要分为系统软件和应用软件两大类。

1. 系统软件

系统软件是计算机系统中最接近硬件的一层软件,与具体应用无关,它负责控制计算机的运行,管理计算机的各种资源,并为应用软件提供支持和服务。只有在系统软件的支持下,用户才能运行各种应用软件操作底层硬件。系统软件还为用户提供开发应用系统的平台,以提高计算机使用效率、扩充系统的功能。

1)操作系统及其分类

操作系统(Operating System,OS)是保证计算机硬件正常工作的最基本、最重要的系统软件。它主要负责管理和控制计算机的所有软硬件资源,组织计算机各部件协同工作,为用户提供友好的操作界面。

操作系统是一款方便用户管理和控制计算机软硬件资源的系统软件(或程序集合)。从用户角度看,用户操作计算机实际上是通过操作系统来进行的,它是所有软件的基础和核心;从人机交互方式来看,操作系统是用户与机器的接口;从计算机的系统结构看,操作系统是一种层次、模块结构的程序集合。

典型的操作系统主要包括以下 5 个。

(1) DOS 操作系统。

DOS 是磁盘操作系统的缩写。从 20 世纪 80 年代到 20 世纪 90 年代中期,DOS 操作系统在 IBM 个人计算机及兼容机市场中占有举足轻重的地位。在个人计算机中最常见的 DOS 操作系统就是 MS-DOS。

(2) Windows 系统。

Windows 操作系统是在 MS-DOS 的基础上创建的一个多任务的图形用户界面。第一个版本 Windows 1.0 于 1985 年问世。1987 年,微软公司推出了 Windows 2.0,1990 年推出的 Windows 3.0 是一个重要的里程碑,它以压倒性的优势确立了 Windows 系统在 PC 领域的垄断地位。1995 年 8 月以后,微软公司陆续推出了 Windows 95、Windows 98、Windows 2000 等版本的操作系统,2001 年 8 月,Windows XP 发布,它的特点是新的图形界面、即插即用功能、较强的多媒体支持、直接支持联网和网络通信、更高的安全性和稳定性。2009 年 10 月,Windows 7 发布,Windows 7 的功能更加强大,它的主要新特性有无限应用程序、实时缩略图预览、增强视觉体验、高级网络支持(ad-hoc 无线网络和互联网连接支持 ICS)、多点触控等。2012 年 10 月,Windows 8 发布,系统为适应日益普及的触控设备引入了全新的 Metro 界面,并在性能、安全性、隐私性、系统稳定性方面都取得了长足的进步。在最新的 Windows 10 系统中"开始"菜单得以回归,通知中心功能日趋强化,并且提供了许多全新的功能,包括语音助手、Edge 浏览器、支持跨设备多平台以及提供多桌面操作等。

(3) UNIX 与 Linux 系统。

UNIX 是 1969 年在 AT&T Bell 实验室诞生的一种分时计算机操作系统。UNIX 是一种多用户、多任务操作系统,并支持多种处理器架构。其具有的易理解、易扩充、易移植性,使它能运行在从高档微机到大型机等各种具有不同处理能力的机器上。UNIX 在金融等行业得到广泛应用。

Linux 是一个免费多用户、多进程、多线程、实时性较好且稳定的操作系统,运行方式与 UNIX 系统很相似。Linux 的最大特色是它的源代码完全公开,即任何人皆可自由取得、传播甚至修改源代码。Linux 是一个可移植性很强的操作系统,无论是在手机、个人计算机、小型机、大型机上都可以运行 Linux。

（4）macOS。

macOS 是由苹果公司开发的一款基于 UNIX 内核的图形化操作系统。该操作系统通常在普通个人计算机上无法安装运行，只能运行于苹果 Macintosh 系列计算机上。2011 年 7 月，苹果正式将 macOS X 改名为 OS X，其最新版本为 10.10，发布于 2014 年 10 月。与基于 NT 内核的 Windows 系统相比，其系统可靠性更高。另外，在图形图像和视频处理等多媒体方面，其性能也优于 Windows 系统。

（5）移动操作系统。

移动操作系统即移动终端操作系统，是在嵌入式操作系统基础之上发展而来的专门为手机设计的操作系统。主流的移动操作系统包括谷歌公司的 Android 和苹果公司的 iOS 以及华为公司的 HarmonyOS 等，如图 2-15 所示。

图 2-15　移动操作系统

操作系统作为计算机系统的管理者，其主要功能是对计算机系统的所有软硬件资源进行有效而合理的管理和调度，提高计算机系统的整体性能。虽然实际的操作系统多种多样，其系统结构和内容存在很大差别，但是作为一个功能完善的操作系统应具有以下五大功能，即处理器管理、存储器管理、设备管理、文件管理和安全管理功能。

2）操作系统应用

计算机操作系统是计算机软件和硬件沟通的桥梁与纽带，这里以 Windows 操作系统为例，介绍操作系统的一些基础应用。

（1）基础操作。

Windows 允许同时在屏幕上显示多个窗口，每个窗口都有一些共同的组成元素。窗口通常主要包括标题栏、菜单栏、工具面板、地址栏、滚动条、工作区、状态栏等部分。Windows 的窗口操作主要包括移动窗口，改变窗口大小，窗口最大化、最小化、还原和关闭，排列窗口，切换窗口等。

为更加快捷的操作和使用系统，Windows 提供了必要的快捷键供用户使用，快捷键及其功能如表 2-1 所示。

表 2-1　Windows 常用快捷键及其功能

快　捷　键	功　　能	快　捷　键	功　　能
Win+↑	最大化窗口	Win+R	打开运行对话框
Win+↓	还原/最小化窗口	Win+Tab	3D切换窗口
Win+←	窗口对齐到左侧	Win+Ctrl+Tab	3D切换窗口(可截图)
Win+→	窗口对齐到右侧	Ctrl+C	复制文件
Win+Home	最小化或还原当前窗口外的所有窗口	Ctrl+X	剪切文件
		Ctrl+V	粘贴文件
Win+D	显示桌面	Ctrl+Z	文件误操作的恢复
Win+E	打开资源管理器	PrintScreen	对整个屏幕截图
Win+L	锁定计算机	Alt+PrintScreen	对当前窗口截图
Win+P	打开外接显示设置	Alt+F4	关闭当前窗口
Win+F	打开搜索文件对话框		

（2）文件管理。

在计算机系统中，程序和数据是以文件的形式存储在存储器上，Windows 使用"资源管理器"来完成对文件资源的管理。

文件是一组相关信息的集合，集合的名称就是文件名。任何程序和数据都以文件的形式存放在计算机的外存储器中。文件使得系统能够区分不同的信息集合，每个文件都有文件名。Windows 正是通过文件名来识别和访问文件的。文件夹是计算机磁盘空间里面为了分类储存电子文件而建立的目录，可以用来组织和管理磁盘文件。

在 Windows 中，文件和文件夹的命名有一定的规则：文件和文件夹的命名最长可达 255 个西文字符，其中还可以包含空格。文件名由主文件名和扩展名两部分组成。主文件名简称文件名，可以使用大写字母 A～Z、小写字母 a～z、数字 0～9、汉字和一些特殊符号，且不能包括下列字符：\、/、:、?、*、"、<、>、|等。文件和文件夹命名时不区分英文字母大小写。同一个文件夹中的文件或子文件夹不能同名。文件的扩展名通常表示文件的类型。通常不同类型的文件，在 Windows 窗口中用不同的图标显示，相同类型文件图标相同。但应当注意的是，文件的图标可以通过文件关联来修改，所以仅仅通过文件图片来辨别文件类型并不可靠。文件的扩展名通常由创建该文件的工具软件自动生成。系统默认的情况下，系统对于已知文件类型的文件不显示其扩展名，用户只需通过文件图标便可以分辨文件类型。这样一来可以避免用户在修改文件名时，误将文件扩展名修改，造成文件无法识别的情况。

搜索可以使用户在计算机中快速搜到所需文件。在"资源管理器"右上角的"搜索计算机"文本框中输入文件中的一个字或词组或者文件中可能包含的文字或词组即可。还可以对搜索文件的所在文件夹以及文件大小、类型、修改日期等进行设置以缩小搜索范围。设置完毕，按 Enter 键或者单击"搜索"对话框右侧的"搜索"按钮，便可以得到搜索结果。在搜索时，可以灵活使用通配符完善搜索精度，通配符"?"表示在该位置可以是一个任意合法字符（占 1 字节），通配符"*"表示在该位置可以是若干任意合法字符。例如，*.exe 表示查找扩展名为.exe 的所有文件。

（3）应用程序管理。

应用程序是设计者为计算机完成某一项或多项任务而开发的一系列语句和指令。在 Windows 系统中,每一个应用程序运行有独立的进程和地址空间。大部分应用程序在管理时不是独立的,它必须和它的从属文件共同管理。例如,一个游戏软件包括应用程序文件、图片文件、音效文件等多个附属文件。除了绿色软件以外,大多数应用程序不能通过简单的类似文件复制、粘贴的方式就能使用,而必须通过安装或"添加/删除程序"的方式安装后才能使用。其删除操作也不能用简单的文件删除方法,必须通过"添加/删除程序"方式删除。

应用程序的"快捷方式"是应用程序的快速链接,其扩展名为.lnk,它通常比应用程序本身要小很多,几乎不占存储空间。通常将应用程序的"快捷方式"放在桌面上,既可以方便用户使用,又不占用桌面存储空间。应用程序的"快捷方式"通常在安装应用程序时由安装程序自动产生。如果用户要创建某一个程序的快捷方式,也可以选定该程序后右击,在弹出的快捷菜单中选择"创建快捷方式"命令完成。

（4）磁盘管理。

计算机的磁盘在使用前必须进行磁盘分区和格式化才能进行数据的读取和写入操作。在已经安装好 Windows 操作系统的情况下,可以使用"磁盘管理"功能来完成这些任务。磁盘管理界面如图 2-16 所示。

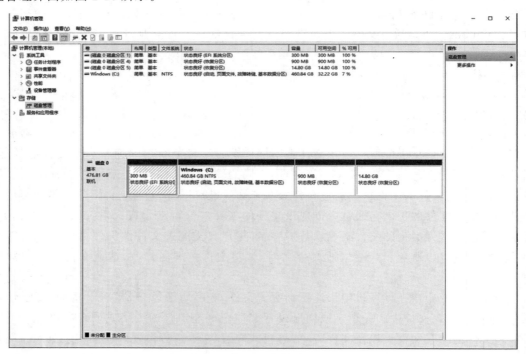

图 2-16　磁盘管理界面

磁盘使用一段时间后,可存储的空间已经变得不连续。磁盘中的碎片越多,文件分布得越散乱。它会影响计算机的运行速度,因此有必要对机器进行定期的磁盘碎片清理。对一些不需要的文件,可以删除以免浪费磁盘空间。对重要的文件要做好备份,以免丢失。磁盘清理就是扫描出磁盘上一些临时文件和长期不使用的压缩文件并将它们从磁盘上清理的过程。

2. 应用软件

应用软件运行在操作系统之上,是为用户的某种实际应用或解决某种特殊问题而编制的程序及相关资源的集合,具有较强的实用性和针对性。从其服务对象的角度来看,可将应用软件分为通用软件和专用软件两类。下面简单介绍几类应用软件。

1) 办公软件

办公软件主要指可以进行文字处理、表格制作、幻灯片制作、简单数据库的处理等方面工作的软件,包括微软 Office 系列、金山 WPS 系列、苹果公司的 iWork 软件等。目前,办公软件朝着操作简单化、功能细化、存储网络化等方向发展。另外,政府用的电子政务、税务用的税务系统、企业用的协同办公软件也属于办公软件,它们不再局限于传统的文字编辑和表格计算。

2) 图形图像处理软件

图形图像这些形象化的信息能够表达更大的信息量,且传递过程更加直观,处理这类信息的软件就是图形图像处理软件。平面的图形图像处理软件主要有 Photoshop、Illustrator、CorelDRAW、AutoCAD 等。

3) 三维设计软件

三维设计软件是一种用于创建三维模型、动画、渲染和仿真工具的软件,广泛应用于建筑、影视、游戏、产品设计、机械工程等领域。常见的三维设计软件主要有由 Autodesk 公司开发的建模和渲染工具 3ds Max,广泛应用于影视行业和游戏开发领域,提供了丰富的建模、动画、渲染和仿真工具 Maya,专注于建筑和室内设计的 3D 建模软件 SketchUp,以其直观的界面和丰富的工具而著称的 3D 设计软件 Cinema 4D,主要用于数字雕刻和绘画而闻名的 ZBrush,以及实时 3D 创作引擎 Unreal Engine 等。

2.3　进制与编码

计算机内部是由集成电路这种电子器件构成的,电路只可以表示两种状态——通电、断电。因为这个特性,计算机内部只能处理二进制,所有的数据或信息都要表示成计算机能识别的二进制代码的方式,才能进行存储、传输和处理。那计算机怎样才能处理人类使用的文本、图像、声音和视频呢?这就需要用到进制和编码。

2.3.1　进制与换算

1. 进位记数制

进位记数制即进制,它是利用一组固定的数字符号和统一的规则来记数的方法。在日常生活中常见的进制有广泛使用的十进制,表示时间换算的二十四进制,表示时间和角度换算的六十进制等。而在计算机领域最常用的进制是二进制,此外,还有八进制和十六进制。

先来看看我们最为熟悉的十进制。当早期人类需要记录物件时,他们发现五和七还是有区别的,于是产生了记数系统。当然,早期数字并没有书写的形式,而只有掰手指,人一共有十个手指,这就是为什么我们今天使用十进制的原因。渐渐地,人类发现十个指头不够用了,虽然最简单的办法就是把十个脚趾头也算上,但是这不能解决根本问题。于是人类发明了进位制,也就是今天说的"逢十进一"。这是人类在科学上的一大飞跃,从此人类知道对数量进行编码,不同位的数字代表不同的数量。

既然人们对十进制这么熟悉,为什么在计算机领域却要采用二进制记录和处理数据呢?这是由二进制以下几个特点决定的。

(1)采用二进制只需要表示 0 和 1 两个数字符号,即制造计算机时只需要找到能在两种状态之间变化的二值元件。而这种电子器件容易找到,如开关的接通和断开、晶体管的导通和截止、磁介质的正负磁极、电位电平的高与低等。且只有两种状态的元件抗干扰能力强,可靠性高。

(2)二进制数的运算规则少,运算简单,极大地简化了计算机运算器的硬件结构。例如十进制的九九乘法口诀表有 55 条公式,而二进制乘法只有 4 条。

(3)由于二进制的 0 和 1 正好可以与逻辑代数中的"假"和"真"相对应,因此,二进制运算可以实现与逻辑运算的统一。

下面我们来看看李开复博士在《对话》节目中现场面试清华博士生时提到的一个问题。问题是这样的,现在有 1000 个苹果,需要将它们放入 10 个箱子(假设箱子足够大)。客户如果要获得 1 到 1000 个苹果中的任意个数,箱子只能整箱搬,而不用拆开箱子。问是否有这样的装箱方法?这里箱子只能整箱搬,即要么拿这一箱苹果,要么不拿。这很容易让我们联想到二值元件,有 10 个箱子就相当于有 10 个二进制位,它们最多可以表示的数据是 $2^{10} = 1024$,因为 1024 大于 1000,所以有这种装箱的方法。具体的装箱方法就是在前 9 个箱子里分别放入 $2^0, 2^1, \cdots, 2^8$,即 $1, 2, \cdots, 256$ 个苹果,最后 1 个箱子放入剩下的 489 个苹果就可以了($1000 - 256 - 128 - 64 - 32 - 16 - 8 - 4 - 2 - 1 = 489$)。由这个问题的求解,我们应该能更深刻地感受到二进制的思维与我们的生活是密切相关的。

二进制虽然有诸多优点,但是由于只有 0 和 1 两个数字符号,表示信息时通常需要使用一长串 0 和 1 实现,这带来了书写长、不便于阅读和记忆的问题。为此,人们引入了八进制和十六进制,这两个进制不但简化了书写,便于阅读,而且与二进制相互转换十分简单。

进制的特点是表示数值大小的数码与它在数中所处的位置有关。一种进制包括一组数码符号以及三个基本元素:数位、基数和位权。

数码符号是用于表示数值的一组不同的数字符号,如十进制中有 0~9 共十个数码符号,而二进制中只有 0 和 1 两个数码符号。那么十六进制呢?它包含 0~9 以及 A、B、C、D、E、F 共十六个数码符号。

数位即数码符号在一个数中所处的位置。

基数是指某种进制中,每个数位上所能使用的数码符号的个数。例如十进制中可以使用 0~9 共十个数码符号,因此十进制的基数为 10。当基数为 r 时,包含 $0, 1, \cdots, r-1$ 共 r 个数码符号,进位规律遵循"逢 r 进一",即 r 进制。

位权是指在某一种进制表示的数中,用于表示不同数位上数值大小的一个固定常数。不同数位有不同的位权,某一数位的数值等于在这个数位上的数码乘以该数位的位权。r 进制数的位权是 r 的整数次幂。例如,十进制的位权是 10 的整数次幂,个位的位权是

10^0，十位的位权是 10^1。推广到一般，对于 r 进制而言，整数部分第 i 位的位权是 r^{i-1}，小数部分第 j 位的位权是 r^{-j}。常用进制数值对照关系如表 2-2 所示。

表 2-2　二进制、八进制和十六进制数值对照关系

十进制	二进制	八进制	十六进制	十进制	二进制	八进制	十六进制
0	0	0	0	9	1001	11	9
1	1	1	1	10	1010	12	A
2	10	2	2	11	1011	13	B
3	11	3	3	12	1100	14	C
4	100	4	4	13	1101	15	D
5	101	5	5	14	1110	16	E
6	110	6	6	15	1111	17	F
7	111	7	7	16	10000	20	10
8	1000	10	8				

对于非十进制的数，通常可以用数字后面跟一个英文字符或者以 $(\cdots)_{进制}$ 的形式表示该数是多少进制的数。如十进制数字 32.5 可表示为 32.5D 或者 $(32.5)_{10}$，二进制数字 101.11 可表示为 101.11B 或者 $(101.11)_2$，八进制数字 36 可表示为 36O 或者 $(36)_8$，十六进制数字 4A 可表示为 4AH 或者 $(4A)_{16}$。

2. 不同进制之间的换算

人们习惯使用十进制，所以在计算机网络中对于 IP 地址采用了点分十进制的方式书写，如 192.168.0.1，但是计算机网络中计算网络号和主机号以及子网划分时必须使用二进制数计算，这时必须将十进制数转换为二进制数。同样，在网页设计和图像处理的许多软件里采用十六进制表示颜色编码，如 color = ♯ ffffff，表示红、绿、蓝三个颜色分量值都是 255，也就是白色。因此，在计算机中需要对各种进制进行相互转换。

1）二、八、十六进制与十进制之间的转换

（1）二、八、十六进制转换为十进制。

将二进制（八进制或者十六进制）的各个数位上的系数与其所在数位的位权的乘积求和就是该数对应的十进制数值。简单地说，就是按照位权展开求和。例如：

$$(1010111.1011)_2 = 1\times2^6 + 0\times2^5 + 1\times2^4 + 0\times2^3 + 1\times2^2 + 1\times2^1 + 1\times2^0$$
$$+ 1\times2^{-1} + 0\times2^{-2} + 1\times2^{-3} + 1\times2^{-4} = (87.6875)_{10}$$

$$(376)_8 = 3\times8^2 + 7\times8^1 + 6\times8^0 = (254)_{10}$$

$$(2FC)_{16} = 2\times16^2 + 15\times16^1 + 12\times16^0 = (764)_{10}$$

（2）十进制转换为二、八、十六进制。

十进制转换为二、八、十六进制，需要分为整数部分和小数部分分别计算。

整数部分的计算方法是将十进制数不断地除以 2(8 或者 16)，取余数，直到商为 0 停止计算。先得到的余数在低位，后得到的余数在高位（即先得到的靠近小数点）。

【例 2-1】　将十进制整数 215 转换为二进制整数。

$$215 \div 2 = 107 \cdots\cdots 1 \qquad 余数为 1,即 a_0 = 1 \qquad (低位)$$

$$107 \div 2 = 53 \cdots\cdots 1 \qquad 余数为 1,即 a_1 = 1$$

$$53 \div 2 = 26 \cdots\cdots 1 \qquad 余数为 1,即 a_2 = 1$$

$$26 \div 2 = 13 \qquad\qquad 余数为 0,即 a_3 = 0$$

$$13 \div 2 = 6 \cdots\cdots 1 \qquad 余数为 1,即 a_4 = 1$$

$$6 \div 2 = 3 \qquad\qquad 余数为 0,即 a_5 = 0$$

$$3 \div 2 = 1 \cdots\cdots 1 \qquad 余数为 1,即 a_6 = 1$$

$$1 \div 2 = 0 \cdots\cdots 1 \qquad 余数为 1,即 a_7 = 1 \qquad (高位)$$

最后结果为

$$(215)_{10} = (a_7 a_6 a_5 a_4 a_3 a_2 a_1 a_0)_2 = (11010111)_2$$

小数部分的计算方法是将十进制小数不断地乘以 2(8 或者 16),取整数,直到小数部分为 0 或者达到精度要求为止(小数部分可能永远不会得到 0,只要位数到达精度要求就可以停止计算),先得到的整数在高位,后得到的整数在低位(即先得到的靠近小数点)。

【例 2-2】 将十进制小数 0.627 转换为二进制小数(精确到小数点后 3 位)。

$$0.627 \times 2 = 1.254 \qquad 取整数 1 \qquad (高位)$$

$$0.254 \times 2 = 0.508 \qquad 取整数 0$$

$$0.508 \times 2 = 1.016 \qquad 取整数 1$$

$$0.016 \times 2 = 0.032 \qquad 取整数 0 \qquad (低位)$$

十进制小数 0.627 连续 4 次乘以 2 后,其小数部分仍不为 0。由于要求精确到小数点后 3 位,因此计算到小数点后第 4 位即可。最后结果为

$$(0.627)_{10} \approx (0.101)_2$$

十进制数转换为八进制数和十六进制数的方法与转换为二进制数完全一致,只需要分别将整数部分的"除以 2 取余"改为"除以 8 取余"和"除以 16 取余",将小数部分的"乘以 2 取整"改为"乘以 8 取整"和"乘以 16 取整"即可。

2) 二、八、十六进制之间的相互转换

由表 2-2 容易发现二进制与八进制和十六进制之间存在着特殊的关系,即一个八进制的数可以采用 3 位二进制数表示,一个十六进制数可以采用 4 位二进制表示,这是由于 $2^3 = 8, 2^4 = 16$。

(1) 二进制数转换为八进制数、十六进制数。

从二进制数转换为八进制数(十六进制数)只需要从小数点开始分别向左、右每 3 位(4 位)划分一组,不足 3 位(4 位)的组用 0 补足,然后将每一组 3 位(4 位)二进制数对应一个八进制数(十六进制数)即可。

【例 2-3】 将二进制数 $(11010111100.11011)_2$ 转换为八进制数和十六进制数。

$$(\underline{011} \quad \underline{010} \quad \underline{111} \quad \underline{100} \quad . \quad \underline{110} \quad \underline{110})_2$$

$$\qquad\downarrow \qquad\quad \downarrow \qquad\quad \downarrow \qquad\quad \downarrow \qquad\qquad \downarrow \qquad\quad \downarrow$$

$$\qquad 3 \qquad\quad 2 \qquad\quad 7 \qquad\quad 4 \qquad . \qquad 6 \qquad\quad 6$$

转换为八进制时,结果为

$$(11010111100.11011)_2 = (3274.66)_8$$

$$(0110 \quad 1011 \quad 1100 \quad . \quad 1101 \quad 1000)_2$$

$$\downarrow \qquad \downarrow \qquad \downarrow \qquad\qquad \downarrow \qquad \downarrow$$

$$6 \qquad B \qquad C \qquad . \qquad D \qquad 8$$

转换为十六进制时,结果为

$$(11010111100.11011)_2 = (6BC.D8)_{16}$$

(2) 八进制数、十六进制数转换为二进制。

从八进制数(十六进制数)转换为二进制数的过程与二进制数转换为八进制数(十六进制数)相反,只需要将每一位八进制数(十六进制数)展开成对应的 3 位(4 位)二进制数即可。注意,整数最高位的 0 和小数最低位的 0 可以略去。

【例 2-4】 将八进制数 $(315)_8$ 转换为二进制数。

$$3 \qquad 1 \qquad 5$$

$$\downarrow \qquad \downarrow \qquad \downarrow$$

$$011 \quad 001 \quad 101$$

结果为

$$(315)_8 = (11001101)_2$$

【例 2-5】 将十六进制数 $(2BD)_{16}$ 转换为二进制数。

$$2 \qquad B \qquad D$$

$$\downarrow \qquad \downarrow \qquad \downarrow$$

$$0010 \quad 1011 \quad 1101$$

结果为

$$(2BD)_{16} = (1010111101)_2$$

2.3.2　计算机常用信息编码

不同进制的数值之间可以采用进制换算的方法相互转换,而非数值的信息如何用二进制数表示呢?计算机中采用了各种信息编码来实现用二进制表示信息。所谓编码就是以若干数码或符号的不同组合来表示非数值信息的方法,它是人为地给若干数码或符号的每种组合指定一种唯一的含义。

电影《火星救援》中宇航员沃特尼为了能与地球通信找到废弃的火星车,这使得他可以将图片信息传输到地球。然而在地球上的 NASA 人员只能操控火星车转动摄像头和拍照,不能将文字或者图片信息传送到火星。于是,沃特尼想到了利用摄像头的转动表示信息,但是直接使用 26 个字母表示会让每个字母分到的角度太小,不利于相机取景拍照,且无法表示数字和空格等符号。最终,他想到了采用两位十六进制表示一个 ASCII 码的方法(在ASCII 码中,一个字符可以由 1 字节,也就是 8 个二进制位表示。4 位二进制数可以由一个十六进制数表示,所以 1 字节可以由两位十六进制表示)。由于信息传送只需要通过 16 个字符完成,使得每个字符分得的角度足够大。利用这种方法火星车每转动两次角度就可以表示一个字母,成功地解决了无法从地球上传送信息到火星的问题。我们通过电影中沃特尼获取地球信息的方法不难发现,字符的编码可以使用少量的基本符号(这里是十六进制的

16 个符号),通过一定的组合原则表示大量复杂的信息(数字、英文字母、西文标点等)。

编码具有三个主要特征:唯一性、公共性和规律性。唯一性是指每一种组合都有确定的唯一性的含义;公共性是指所有相关者都认同、遵循和使用这种编码;规律性是指编码应有一定的规律,便于计算机和人能识别和使用它。例如,身份证的编码由 18 位构成,第 1、2 位表示所在的省份,第 3、4 位表示所在的市,第 5、6 位表示所在的区,第 7~14 位表示出生年、月、日,第 15、16 位表示出生地所在派出所,第 17 位表示性别(奇数是男,偶数是女),第 18 位是校验码。根据这一编码规则,可以给每个人一个身份证号,从身份证号就可了解此人的出生地、生日、性别等信息。此外,编码还涉及信息容量的概念,如某市区的电话号码由 7 位升级到 8 位,某市区的车牌号的后 5 位出现了大写英文字母等。5 位的车牌最多可以表示 00000~99999,共计 10 万个不同的车牌信息,当该市机动车超过 10 万辆,则必须引入新的字符,这里在车牌编码中引入了大写的英文字母,这样理论上就可表示 $36^5 =$ 600 466 176 个车牌,能确保足够一个城市的车辆使用。

字符是计算机中使用最多的信息形式之一,是人与计算机进行通信、交互的重要媒介。在计算机中要为每个字符指定一个确定的编码,作为识别与使用这些字符的依据。我们接触的字符一般包括西文字符、阿拉伯数字、中文字符和基本的标点符号。下面简单介绍几种信息的编码方式。

1. ASCII 码

ASCII(American Standard Code for Information Interchange)即美国标准信息交换代码,由美国国家标准学会(American National Standard Institute,ANSI)制定。它是基于拉丁字母的一套计算机编码系统,主要用于显示现代英语和其他西欧语言,是现今最通用的单字节编码系统。

用 0、1 组成表示字母与符号的编码体系,英文有 26 个大写字母、26 个小写字母,再加上 10 个数字及一些标点符号,因此只要 0、1 编码的信息容量能超过这些需要表示的字符数量即可。率先出现的 ASCII 码满足了这一需求,并已被国际标准化组织(ISO)认定为国际标准,它为计算机在世界范围的普及做出了重要贡献。ASCII 码分为 7 位版本和 8 位版本。通常所说的 ASCII 码是指其 7 位版本,由 7 位二进制数表示一个常用符号,总共可以表示 $2^7 = 128$ 个不同的符号,包括 26 个大写字母、26 个小写字母、10 个数字、32 个通用控制字符和 34 个专业字符(如标点符号等)。由于英文单词是由字母组合而成的,因此计算机中使用 ASCII 码足够英文的书写表达。标准 ASCII 码表如表 2-3 所示,其中字母 A 表示为 $b_6b_5b_4b_3b_2b_1b_0=1000001$,数字 8 表示为 $b_6b_5b_4b_3b_2b_1b_0=0111000$。

表 2-3 标准 ASCII 码表

$b_3b_2b_1b_0$	$b_6b_5b_4$							
	000	001	010	011	100	101	110	111
0000	NUL	DLE	SP	0	@	P	`	p
0001	SOH	DC1	!	1	A	Q	a	q
0010	STX	DC2	"	2	B	R	b	r
0011	ETX	DC3	#	3	C	S	c	s
0100	EOT	DC4	$	4	D	T	d	t
0101	ENQ	NAK	%	5	E	U	e	u

$b_3b_2b_1b_0$	$b_6b_5b_4$							
	000	001	010	011	100	101	110	111
0110	ACK	SYN	&	6	F	V	f	v
0111	BEL	ETB	'	7	G	W	g	w
1000	BS	CAN	(	8	H	X	h	x
1001	HT	EM	)	9	I	Y	i	y
1010	LF	SUB	*	:	J	Z	j	z
1011	VT	ESC	+	;	K	[	k	{
1100	FF	FS	,	<	L	\	l	|
1101	CR	GS	=	=	M	]	m	}
1110	SO	RS	.	>	N	^	n	~
1111	SI	US	/	?	O	_	o	DEL

由前文可知,二进制的书写和阅读并不方便,因此 ASCII 码可以转换为十六进制表示(这就是前文《火星救援》剧情中的情节)。例如,字母 A 表示为 $b_6b_5b_4b_3b_2b_1b_0=1000001$,转换为十六进制就是 41H,大写字母 A～Z 就可以表示为 41H～5AH。这里后缀 H 表示十六进制。一个 ASCII 码由 8 个二进制位组成,即 1 字节,这与两位十六进制正好一致,它最多可以表示 $2^8=256$ 种不同的情况。当最高为 $b_7=0$ 时,表示的就是基本的 ASCII 码;当最高位 $b_7=1$ 时,表示的扩展的 ASCII 码,包括一些符号字符、图形符号以及希伯来语、希腊语和斯拉夫语字母等。

2. 汉字编码

西文字符在计算机内使用占有 1 字节的 ASCII 码表示,同样,每个汉字都需要进行编码,计算机才能处理它们。汉字是象形文字,无法通过少量字母的组合表示,因此,汉字的编码更加复杂,这使得汉字的输入、内部存储、显示输出都需要特定的编码。计算机处理汉字的过程实际上是汉字输入码、汉字信息交换码、汉字机内码、汉字输出码等编码间的转换过程。

1)输入码

输入码也叫外码,是用来将汉字输入到计算机中的一组键盘符号,是作为汉字输入用的编码。常见的输入码分为数字编码、拼音编码、字形编码等。

2)区位码

整个 GB 2312—1980 字符集分成 94 个区,每区有 94 个位,每个区位上只有一个字符,即每区含有 94 个汉字或符号,用所在的区和位来对字符进行编码(实际上就是字符编号、码点编号)。换言之,GB 2312—1980 将包括汉字在内的所有字符编入一个 94×94 的二维表,行就是"区",列就是"位",每个字符由区、位唯一定位,其对应的区、位编号合并就是区位码。例如"中"字在 54 区 48 位,所以"中"字的区位码是 5448。

3)国标码

虽然 GB 2312—1980 为中文编码,但也需要能够兼容 ASCII 码才行。为了相兼容,GB 2312—1980 在设计时将"区码"和"位码"分别加上 20H(H 为十六进制数的后缀),相当于将区位码向后偏移了 32,以避免与 ASCII 码中 0～31 的不可显示字符和空格字符相冲突,这种形式的编码为国标码。例如"中"字的区位码为 5448,转换为国标码表示为(86,80)。

4)机内码

国标码还不能直接在计算机上使用,因为这样还是会和 ASCII 码中的除控制字符外的其他字符冲突而导致乱码。例如"中"字的国标码中的高位字节为 86,这会与 ASCII 码中的大写字母 V 冲突,低位字节为 80,与 P 冲突。因此为避免这种情况,规定国标码中的每个字节的最高位都从 0 换成 1,从而得到国标码的"机内码",利用 ASCII 码只用了一个字节中的低 7 位这一特性,首位上的 1 就可以作为识别汉字编码的标志,此时即可完全兼容 ASCII 码,机内码才是字符用 GB 2312—1980 编码后在计算机中存储的形式。

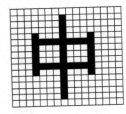

图 2-17 "中"字点阵图

5)输出码

输出码又称为字模码、字形码,属于点阵代码的一种,也就是用 0、1 表示汉字的字形。显示一个汉字一般采用 16×16 点阵、24×24 点阵或 48×48 点阵,图 2-17 所示为"中"字的点阵图。已知汉字点阵的大小,可以计算出存储一个汉字所需占用的字节空间,即字节数=点阵行数×(点阵列数/8)。

为了将汉字的字形显示输出或打印输出,汉字信息处理系统还需要配有汉字字形库,也称字模库,简称字库,它集中了汉字的字形信息。

总结起来,计算机处理汉字的过程可以这样理解,通过键盘输入的外码对应于汉字内码,将汉字外码转换(即映射)为汉字内码,以实现输入汉字的目的;通过汉字内码在字模库(即字库)中找出汉字的字形码,将汉字内码转换(即映射)为汉字字形码,以实现显示输出和打印输出汉字的目的。

3. Unicode 编码

在计算机发展之初,计算机软件都是英文的,这给许多官方文字非英文的国家使用计算机带来了许多不便。因此,需要对计算机操作系统和应用软件进行本地化,使软件支持多国语言的输入、存储和输出。例如,在我国,国外开发的软件需要汉化才能支持汉字的输入输出。

在计算机系统中,编码与操作系统和应用软件是密切相关的。通过在汉字机内码编码方案中包含 ASCII 字符集,可以实现同时支持英文和汉字字符,但是无法同时支持多语言环境(即同时处理多种语言混合的情况)。由于不同国家和地区采用的字符集不一致,很可能出现编码系统冲突的问题,即两种编码可能使用相同的数字表示不同的字符,或者使用不同的数字表示相同的字符。这给计算机的数据处理带来很多麻烦。为了解决多语言统一编码这一难题,人们研制了 Unicode 编码。Unicode 编码能适用于绝大多数国家和地区的语言符号、标点符号及常用图形符号,它为每种语言中的每个字符设定了统一并且唯一的二进制编码,能满足跨语言、跨平台进行文本转换、处理的要求。

4. 多媒体信息的编码

多媒体信息主要指音频、图像、视频、文本等多种媒体信息及其相互关联的一种统一。上面介绍了计算机采用各种不同的编码表示文字符号,实际上,计算机也是通过各种编码来存储、处理和显示丰富多彩的多媒体信息的。

1)声音的表示方法

图 2-18 显示的是一段声音信号在时间轴上的表示。由物理知识可知,声音是以声波的形式在传播介质中传播的,声波是连续的,这种连续的信号是模拟信号。计算机不能直接处理模拟信号,需要将其数字化。数字音频处理就是对声波采样、量化和编码的过程。所谓采

样就是按某一采样频率对连续音频信号做时间上的离散化,即对连续信号每隔一定的周期获取一个信号值的过程。而量化是将所采集的信号点的数值区分成不同位数的离散数值的过程,区分的位数越多,数值的精度越高。编码则是将采集到的离散时间点的信号的离散数值按一定规则以 0、1 数据形式存储的过程。采样的时间间隔越小,或者采样频率越高,采样数值编码位数越高,则采样的质量就越高,数字化表示就越接近连续的声波,相应的数据量也越大。最常用的采样频率是 44.1kHz,它的意思是每秒取样 44 100 次。低于这个值就会有较明显的质量损失,而高于这个值人的耳朵已经很难分辨,而且增大了数字音频所占用的空间。

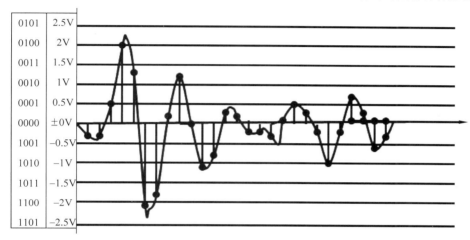

图 2-18　声音采样量化示意

2) 图像的表示方法

图 2-19 显示的是一幅图像,图像中的颜色信息是连续的光波信号,要进行数字图像处理就必须对信息离散化。将该图像水平和垂直均匀划分成若干小格,每个小格称为一个像素,每个像素用的一个颜色值表示就实现了图像的离散化。对于黑白图像,每个点只有黑白两种颜色,所以只需要 1 个二进制位的 0 或 1 即可以表示颜色值;而对于灰度图像,通常采用 1 字节的 8 位表示 256 级灰阶($2^8 = 256$);对于彩色图像,每个像素点可采取 3 字节分别表示光的三原色:红、绿、蓝,能表示的颜色为 $2^{24} = 16\ 777\ 216$ 种,这远大于人眼所能分辨的颜色种类,所以称为 24 位真彩色图像。数字图像的尺寸可以用"水平像素点×垂直像素点"来表示。通常将单位尺寸中的像素点数目称为分辨率,分辨率越高则图像越清晰。由此可见,一幅图像占用的存储空间为"图像包含的像素点×像素点的位数",对于一台 800 万像素

图 2-19　图像的表示

的数码相机拍摄的一张照片,其占用的空间为 800 万×24 位,约为 24MB。然而我们知道实际上一张 800 万像素的照片在数码相机中通常只占用 3~4MB 的空间,这是由于数码图像存储时进行了数据压缩。

所谓数据压缩也是一种对数据的编码。它是指在不丢失有用信息的前提下,缩减数据量以减少存储空间,提高其传输、存储和处理效率,或按照一定的算法对数据进行重新组织,减少数据的冗余和存储空间的一种技术方法。数据压缩包括有损压缩和无损压缩。无损压缩利用数据的统计冗余进行压缩。数据统计冗余度的理论限制为 2:1 到 5:1,所以无损压缩的压缩比一般比较低。这类方法广泛应用于文本数据、程序和特殊应用场合的图像数据等需要精确存储数据的压缩。有损压缩方法利用了人类视觉、听觉对图像、声音中的某些频率成分不敏感的特性,允许压缩的过程中损失一定的信息。虽然不能完全恢复原始数据,但是所损失的部分对理解原始图像的影响较小,却换来了比较大的压缩比。有损压缩广泛应用于语音、图像和视频数据的压缩。

3) 视频的表示方法

视频的本质就是静态图像的时间序列,也就是连续的模拟信号,所以也需要离散化才能转换为数字视频。由于视频中还可能包含声音和文字的同步,因此视频处理相当于按时间序列处理图像、声音和文字的同步问题,并将这些信息统一编码。

因此,各种编码实际上就是计算机中 0、1 数据与文字、音频、图像、视频等信息的对应关系。

2.4 计算机与色彩

2.4.1 色彩的形成

不知读者是否思考过这样一个问题:"色彩"是幻觉吗? 我们生活的世界是否是一个"无色"的世界? 人类肉眼所见到的光线,其实是由波长范围很窄的电磁波产生的,不同波长的电磁波表现为不同的颜色。

电磁波又称电磁辐射,是在空间中以波的形式传递能量和动量,其传播方向垂直于电场与磁场的振荡方向。电磁波按照频率分类,从低频率到高频率(或者从长波到短波),主要包括无线电波、微波、红外线、可见光、紫外线、X 射线和 γ 射线,如图 2-20 所示,人眼所能感受到的只有可见光,波长为 380~780nm。

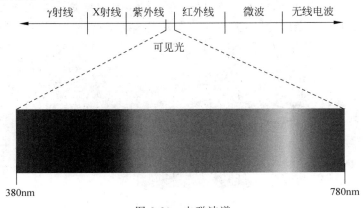

图 2-20 电磁波谱

可见光其实是电磁辐射波谱中能够被人眼所接收到的一小段波谱,从物理学上而言,电磁辐射(包含可见光)实际上并没有任何色彩,也就是前面所说的,本质上我们生活在一个"无色"的世界。那为什么人类又能够看到一个色彩斑斓的世界呢?

人的视网膜上的感光细胞分别称为"视杆细胞"和"视锥细胞"。如图 2-21 所示,视杆细胞对光强度的变化非常敏感,主要用于对黑白视觉的感知。视锥细胞对不同波长的可见光敏感。可见光进入人眼,会分别刺激三种视锥细胞,再通过刺激的强弱组合成一个视觉信号传入大脑,并告诉大脑这束光的颜色。可见光是一种复合光,根据能量频率和波长不同,大致分为红、橙、黄、绿、青、蓝、紫七色,当然这七色并不是界限分明,每种颜色之间是一个逐渐过渡的过程,这就叫可见光的光谱。

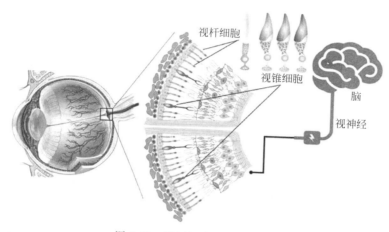

图 2-21　视杆细胞与视锥细胞

正是由于可见光具有色谱,不同物体对不同波段的光吸收率不一样,人类才能够看到一个色彩斑斓的世界。光的波长越长,频率越低,能量越低。可见光光谱中,红光能量最低,频率最低,波长最长;而紫光能量最高,频率最高,波长最短。

人类为三色视者,色盲和一些哺乳动物由于缺失其中的一种视锥细胞而被称为"二色视者",禽类动物视锥细胞较多,故黄昏后视觉减弱。有些动物能看到紫外线和红外线,它们看到的世界色彩与人类存在很大的视觉差异,如图 2-22 所示。

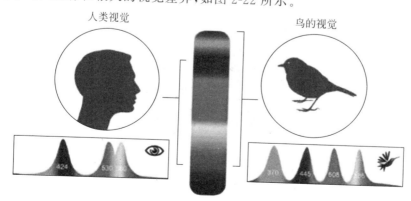

图 2-22　人类与鸟的视觉差异

计算机基础知识

图 2-22 (续)

因此,色彩并不是自然界中固有存在的属性,而是光通过眼球中视锥细胞进行解析后传递给大脑的一种色彩信号。

2.4.2 颜色模式

颜色模式是将颜色表现为数字形式的模型,或者说是一种记录图像颜色的方式。常见的颜色模式包括 RGB 模式、CMYK 模式、HSB 模式,此外还有 Lab 模式、灰度模式、位图模式、多通道模式等。

1. RGB 模式

人眼中的三种视锥细胞分别用来感知光中红色(Red)、绿色(Green)、蓝色(Blue)的强度,而所有其他颜色都是按照这三种视锥细胞不同的刺激强度组合形成,所以结合人眼的生物特性,以色光三原色为基础构建的色彩模式就被称为 RGB 模式,又称为加色模式。如图 2-23 所示,RGB 三种光常被人们称为三基色或三原色。

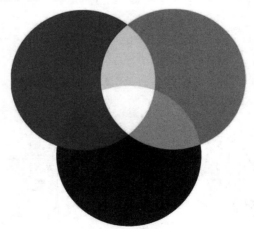

图 2-23 RGB 模式

在设计或者程序中使用 RGB 模式的色值时,会采用 RGB(0~255,0~255,0~255)的调用方式或者♯RRGGBB 即六个十六进制数字的调用方式,能够获得 2 的 24 次方也就是 16 777 216 种色彩,这就是我们常说的真彩色。当所有三种光线亮度值相等时,没有色相,称为灰度,数值越低灰度越高。当所有三种光线亮度值均为 255 时,产生纯白色;当该值为 0 时,产生纯黑色。三种光线混合生成的颜色一般比原来的颜色亮度值更高。

RGB 模式的应用很广泛,主要应用与液晶显示器、LED 显示屏等电子显示设备以及投影仪、数码相机和扫描仪等媒介。在网页设计中,RGB 模式也被广泛应用于定义网页中的颜色。

2. CMYK 模式

将色光三原色两两混合以后,就形成了另外三种颜色,分别是青色(Cyan)、品红(Magenta)、黄色(Yellow),而这三种颜色正是印刷颜料里的三原色,也被称为"色料三原色"。基于色料三原色建立的色彩模式就称为 CMY 模式。当红、绿、蓝三色光被混合时会产生白色,当青、品红、黄三色油墨混合时理论上会产生黑色,但是由于油墨纯度的问题,实际上三色油墨混合时并不会产生纯正的黑色,于是将黑色油墨分开,这种模式称为 CMYK 模式。CMYK 模式在本质上与 RGB 模式没有什么区别,只是产生色彩的原理不同。如图 2-24 所示,在 RGB 模式中由光源发出的色光混合生成颜色,而在 CMYK 模式中由光线照到有不同比例 C、M、Y、K 油墨的纸上,部分光谱被吸收后,反射到人眼的光产生颜色。由于 C、M、Y、K 在混合成色时,随着 C、M、Y、K 四种成分的增多,反射到人眼的光会越来越少,光线的亮度会越来越低,所以 CMYK 模式产生颜色的方法又被称为色光减色法,又称为减色模式。

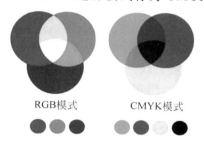

图 2-24　RGB 模式与 CMYK 模式

由于 CMYK 模式是印刷模式,媒介多是打印机、印刷机等印刷器械,因此常运用在画册、包装、海报等印刷品中。印刷业通过青、品、黄三原色油墨的不同网点面积率的叠印来表现丰富多彩的颜色和阶调,这便是三原色的 CMY 颜色空间。实际印刷中,一般采用青、品、黄、黑四色印刷,在印刷的中间调至暗调增加黑版。CMYK 模式与设备和印刷过程相关,而工艺方法、油墨的特性、纸张的特性等不同的条件会产生不同的印刷结果。

3. HSB 模式

从心理学的角度来看,HSB 模式便是基于人对颜色的心理感受的一种颜色模式。颜色有三个要素:色相(Hue)、饱和度(Saturation)和明度(Brightness),如图 2-25 所示。

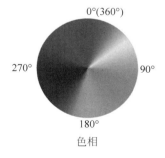

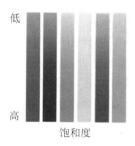

图 2-25　HSB 模式

色相即颜色分类,通俗地讲就是色彩的相貌或者图像的颜色,如红色、绿色、蓝色等,色相不是通过百分比而是以 0°~360°的角度来表示的,它类似一个颜色环,颜色沿着环进行规

计算机基础知识

律性的变化,因此也有十二色环、二十四色环等,如图 2-26 所示。

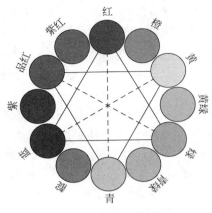

图 2-26　十二色环

饱和度指表示图像颜色的浓度、鲜艳程度,通俗地讲就是颜色的深浅,即单个色素的相对纯度,如红色可以分为深红、洋红、浅红等。饱和度高色彩较艳丽,饱和度低色彩就接近灰色。白、黑和其他灰色色彩都没有饱和度。

明度主要用来表示颜色的明暗程度。明度高色彩明亮,明度低色彩暗淡,明度最高得到纯白,最低得到纯黑。人的眼睛并不能够分辨出 RGB 模式中各基色所占的比例,而只能够分辨出颜色种类、饱和度和强度。它是由 RGB 三基色转换为 Lab 模式,再在 Lab 模式的基础上考虑了人对颜色的心理感受这一因素而转换成的。这种颜色模式比较符合人的视觉感受,让人觉得更加直观一些。

眼睛看到的饱和度、明度等色彩元素,绝大部分都是 HSB 输出的,Photoshop 软件的拾色器就是 HSB 色彩模式。当你使用调和型(例如同明度配色、同纯度配色)的配色方式时,通过 HSB 来选择颜色既方便又准确。

其他色彩模式通常用于色彩模式转换或者在特定场合需要,如 Lab 颜色是由 RGB 三基色转换而来的,它是由 RGB 模式转换为 HSB 模式和 CMYK 模式的桥梁。位图模式用两种颜色(黑和白)来表示图像中的像素,也叫作黑白图像。灰度模式可以使用多达 256 级灰度来表现图像,使图像的过渡更平滑细腻,使用黑白或灰度扫描仪产生的图像常以灰度显示。多通道模式对有特殊打印要求的图像非常有用。

通过研究发现色光还具有下列特性:互补色按一定的比例混合得到白光。如蓝光和黄光混合得到的是白光。同理,青光和红光混合得到的也是白光。任何一种颜色都可以用色环上其相邻两侧的两种单色光,甚至可以从次近邻的两种单色光混合复制出来。如黄光和红光混合得到橙光。较为典型的是红光和绿光混合成为黄光。

2.4.3　计算机中的色彩

无论是设计网页还是编写程序,一个美观的界面是必不可少的。仔细分析界面的构成,无外乎两个因素:一是颜色,一个是形状。这个又被称为 UI 设计。美术功底好的人,能设计出让人赏心悦目的界面,欠缺美术功底的人,有时费尽心思做出来的界面也只是差强人意。通过了解计算机的颜色表示,有助于提高那些欠缺美术功底的人设计界面的能力。

计算机中的颜色采用 RGB 模式,也就是每种颜色采用红、绿、蓝三种分量。每个颜色分量的取值为 0~255,一共有 256 种可能。则计算机中所能表示的颜色为 256×256×256＝167 772 16 种,这也是 16M 色的来由。

计算机中的色彩表示法有下面几种。

(1) 直接用分量表示。例如,(255,0,0)就表示红色,三个数字分别表示红、绿、蓝的三个颜色分量。

(2) 用颜色的对应英文表示。例如,Red 表示红色,它的颜色表示为(255,0,0);Cyan 表示青色,它的颜色表示为(0,255,255)。再如,Wheat 表示小麦色,它的颜色表示为(245,222,179)。这些英文必须是系统中承认的颜色,自己定义的不予认可,总结起来大约有 200 种。

(3) 三个分量用十六进制表示。用 00 表示 0,用 FF 表示 255,这样,就可以用六位十六进制的数表示一种颜色。例如:♯FF0000 表示红色,在有些场合也可以缩写为♯F00。

在有些图像处理软件中,还采用了其他的颜色模型,但基本上是应用于印刷行业,在显示器上显示的还是 RGB 颜色系统。

习　题

一、单选题

1. 系统软件的核心是(　　　),它用于管理和控制计算机的软硬件资源。
   A. 操作系统　　　　　　　　　　　　B. 程序设计语言
   C. 语言处理程序　　　　　　　　　　D. 系统服务程序

2. 计算机中采用了各种(　　　)来实现用二进制表示信息。
   A. 字符　　　　　　B. 文字　　　　　　C. 信息编码　　　　　D. 图片

3. (　　　)具有识别速度快、360°全方位识别的优点,是目前使用最广泛的一种二维码。
   A. Code one　　　　B. Datamatrix　　　C. QR Code　　　　　D. PDF417

4. $(11011.01)_2$ 对应的八进制数是(　　　)。
   A. 63.2　　　　　　B. 33.2　　　　　　C. 63.1　　　　　　D. 33.1

5. $(73.375)_{10}$ 对应的二进制数是(　　　)。
   A. 1001001.011　　B. 1001001.101　　C. 1001011.011　　D. 1001011.101

6. $(FF)_{16}$ 对应的十进制数是(　　　)。
   A. 254　　　　　　B. 255　　　　　　C. 256　　　　　　D. 257

7. 下列不包含在计算机中央处理器的是(　　　)。
   A. 运算器　　　　　　　　　　　　　B. 传感器
   C. 控制器　　　　　　　　　　　　　D. 高速缓冲存储器

8. 通常来说下列存储器中读写速度最快的是(　　　)。
   A. 内存　　　　　　B. 外存　　　　　　C. 高速缓存　　　　　D. U 盘

9. 下列设备中只能作为输出设备的是(　　　)。
   A. U 盘　　　　　　B. 打印机　　　　　C. 硬盘　　　　　　D. 触控屏

10. 用英文输入文件时,大小写切换键是( )。

    A. Tab   B. CapsLock   C. Ctrl   D. Alt

11. 计算机系统包括( )系统。

    A. 硬件和软件   B. 硬件和程序

    C. 显示器和主机   D. 软件和 CPU

12. 下列操作系统中不属于移动操作系统的是( )。

    A. iOS   B. Android

    C. UNIX   D. Windows Phone

13. 在 Windows 系统中,可以显示桌面的快捷键是( )。

    A. Win+L   B. Win+D   C. Win+E   D. Win+A

14. 如果需要搜索出文件名以"计算机"开头的电子表格文件,应在搜索框中输入( )。

    A. 计算机∗.docx   B. 计算机?.docx

    C. 计算机∗.xlsx   D. 计算机?.xlsx

15. 人们常说的手机下载 APP 是指下载( )。

    A. 系统软件   B. 杀毒软件   C. 应用软件   D. 电影视频

16. 在 Windows 环境下,不能将选定的对象放入剪贴板的快捷键是( )。

    A. Ctrl+C   B. Ctrl+X

    C. Ctrl+V   D. Alt+PrintScreen

17. 使用( )功能可以帮助用户释放硬盘空间,删除临时文件和不需要的文件,腾出它们占用的系统资源以提高系统性能。

    A. 格式化   B. 磁盘清理   C. 磁盘碎片整理   D. 磁盘查错

二、填空题

1. 颜色模式是一种记录图像颜色的方式。常见的颜色模式包括_____模式、_____模式、_____模式,此外还有 Lab 模式、灰度模式、位图模式、多通道模式等。

2. 计算机数据和指令采用_____和_____的概念是冯·诺依曼式计算机的两大基本特征。

3. 计算机中的颜色是采用颜色模式,这就是每种颜色采用_____、_____和_____三种分量。

4. 计算机中可以直接用分量表示颜色,如(255,255,0)表示_____色。

5. 100M 带宽的网络,其下载数据的理论速度是_____MB/s。

6. 计算机中,一字节由_____个二进制位组成。其最大能表示的十进制数是_____。

7. 计算机中最常用的西文字符编码是美国标准信息交换代码,缩写是_____,该编码一个字符占用_____字节。一个汉字由_____字节组成。

8. 数据压缩包括有损压缩和无损压缩。无损压缩利用数据的_____进行压缩。

9. 编辑文本时若需要切换插入状态和改写状态,可以按下键盘上的_____键。

10. 在 Windows 系统中,_____工具可以管理和控制进程,打开该工具的快捷键是_____。

11. 在 Windows 系统中,锁定计算机的快捷键是_____。

12. 在 Windows 系统中,文件和文件夹组织机构是_____结构。文件夹相当于_____,文件相当于_____。

13. 在 Windows 系统中,按住_____键,可选择多个不连续的文件或文件夹。

14. 在 Windows 系统中,用于存放字体文件的文件夹是_____。

15. _____是 Windows 中新的文件管理模式,它可以集中管理文档、音乐、图片和其他文件。

16. 应用程序的_____是应用程序的快速链接,它通常比应用程序本身要小很多,几乎不占存储空间。

17. 为了解决 NTFS 不适用于闪存以及 FAT32 不支持 4GB 以上大文件的问题,微软公司在 Windows 系统中引入的一种适合于闪存的文件系统_____。

18. _____是应用软件或操作系统软件在逻辑设计上的缺陷或错误。

三、简答题

1. 数字音频的处理过程是怎样的?

2. 计算机中的色彩表示法有哪几种?

3. 冯·诺依曼提出的计算机体系包括哪几个部分? 各部分的作用是什么?

4. 计算机的存储系统通常由两级存储器结构构成,它们分别是什么? 各自有何特点?

5. 电子计算机为什么要采用二值元件? 其元件发展经历了哪几个阶段?

6. 在计算机系统中,进程和程序有何区别?

7. 为实现汉字的输入、存储、输出,计算机中采用了哪些编码? 它们分别起到什么作用?

8. 在 Windows 系统中,对文件进行剪切和删除(非彻底删除)操作,文件将会被放在系统的什么位置? 这些位置对应于哪些具体的计算机硬件? 从文件恢复的角度看,这两种操作的区别是什么?

9. 在 Windows 系统中,文件及文件夹的命名规则有哪些?

10. 在 Windows 系统中,关闭程序的方法有哪些?

11. 计算机中软件可以通过直接复制文件的方式安装吗? 如果可以,请说明哪类软件可以? 计算机中的应用软件可以通过直接删除的方式卸载吗? 如果不能,应如何卸载?

12. 如果 U 盘被格式化了,上面的文件能恢复吗? 为什么? 如果能恢复,应如何恢复? 如果希望数据彻底删除不被恢复,应该如何操作?

第3章 | 数字媒体技术

3.1 数字媒体技术概述

数字媒体技术是一个以计算机技术为主,艺术为辅,技术与艺术相结合,涉及多学科交叉的技术,强调基于数字媒体技术来完成技术开发、技术实现的能力,是人工智能、新媒体、虚拟现实、人机交互、大数据、可视化和媒体设计等多学科交叉融合的新兴学科,研究内容涵盖数字媒体的采集、处理、应用、传输、呈现、交互、管理、安全等,重视跨学科交叉融合的素养,关注数字媒体在科技文化融合、技术艺术交叉、科普展示等领域的创新性应用。

3.1.1 数字媒体的概念

在人类社会中,信息作为一种必要的沟通和联系手段,表达形式多种多样,媒体其实就是信息的传播载体或者是表现形式。媒体可以包括文字、图像、声音、动画、视频等不同的信息形式,将这些信息融合为一体也就是我们常说的多媒体。

加上"数字"的媒体,可以理解为以二进制形式记录,通过计算机存储、处理和传播的信息媒体,这就是数字媒体。相比于传统媒体,数字媒体除了传播信息的更加多样化、多种媒体的融合之外,因为其通过计算机和互联网来实现传播,所以还带来了更多的交互性、趣味性。

国际电信联盟(International Telecommunication Union,ITU)从纯技术的角度,将媒体分为五大类。

(1)感觉媒体:能直接作用于人的感官,使人产生感觉的媒体形式,如听觉、视觉、触觉、味觉、嗅觉等。

(2)表示媒体:信息的存在形式和表现形式,包括数值、文字、图形、图像、声音及视频、动画等。

(3)显示媒体:用于输入和输出信息的设备。它分为两种:一种是输入设备;另一种是输出设备。

(4)存储媒体:用于存放数字化感觉媒体的载体,如硬盘、光盘、移动存储器等。计算机可以随时处理和调用存放在存储媒体中的信息编码。

(5)传输媒体:能够传输数据信息的物理载体,如电话线、光纤、双绞线、红外线等。存储媒体不属于这类媒体。

这种分类主要从技术角度划分了媒体的不同分支,也形象地反映了媒体所包含的范畴和研究方向,对理解媒体的概念有重要的参考意义。

在《2005 中国数字媒体技术发展白皮书》中，明确了国家对数字媒体的定义："数字媒体是将数字化内容的作品，以现代网络为主要传播载体，通过完善的服务体系，分发到终端和用户进行消费的重要桥梁。"这一定义强调了网络为数字媒体的主要传播方式，而光盘等老式的载体则被忽略在外。网络的应用已经成为数字媒体最显著的特征之一，也必将成为未来的主流趋势。

数字媒体利用有别于传统媒体的新技术，具有其他媒体形式欠缺的诸多特征，如数字化、交互性、多样性、集成性、趣味性等。

1. 数字化

与数字媒体相对立的媒体形式主要是以模拟信号的方式记录、存储和传播的。相比之下，数字化的优点不言而喻。首先，比特只是一种状态，且只需要 0 和 1 二进制数表示，在存储和传输过程中都易于记录、复制、传递、还原。同时，数字化的信息可以更方便地进行量化处理。另外，鉴于所有媒体都可以用同一种形式表示，文本、图像、声音、视频等不同类型的媒体得以混合处理，而这些特点都是传统媒体所不具备的。

2. 交互性

在媒体领域中，交互性是指参与的各方（包括发送方和接收方）都可以对媒体信息进行编辑、控制和传递。传统的媒体形式（如报刊、电视等），其信息的流动都是单向的，即由发送者传向接收者，用户接收信息是被动的，只能选择看的内容，但是想要修改、处理接收到的内容并不容易。相反，数字媒体系统中，用户拥有加工和控制信息的手段，使得发送方和接收方能更好地传递和利用信息。

交互性是数字媒体的重要特性，也是它最大的优势之一。它不仅改变了传统的信息流向模式，而且为很多新应用的出现打下了基础，让用户可以借助计算机和媒体进行更多活动，如实时交流、模拟教学、虚拟现实等。有了交互性，媒体得以在更广泛的领域开枝散叶。

3. 多样性

多样性也是数字媒体的主要特性之一。信息在采集、生成、传输、处理和呈现的过程中涉及多类媒体的共同作用；同时，信息的载体多样性，使得数字媒体的信息空间得以充分拓展，不再局限于单调的文本、图像，而可以广泛应用于图形、音视频以及各类传统媒体所无法达成的信息形式。丰富的信息种类提供了更多选择，可以更好地满足不同人群的不同需求，使信息在传播和交互过程中自由度更高，更加人性化。

4. 集成性

基于数字化和多样性的特点，数字媒体理所应当地具备了集成的特性。数字媒体的集成性在技术上主要包括两个层面：媒体设备的集成和媒体信息的集成。不同的信息从采集到展现的过程，需要使用不同的设备来完成；而在生成、加工、传输等过程中，各类信息又可能经过同一设备的处理，这些设备集成在一起，就可以大大增加数字媒体处理的效率。例如，虚拟演播室技术就是利用色键抠像技术更换视频背景，再利用计算机三维图形技术和视频合成技术合成拍摄场景的一种高度集成化的电视节目制作技术，常见的虚拟演播厅效果如图 3-1 所示。

数字媒体技术

图 3-1　高度集成的虚拟演播厅

5. 趣味性

得益于计算机和互联网的强大功能,数字媒体可以为用户带来更强的趣味性。电子游戏、移动流媒体、互动交流软件等的应用,以及庞大的信息量、迅捷的信息传输速度,都给人们带来了前所未有的娱乐体验。可以说,基于数字媒体的娱乐模式已经深入每家每户的日常生活中。

3.1.2　数字媒体技术的研究内容

由于数字媒体本身具有集成性、多样性的特点,其对应的技术也是涵盖广泛的综合性技术,包括数字媒体的记录、表示、存储、处理、传输、展示等过程的实现,而在载体角度上又包含音频、视频、图形等不同方向,涉及计算机技术、图形图像技术、数字通信和网络技术等诸多领域。

数字媒体技术的研究内容主要覆盖数字媒体信息的获取与呈现、数字媒体信息的存储与压缩、数字媒体的数据处理、数字媒体传输技术等。

1. 数字媒体信息的获取与呈现

由于载体的多种多样,数字媒体信息的采集必然也涵盖多个方向,例如,音像的录制、相片和视频的拍摄、文字的录入,以及动作捕捉数据的采集等。信息的获取是数字媒体的前提和基础,数字媒体对真实感和时效性的要求越来越高,对计算机输入设备和交互技术也提出了更高的要求。相关的设备主要包括适用于不同内容媒体的获取设备,如数码相机及摄像机、扫描仪、数位板、麦克风、用于动作捕捉(图 3-2)的感应器等,在电影制作、舞台美术和游戏开发领域被广泛应用。

数字媒体的呈现是将数字信息转换为可以直接感受到的信息的过程,既包括将媒体内容还原的技术,又涉及向用户提供更丰富、更人性化的交互界面等。

2. 数字媒体信息的存储与压缩

数字媒体的数据量较大,即使采用合理的压缩方法也需要占用相当大的存储空间。同时,由于数字媒体种类繁多、结构复杂、变化很多,因此一些采用预估及定长单元组织存储的方法也不适用。此外,数字媒体的处理过程往往具备并发性和实时性,这也使其存储方式难

图 3-2 《猩球崛起 2：黎明之战》动作捕捉工作照

度更大。因此，数字媒体需要较高的计算效率，不仅对储存介质提出了更高要求，还需要先进的存取策略。

存储介质上，数字媒体主要采用磁存储、光存储及半导体存储方式。介质的进步不断满足着数字媒体越来越高的标准，而数字媒体的广泛应用和普及，又推动存储介质向更高的目标发展。可以说，存储介质的变革与数字媒体本身的进步是相互推动、相互依存的。

除了在存储设备上增加容量，我们还可以换一个角度，采取以数据为中心，而非以服务器为中心的存储模式。网络存储技术是基于数据存储的一种网络术语，它充分利用网络技术的优势，如高效性、远程性、安全性等，实现不同数据的集中管理和集中访问，具有存储容量大、数据传输率高、系统利用性高、扩展性强等特点，可以更好地满足数字媒体存储的发展需求。

3. 数字媒体的数据处理

数字媒体处理技术是数字媒体技术的关键，包括将模拟媒体信息数字化、数字信息的压缩与解码及提取信息特征、对媒体信息进行加工等。数字媒体信息的压缩与解压，直接关系到所需存储器的存储容量、通信系统的传输效率以及计算机的处理速度等因素。单纯依靠扩大存储器容量、增加通信线路的传输率等方法，显然不足以解决问题。为了缓解这些方面的压力，必须采用更好的压缩质量和更高的压缩比。

数据压缩又称数据编码，相应的解压缩又称解码。它是按某种方法从给定的数字信号中得到简化的数据描述，在不流失信息量的同时降低数据量的过程。压缩和解码的技术一般要有较高的压缩比、较好的恢复效果，以及较低的成本和较高的效率。在各类数字媒体中，主要对图像和音视频压缩有较高要求。

在数字图像处理方面，主要可以利用图像的冗余实现数据的压缩。由于图像数据中往往存在很多重复的数据，换用一种数学的方法来表示这些数据就可以在很大程度上减少数据冗余，且处理精度高，处理内容丰富，可进行复杂的非线性处理，有灵活的变通能力。困难主要在处理速度上，特别是进行复杂的处理。数字图像处理技术主要包括如下内容：几何处理（Geometrical Processing）、算术处理（Arithmetic Processing）、图像增强（Image Enhancement）、图像复原（Image Restoration）、图像重建（Image Reconstruction）、图像识别（Image Recognition）。

数字媒体技术

4. 数字媒体传输技术

在数字媒体传输过程中,网络协议起着重要的作用。为了提高传输的速度和稳定性,数字媒体技术对网络协议进行了优化。以传输控制协议(TCP)为例,通过使用拥塞控制算法,提高网络的传输效率。此外,针对视频传输,实时传输协议(RTP)和实时传输控制协议(RTCP)的应用也对音视频的实时性和稳定性有着重要的影响。

为了解决数字媒体尤其是音视频传输中的卡顿问题,数字媒体技术中引入了缓存技术。在音视频数据传输过程中,将部分数据缓存在用户设备上,当网络状况不佳或带宽不足时,仍然能够保证播放的连续性和流畅性。通过合理地调整缓存时长和数据预加载策略,可以进一步提升用户的播放体验。

3.2 数字音频处理

人类获得信息的感官主要是视觉和听觉。在多媒体应用软件中,声音不一定是最主要的因素,但却有着它自身独特的性质和作用,在多媒体产品中也是不可或缺的对象。

声音是由空气振动发出的,通常以模拟波的形式来表示。声音有三个基本参数:振幅、频率和周期,振幅反映声音信号的音量,频率反映声音信号的音调,周期是规则声波重复出现的时间间隔。声音信号的频率和周期互为倒数。频率在 20Hz～20kHz 的声波为人耳可听域,小于 20Hz 的声波为次声波,大于 20kHz 的声波为超声波。人说话的声音频率通常为 300Hz～3.4kHz,这种频率范围内的信号称为语音信号。

3.2.1 音频的数字化

自然界的声音是连续变化的模拟信号,而计算机只能处理数字信号,因此,要使计算机能够处理音频信号,必须把模拟音频信号转换为用 0、1 表示的数字信号,这就是音频的数字化。音频的数字化涉及采样、量化及编码等多种技术,其过程可用图 3-3 表示。

声波 →话筒→ 模拟信号 →采样→ 时间离散 →量化→ 数字信号 →编码→ 二进制码流

图 3-3 音频的数字化

数字化过程的流程为:首先输入模拟信号声音,然后按照固定的时间间隔截取信号振幅值。该振幅值采用若干二进制数来表示,从而将模拟信号变成数字音频信号。其中采样和量化是最主要的步骤,时间上离散为采样,幅度上离散为量化。随后按一定格式将离散数字信号记录下来并添加同步和纠错控制信号,即完成数字化过程。

(1)采样。采样是每隔一段相同的时间间隔在模拟音频的波形上采取一个幅度值,将读取的时间和波形振幅记录下来。每次采样所获得的数据称为采样样本,将一连串采样样本连接起来,就可以描述一段声波了。其中,每秒对声波采样的次数称为采样频率,单位为 Hz(赫兹)。对于每个样本所分配的存储位数称为采样精度,单位为 b(位)。采样频率越高,数字音频就越接近原始声音,失真越小,而需要的存储空间也就越大。

根据奈奎斯特(Nyquist)采样理论,采样频率不应低于原始声音最高频率的 2 倍,才能还原数字声音。通常的采样频率包括 11.025kHz、22.05kHz、44.1kHz。

(2)量化。量化过程是把整个振幅划分为有限个量化阶距,把落入同一个阶距内的采样值归为一类,并指定同一个量化值,通常采用二进制表示。表达量化值的二进制位数称为采样数据的比特数。采样数据的比特数越多,声音的质量越高,但所需要的存储空间就越大。

声道数是声音所使用的通道个数,它表明声音记录只产生一个波形还是两个波形,以此来划分是单声道还是双声道。

3.2.2 声音文件格式

多媒体作品中的声音分为三种:音乐、音效和旁白解说。数字音频是模拟声音经过采样、量化和编码的过程得到的。不同的编码方式生成不同的数字音频格式。常用的音频文件格式主要有以下几种。

(1) WAV 格式。WAV 格式是微软公司开发的一种声音文件格式,也称波形文件,是最早的数字音频格式,被 Windows 平台及其应用程序广泛支持。它支持多种采用频率、量化位数和声道。标准格式的 WAV 文件和 CD 格式一样,采样频率为 44.1kHz,16 位量化位数,几乎所有的音频编辑软件都能识别 WAV 格式。但由于 WAV 文件由采样数据组成,数据量比较大,不适合长时间记录。

(2) MIDI 格式。MIDI 是数字化乐器接口的英文缩写,是数字音频/电子合成乐器的统一国际标准。该格式文件本身并不记载声音波形数据,而是按照 MIDI 数字化音乐的国际标准来记录和描述音符、音道、音长、音量和触键力度等音乐信息的指令。在演奏 MIDI 乐器时,将这些指令发送给声卡,由声卡按照指令将声音合成出来。

(3) MP3 格式。MP3 格式全称是 MPEG-1 Audio Layer 3,于 1992 年合并至 MPEG 规范中。MP3 能够以高音质、低采样率对数字音频文件进行压缩,压缩比高达 10:1,相同长度的音乐文件,用 MP3 格式存储,其大小一般只有 WAV 格式的 1/10。由于其文件尺寸小,音质好,使得 MP3 称为当今流行音频文件格式之一。由于采用有损压缩,MP3 的音质效果略低于 CD 格式或者 WAV 格式。

(4) WMA 格式。WMA 格式是微软公司在互联网音频领域的力作,其压缩比可达到 18:1,采用减少数据流量但保持音质的方法从而达到更高压缩比。现在大多数 MP3 播放器都支持 WMA,在相同音质情况下其文件大概只有 MP3 文件的一半大小。

3.2.3 常用音频编辑软件

音频编辑软件是一类专门对音频进行录制、合成、混音、音量调整、降噪、均衡处理、混响、延迟、变调、变速、淡入淡出处理等操作的多媒体音频处理软件。音频编辑软件的主要作用是实现音频的二次编辑,从而达到所需的音频效果。

常用的音频编辑软件有以下几个。

1. 录音机

录音机是 Windows 系统自带的小程序,位于"开始/所有程序/附件/娱乐/"菜单中。利用它可以不需要动用高级录音设备,也不需要安装专门的音频处理软件,就能实现对声音的简单录制和编辑。录音机的界面如图 3-4 所示。该软件有两个特点:一是自动录制时间只有一分钟;二是形

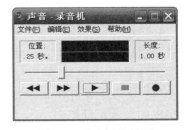

图 3-4 录音机的界面

数字媒体技术

成的声音文件只有 WAV 格式。虽然它的录音功能简单,但是其采样频率转换功能很强。

2. GoldWave

GoldWave 是一个集声音编辑、播放、录制和转换的音频工具,很小巧,功能却不弱,可打开的音频文件相当多,内含丰富的音频处理特效,从一般特效如多普勒、回声、混响、降噪到高级的公式计算等,功能齐全。GoldWave 可以不同的采样频率录制声音,录音时间不受限制。它的主界面如图 3-5 所示。

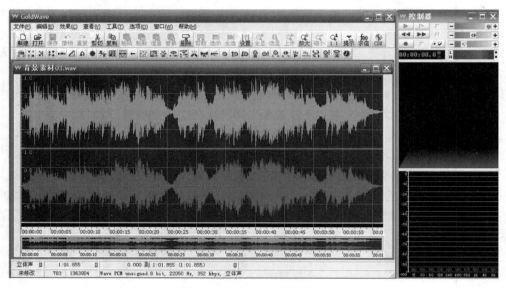

图 3-5 GoldWave 的主界面

3. Adobe Audition

Adobe Audition 原名为 Cool Edit Pro,是 Syntrillium 出品的多音轨音频编辑软件,被 Adobe 收购后更改为现名。Adobe Audition 专为摄录、广播和后期制作方面工作的音频和视频专业人员设计,可支持先进的音频混合、编辑、控制和效果处理功能。它最多支持 128 条音轨,可支持 45 种以上数字信息处理效果和多种音频格式,是一个完善的多通道录音工作室,为音乐、视频、音频、声音设计专业人员提供了全面集成的音频编辑和混音解决方案。其主界面如图 3-6 所示。

3.2.4 Adobe Audition

Adobe Audition CS6 界面可以大致分为标题栏、菜单栏、工作栏、"文件"面板、"特效"面板、主面板、"历史"面板和状态栏等,这些都是自由窗口,可以任意调整窗口大小、位置和组合等。

在 Audition 菜单栏中,包括文件、编辑、多轨混音、素材、效果、收藏夹、视图、窗口、帮助共九个菜单。Audition 在新建文件时提供了三种工作环境,分别是单轨迹编辑环境、多轨迹编辑环境和 CD 模式编辑环境。

(1)单轨迹编辑环境。专门对单轨迹波形音频文件进行编辑设置的界面,比较适合处理单个的音频文件。

(2)多轨迹编辑环境。可以对多个音频文件进行编辑,用于制作更具特殊效果的音频

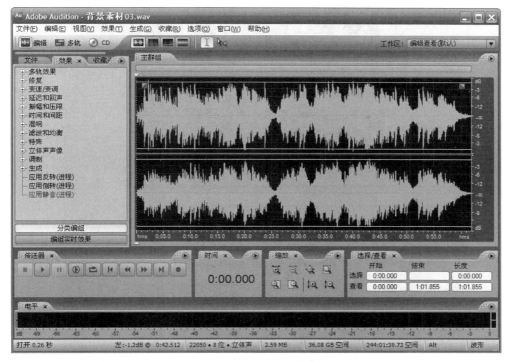

图 3-6　Adobe Audition 的主界面

文件。

（3）CD 模式编辑环境。可以整理集合音频文件，并转换为 CD 音频。

Adobe Audition CS6 的编辑功能非常强大，本节给出几个实例，读者可以举一反三，学习软件的操作。

【例 3-1】　录制自己的歌曲片段，并保存为 MP3 文件格式。

（1）打开 Adobe Audition CS6 软件，单击工具栏中的"波形"按钮，或者选择"文件"菜单中的"新建"→"音频文件"命令，弹出如图 3-7 所示的"新建音频文件"对话框。更改新建文件名称，采样频率设置为 22 050Hz，声道为立体声，位深度为 32 位，单击"确定"按钮。

（2）单击播放控制器中的"录音"按钮 ，然后就可以对着麦克风开始录制声音，波形此时显示在从光标开始的编辑窗口中。录音完毕，单击播放控制器中的"停止"按钮，停止录音。

图 3-7　"新建音频文件"对话框

（3）使用播放控制器监听录制的音频质量。如果不满意，则可以重新录制，直至满意为止。然后选择"文件"菜单中的"存储"命令，弹出如图 3-8 所示的"存储为"对话框。修改文件名及文件保存位置，并选择格式为 MP3 音频，单击"确定"按钮。

尽管录音时非常仔细，但录制的声音中还有可能在局部音量过大或过小，整体上不一致。若使用已有的声音文件进行音乐合成，也需要调整整体或局部的音量。Adobe Audition 中调整音量可以选择"效果"菜单中的"振幅与压限"→"增幅"命令。

第 3 章

数字媒体技术

图 3-8 "存储为"对话框

【例 3-2】 调整音量并清除噪声。

(1) 打开 Adobe Audition CS6 软件,在"文件"面板中选择打开文件。在菜单栏中选择"效果"→"振幅与压限"→"增幅"命令,弹出如图 3-9 所示的"效果-增幅"对话框。将"增益"中的左、右声道分别增加 10dB,然后单击"应用"按钮。保存声音。播放声音,发现声音会有明显的增幅。

图 3-9 "效果-增幅"对话框

(2) 在"文件"面板中右击保存的录音文件,在弹出的快捷菜单中选择"关闭所选择的文件"命令关闭音频。

(3) 单击工具栏中的"多轨混音"按钮,弹出"新建多轨混音"对话框,设置好"混音项目名称"和保存混音文件的"文件夹位置",采样率修改为 44 100Hz,位深度为 32 位,主控为立体声,单击"确定"按钮,如图 3-10 所示。

图 3-10 "新建多轨混音"对话框

（4）在"文件"面板中导入背景伴奏文件及录音文件。选择轨道1,将保存的录音文件拖入轨道1中。若录制的声音文件采样频率与新建的多轨混音文件不匹配,会弹出如图3-11所示的警告框。单击"确定"按钮可以制作一个匹配混音采样率的文件副本。

图 3-11　采样率不匹配警告

（5）选择轨道2,将背景伴奏文件拖入轨道2中。若两个音频时间相差太大,则可通过工具栏中"选择素材剃刀工具"裁剪使之相匹配。最后保存并通过播放控制器监听声音,混音完成。

【例 3-3】　从"最初的梦想. MP3"歌曲中截取一段,分别为开始和结束制作淡入淡出效果。

（1）打开 Adobe Audition CS6 软件,在"文件"面板中选择打开文件"最初的梦想. MP3"歌曲,以单轨模式在编辑器中打开。利用工具栏中的时间选取工具截取一小段音频,并将其复制、保存到一个新建音频文件中,命名为"最初的梦想片段. MP3"。

（2）以单轨模式在编辑器中打开"最初的梦想片段. MP3",在编辑区中用鼠标按住左上角的"淡入"按钮▨并拖动鼠标,制作淡入效果,如图 3-12 所示。

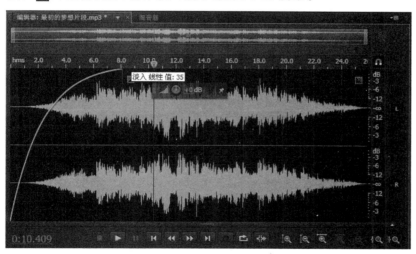

图 3-12　制作淡入效果

（3）同理,在编辑区中用鼠标按住左上角的"淡出"按钮◪并拖动鼠标,制作淡出效果。

【例 3-4】　回声效果制作。

（1）打开 Adobe Audition CS6 软件,在"文件"面板中选择打开文件"史记简介. WAV "。

（2）按空格键播放音频文件,按快捷键 Ctrl＋A 全选音频波形。

（3）在菜单栏中选择"效果"→"延迟与回声"→"回声"命令,将"预设"改为"右侧回声加强",如图 3-13 所示。

数字媒体技术

74

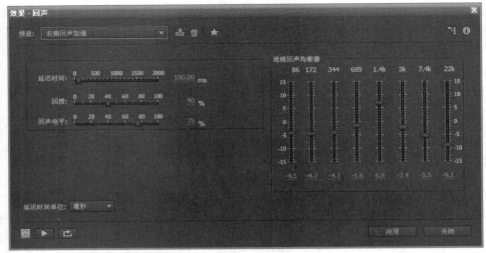

图 3-13   回声效果设置

（4）根据试听效果继续调整数值，修改左、右声道的延迟时间和回声电平，多次调整直至对效果满意后，单击"应用"按钮。选择菜单栏中的"文件"→"导出"→"文件"命令，选择要保存的路径，单击"确定"按钮导出音频。

3.3   数字图像处理

3.3.1   图形与图像

图形又称矢量图，是根据几何特性来绘制图形，是用线段和曲线描述图像。

图像也称为点阵图，使用称为像素的一格一格的小点来描述。

矢量图与分辨率无关，将它缩放到任意大小和以任意分辨率在输出设备上打印出来，都不会影响清晰度，矢量图色彩不丰富，无法表现逼真的实物，因此矢量图常常用来表示标识、图标、Logo 等简单直接的图像；点阵图是由一个一个像素点产生，色彩比较丰富，表现逼真，但在放大图像时，像素点也放大，会出现平时所见到的马赛克状，如图 3-14 所示。

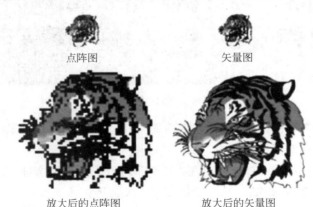

点阵图   矢量图

放大后的点阵图   放大后的矢量图

图 3-14   矢量图与点阵图

3.3.2 数字图像属性

1. 像素

像素是数字图像处理的最基本单位,可以把像素看成一个极小的方形的颜色块,每个小方块为一像素,有时也可以称为栅格。

一幅图像通常由很多像素构成,这些像素被排列成横行和竖列,每一像素都是一个方形。在图像处理软件中把图像放大到足够倍数时,就可以看到马赛克的效果,每个小方块即为一像素。每个像素都有不同的颜色值。文件包含的像素越多,其所包含的信息也就越多,所以文件越大,图像的品质就越好。

2. 分辨率

分辨率是指单位长度上的像素数目。单位长度上像素越多,分辨率越高,图像就越清晰,但所需要的存储空间就越大。分辨率可分为图像分辨率和设备分辨率。

图像分辨率是组成一幅数字图像的像素点的密度,单位是像素/英寸(dpi,dot per inch),即每英寸包含的像素点数量。像素点密度越大,图像对细节的变现力就越强,清晰度越高。

设备分辨率包括显示分辨率、打印机分辨率、扫描仪分辨率、数码相机分辨率、数码摄像机分辨率等。

显示分辨率是指在显示器上能显示出的像素的数目,由水平方向和垂直方向的像素总数构成,如 1280×1024、1024×768、800×600 等。显示分辨率的大小与显示器的硬件指标、显卡的缓存容量密切相关。同样尺寸的显示器,显示分辨率越高,像素的密度越大,显示图像则越精细。

打印机分辨率代表着打印时的细致程度,扫描仪分辨率是指扫描仪辨别图像细节的能力,而数码设备的分辨率则取决于其成像器件如 CCD 和 CMOS 所含感光单元的数目。

我们应该注意区分图像分辨率和设备分辨率。图像分辨率反映了图像的清晰程度,它只取决于图像本身的内容,与处理它的硬件设备分辨率无关;而设备分辨率反映了硬件设备处理图像时的效果,图像的处理结果是否精细与处理它的硬件设备分辨率直接相关。

3. 颜色数量和深度

与自然界中的影像不同,数字化图像所包含的颜色数量有限,这是因为表示图像的二进制数位数是有限的。图像的颜色深度是指表示一个像素所需的二进制位数,以比特为单位,彩色或灰度图像的颜色一般用 4b、8b、16b、32b 表示。

颜色深度与颜色数量之间则存在 $2n$ 关系,即颜色深度为 1,颜色数量则为 $2^1 = 2$,即图像为单色(二值)图像;颜色深度为 8,颜色数量则为 $2^8 = 256$,即图像为索引 256 色图像;颜色深度为 24,颜色数量则为 $2^{24} = 16\ 777\ 216$,即图像为真彩色图像。从理论上讲,颜色数量越多,图像的色彩越丰富,表现力越强,数据量也越大。当图像的色彩深度达到或高于 24b 时,其颜色数量已经足够多,且图像的色彩和表现力非常强,基本还原了自然影像,称为"真彩色图像"。

3.3.3 数字图像文件格式

数字图像文件的格式很多,同一幅数字图像,采用不同的文件格式保存时,其图像的数据量、色彩数量和表现力会有所不同。常用的图像处理软件能够识别大多数图像文件并对其进行处理,只有少数文件格式需要经过格式转换后才能处理。

1. 常见位图文件格式

常见的位图文件格式包括 JPG、GIF、PNG、BMP、TIFF、PSD 等。

JPG(Joint Photo expert Group)是目前最常用的图像文件格式,它采用有损压缩,且压缩比较高,通常在 10∶1 到 40∶1 之间。JPG 文件非常灵活,具有调节图像质量的功能,其压缩的主要是高频信息,对色彩的信息保留较好,适合应用于互联网,可减少图像的传输时间,可以支持 24 位真彩色。

GIF(Graphics Interchange Format)为图像互换格式,主要用于在不同平台上进行图像交互,是一种无损压缩格式。其颜色深度从 1 位到 8 位,最多支持 256 种色彩的图像。其最大的特点是一个 GIF 文件中可以存放多幅彩色图像,逐幅读取并显示这些图像,就可构成一种最简单的动画效果。

PNG(Portable Network Format)是可移植的网络图像格式,适用于任何类型、任何颜色深度的图像。它采用无损压缩来减少图片的大小,同时保留图片中的透明区域,所以文件相对较大。

BMP(Bit Map Picture)是位图格式,是一种与硬件设备无关的图像文件格式,是 Windows 系统中最常见的图像格式之一,在 Windows 环境中运行的所有图像处理软件几乎都支持这种格式。位图文件不采用任何压缩,占用的存储空间较大。

TIFF(Tagged Image File Format)是现存图像文件格式中最复杂的一种,被定义了四类不同格式,分别为适用于二值图像的 TIFF-B、适用于灰度图像的 TIFF-G、适用于带调色板的彩色图像的 TIFF-P 以及适用于 RGB 真彩色图像的 TIFF-R,它能把任何图像转换为二进制形式而不丢失任何属性。

PSD 是 Adobe Photoshop 图像处理软件的专用文件格式,可以支持图层、通道、蒙版和不同色彩模式的各种图像特征,是一种非压缩的原始文件格式,扫描仪等设备不能直接生成该格式的文件。PSD 文件可以保存所有原始信息,在图像处理中,对于尚未制作完成的图像,PSD 是最佳的选择。

2. 常见矢量图形文件格式

常见的矢量图形文件格式有 SWF、WMF、DXF 等。

SWF(Shockwave Format)是二维动画软件 Flash 中的矢量动画格式,主要用于 Web 页面上的动画发布。SWF 格式的文件以其高清晰度的画质和小巧的体积受到网页设计者的青睐。SWF 格式在图像传输时,用户不必等文件全部下载完成,而是可以边下载边看,因此特别适合网络传输。

WMF(Windows Metafile Format)是 Windows 中常见的图元文件格式,属于矢量文件格式。它具有文件短小、图案造型化的特点,整个图形常由各个独立的组成部分拼接而成,图形往往较粗糙。微软公司后期为了弥补其不足而开发的 32 位的扩展图元文件格式(EMF),也属于矢量文件格式。

DXF(Autodesk Drawing Exchange Format)是 AutoCAD 中的矢量文件格式,它以 ASCII 码方式存储文件,在表现图形的大小方面十分精确,很多矢量编辑软件都支持 DXF 格式的输入和输出。

3.3.4 常用图像处理软件

处理图像需要借助图像处理软件进行。在当前的图像处理领域,各类图像处理软件非常丰富,其功能、处理速度和侧重点也各有不同,其中常用的图像处理软件有以下几种。

1. Adobe 系列

Adobe 是一家创建于 1982 年 12 月的计算机软件公司,总部位于美国加利福尼亚州圣何塞。2005 年 4 月,Adobe 公司以 34 亿美元的价格收购了当时最大的竞争对手 Macromedia 公司,从而极大地丰富了 Adobe 旗下的产品线,提高了其在多媒体和网络出版业的能力。2012 年 4 月,Adobe 正式推出针对设计、网络和视频专业人士的 Creative Suite 6 套件。在图像处理软件方面,常用的 Adobe 产品主要有以下两种。

Photoshop:图像处理领域元老。Photoshop 是 Adobe 公司旗下最为出名的图像处理软件之一,其应用领域涉及图像、图形、文字、视频、出版等各个方面,其独到之处是利用图层进行图像编辑与合成,校色调色,利用蒙版、通道和滤镜制作图像特效等。

Illustrator:Adobe 公司推出的专业矢量绘图工具,是一套用来满足输出及网页制作多方面用途的功能强大且完善的绘图软件包。Illustrator 是出版、多媒体和在线图像的工业标准矢量插画软件,它以其强大的功能和体贴的用户界面占据了全球矢量编辑软件中的大部分份额。无论是生产印刷出版线稿的设计者和专业插画家、生产多媒体图像的艺术家还是互联网页或在线内容的制作者,都会发现 Illustrator 不仅仅是一个艺术产品工具。该软件为线稿提供无与伦比的精度和控制,适合任何小型设计到大型的复杂项目。

2. CorelDRAW

CorelDRAW 是目前应用非常广泛的矢量绘图软件,是加拿大 Corel 公司出品的矢量图形制作工具软件,这个图形工具给设计师提供了矢量动画、页面设计、网站制作、位图编辑和网页动画等多种功能,并且集绘画、设计、制作、合成、输出等多项功能为一体,是一款名副其实的获奖软件。

3. AutoCAD

AutoCAD 是美国 Autodesk 公司开发的自动计算机辅助设计软件,用于二维绘图、详细绘制、设计文档和基本三维设计。经过不断完善,目前已成为国际上广为流行的绘图工具。AutoCAD 具有良好的用户界面,通过交互菜单或命令行方式可以进行各种操作,其多文档设计环境可以大大提高工作效率。同时,AutoCAD 具有广泛的适应性,能在各种操作系统环境下运行,并支持多种图形显示设备及数十种绘图仪和打印机。

3.3.5 Photoshop

Photoshop 是 Adobe 公司推出的专门用于图形图像处理的软件,其功能强大,集成度高,使用面广,操作简单,超强的图形处理能力可以提高用户的工作效率,并可方便地转换多种色彩模式,让用户尝试新的创作方式制作,用于打印、Web 和其他任何品质图像。

1. Photoshop 工作环境

启动 Photoshop 后,即可进入 Photoshop 的工作界面,如图 3-15 所示,主要包括菜单栏、工具选项栏、工具箱、图像编辑区、常用面板组及状态栏等。

图 3-15　Photoshop CS6 的工作界面

　　菜单栏是软件中各种应用命令的集合处,通过鼠标先单击菜单项,然后在弹出的菜单或子菜单中选择菜单命令即可。Photoshop 菜单栏包括文件、编辑、图像、图层、文字、选择、滤镜、视图、窗口和帮助菜单。为了提高工作效率,Photoshop 中的大多数命令允许用户通过快捷键来是实现快速选择。

　　工具选项栏位于菜单栏的下方,其功能是设置各个工具被激活时的参数。在工具箱选择不同工具后,选项栏中的各参数选项也会随着当前工具的改变而改变。

　　工具箱默认位于工作界面的左侧,如图 3-16 所示,它包含了 Photoshop 中所有的绘图及编辑工具。工具箱中的每一个按钮代表一个工具,单击工具箱中的某一按钮,当该按钮显示为白色时,表示该工具被选择。工具箱顶部有一个折叠按钮,可以将工具箱中的工具以紧凑形式排列。工具箱并不能显示出所有的工具,有些工具图标右下角可以看到一个小三角符号,这表明该工具拥有相关的子工具。在该工具按钮上按住鼠标左键不放,稍等片刻可以弹出一个含有隐藏工具的工具列,然后单击工具列中所需的工具,便可选择隐藏工具。

　　图像编辑区是位于屏幕中央最大的一个区域,是 Photoshop 主要的编辑工作区。在其窗口显示大小比例,可以直接在其下方的百分比框内设置,也可以在"视图"菜单或"导航器"面板中调整,按住 Alt 再配合鼠标滚轮滑动也可以快捷地调节窗口显示比例。

　　浮动面板位于工作界面的右侧,利用它可以执行诸如显示信息、选择颜色、图层编辑、制作路径、录制动作等操作。作为 Photoshop 的一大特色,其种类也很多,如"图层"(Layer)面板、"通道"(Channel)面板、"路径"(Path)面板、"信息"(Information)面板、"导航者"(Navigator)面板、"历史"(History)面板、"动作"(Action)面板、"颜色"(Color)面板、"色样"(Swatch)面板、"样式"(Style)面板、"字符"(Character)和"段落"(Paragraph)、"画笔"(Brush)面板、"工具"(Tool)面板和"文件浏览器"(File Browser)面板,不同的面板设置不同的选项与信息。所有的面板都可以在"窗口"菜单中找到。

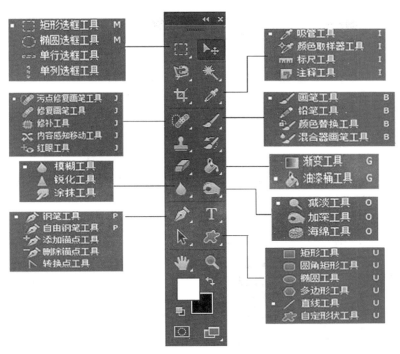

图 3-16　工具箱

在面板组中,单击面板标签,可切换到所需的面板中。按键盘中的 Tab 键,可显示或隐藏浮动面板和工具箱。按键盘中的 Shift＋Tab 快捷键,可显示或隐藏浮动面板。将光标放置在面板标签上,按住鼠标左键的同时进行拖曳,可以将此面板从面板组中分离出来,用同样的方法,也可以将浮动面板重新组合。单击面板右上角的黑色小三角按钮,可弹出面板菜单。利用快捷键选择相应的浮动面板:按 F5 键为"画笔"(Brush)面板、按 F6 键为"颜色"(Color)面板、按 F7 键为"图层"(Layer)面板、按 F8 键为"信息"(Information)面板、按 F9 键为"动作"(Action)面板。

系统默认下,状态栏位于界面窗口的底部(图 3-15 的左下部分),用于显示当前的工作信息。通过选择菜单栏中的"窗口"→"状态栏"命令控制它的显示或隐藏。状态栏由三部分组成:最左边的文本框用于控制图像窗口的显示比例;中间部分则通过单击黑色倒立小三角按钮,显示图像文件的相关信息;右侧部分提供了当前所用工具的操作信息。

2. Photoshop 工具箱

Photoshop 工具箱中的工具有 60 多个,下面简单按分类介绍。

1) 选择工具

在 Photoshop 中,选区是通过各种选区绘制工具在图像中提取的全部或部分图像区域,在图像中呈流动的蚂蚁线状显示。选区在图像处理时起着保护选取外图像的作用,约束各种操作只对选区内的图像有效,选区外的图像不受影响。创建选区是许多操作的基础,因为大多数操作都不是针对整幅图像,因此就必须指明是针对哪个部分,这个过程就是创建选区的过程。选择工具用于选择图像中某个规则或者不规则的选区,主要包括移动工具、选取工具、套索工具、切片工具、快速选择及魔棒工具、裁切工具等。

选框工具是选区最基本的方法,包括矩形选框工具、椭圆选框工具、单行选框工具和单列选框工具四种,可以用来创建规则的选区。通过选项栏的设置可以绘制固定大小的矩形选区、具有长宽比的矩形选区及羽化选区,还可以对已存在的选区进行添加、减去和交叉操作。矩形选区如图 3-17 所示。

套索工具组常用于创建不规则选区,包括套索工具、多边形套索工具及磁性套索工具三种。其中,在使用套索工具时,直接按住鼠标左键拖动直至回到起点,形成一个不规则形状范围松开鼠标即可。使用多边形套索工具时要先确定选区的起始点,然后移动鼠标到要改变方向的位置单击,从而形成一个定位点,直到选中所有的范围并返回到起点的位置,此时鼠标右下角出现一个小圆圈,单击这个小圆圈即可封闭并选中该区域。在使用多边形套索创建选区的过程中,如果出现错误,可以按 Delete 键删除最后选取的一条线段。磁性套索工具能够根据鼠标经过处不同像素值的差别,对边界进行分析,自动创建选区。其操作比较简单,只需沿着要选取的物体边缘移动鼠标且不需要按住鼠标左键,如图 3-18 所示。在"磁性套索工具"选项栏中还可以设定包括羽化、消除锯齿、边缘检测宽度、定位点频率、边对比度等属性参数。

图 3-17　矩形选区　　　　　　　　　　图 3-18　磁性套索选区

魔棒工具组包括魔棒工具和快速选择工具。其中,魔棒工具是基于图像中相邻像素的颜色近似程度来进行选择的,其选项栏中可以设置颜色的容差值。容差的取值范围是 0～55,默认值为 32,输入的值越小,选择的颜色范围越近似,选择范围就越小。魔棒工具尤其适用于色彩和色调不很丰富,或者是仅包含某几种颜色的图像。例如,选择如图 3-19 所示图片中的柠檬片,如果使用选框工具或套索工具都十分烦琐,但如果使用魔棒工具选中背景蓝色,再反选一次即可得到所需的选区。

图 3-19　魔棒工具创建选区

有些选区非常复杂,不一定一次就能得到所需要的选区,因此在建立选区后,通常都需要对选区进行各种调整操作,包括移动选区、增减选区、消除锯齿和羽化选区等基本操作。可以通过"选择"→"修改"菜单中的命令对选区边框进行调整,包括改变边界、平滑、扩展、收缩、羽化等,还可通过"选择"→"变换选区"菜单显示选区矩形框,拖动控制点来调整选区边框形状。

有时候,使用"选择"菜单中的"色彩范围"命令是比魔棒工具更具有弹性的创建选区的方法。利用此命令可以一边预览一边调整,还可以随心所欲地完善选取范围。选择"选择"菜单中的"色彩范围"命令,弹出"色彩范围"对话框,如图 3-20 所示。在"选择"下拉列表中选择一种选取范围的颜色,右边的三个吸管工具可以增加或减少选取的颜色范围,"反相"复选框可在选取范围和非选取范围之间切换。设置完成后,单击"确定"按钮即可完成范围的选取。

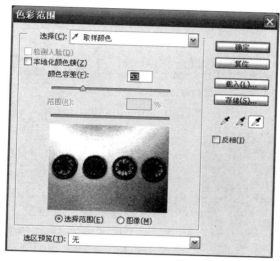

图 3-20 "色彩范围"对话框

2) 绘图与修饰工具

绘图与修饰是 Photoshop 中最基本的操作。这类工具很多,包括画笔工具、铅笔工具、历史记录画笔工具等,还包括渐变工具、油漆桶工具、图章工具、橡皮擦工具及图像修复工具等。Photoshop 图像的修饰工具包括涂抹工具、模糊工具、锐化工具、减淡工具、加深工具和海绵工具六种,使用这些工具可以方便地对图像的细节进行处理,可以调整清晰度、色调和饱和度等。

画笔工具可以创建边缘柔和的线条,而铅笔工具适用于徒手绘制硬质边界的线条。颜色替换工具可以将选定的颜色替换为新颜色。橡皮擦工具可以清除像素或者恢复背景色,背景橡皮擦可以通过拖动鼠标用各种笔刷擦拭选定区域为透明区域,魔术橡皮擦只需要单击一次即可将纯色区域擦抹为透明区域。渐变工具和油漆桶工具可以用来设置填充区域的颜色混合效果。图章工具分为仿制图章工具和图案图章工具。仿制图章工具可以把其他区域的图像纹理复制到指定区域,如图 3-21 所示。而图案图章工具所选的图案为自定义或库中的图案样本。

3) 其他工具

Photoshop 中还包括钢笔工具、文字工具、路径组件选取工具、矩形工具、吸管工具、注

图 3-21　仿制图章工具

释工具、手形工具、缩放工具以及新增的 3D 物体创建和编辑工具等,这里不再逐一介绍,读者可自己尝试。

3. Photoshop 基本概念

在 Photoshop 图像处理过程中,涉及下列一些常用的基本概念。

1) 图层

图层由英文单词 Layer 翻译而来,在 Photoshop 中图像的不同部分被分层存放,由所有的图层合成复合图像。一幅包含多个图层的图像,可以将其形象地理解为是叠放在一起的胶片,对其中的任何一个图层单独处理,不会影响到图像中的其他图层。如图 3-22 所示,图层在"图层"面板中依次自下而上排列,最先建的图层在最底层,最后建的图层在最上层,最上层图像不会被任何图层遮挡,而最底层的图像将被其上面的图层所遮挡。

2) 路径

路径是组成矢量图形的基本要素。由于矢量图形由路径和点组成,计算机通过记录图形中各点的坐标值以及点与点之间的连接关系来描述路径,通过记

图 3-22　图层面板

录封闭路径中填充的颜色参数来表现图形。

在 Photoshop 中使用路径工具绘制的线条、矢量图形轮廓和形状均称为路径,由定位点、控制手柄和两点之间的连线组成。路径的实质是矢量线条,没有颜色,内容可以填充,不会因为放大或缩小图像而影响显示效果。

3) 蒙版

蒙版实际上就是一个特殊的选择区域,记录为一个灰度图像。利用蒙版可以自由、准确地选择形状和色彩区域。它是 Photoshop 中最准确的选择工具,可以用来保护被遮盖的区域。用蒙版选择了图像一部分时,没有被选择的区域就处于被保护状态,这时再对选择区域应用颜色变化、滤镜或者其他效果时,蒙版就能隔离和保护图像的其余区域。

因此,蒙版在 Photoshop 中的作用是保护不应被改变的像素,使其不被改变。通道和选区也是不同形态的蒙版,作用是一样的。

4）通道

通道用于存放图像像素的单色信息,在窗口中显示为一个灰度图像。通道的数目决定于图像的颜色模式,如 RGB 模式的图像有三个单色通道,即"红"通道、"绿"通道和"蓝"通道,以及一个由三个单色通道合成的 RGB 复合通道,这些不同的通道保存了图像的不同颜色信息,如图 3-23 所示。

通道分为颜色通道、Alpha 通道和专色通道三种类型。

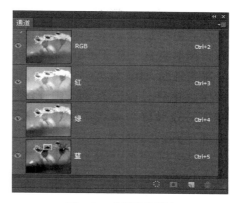

图 3-23 "通道"面板

颜色通道用于保存图像的颜色信息。打开一幅图像,Photoshop 会自动创建相应的颜色通道。所创建的颜色通道的数量取决于图像的颜色模式而非图层的数量。CMYK 模式的图像拥有青、品红、黄、黑四个单色通道以及一个 CMYK 复合通道。这四个单色通道相当于四色印刷中的四色胶片。不同的颜色通道保存了图像的不同颜色信息,调整颜色通道即可调整图像的颜色。

Alpha 通道用于创建和存储蒙版。一个选区保存后,就成为一个蒙版,保存在 Alpha 通道中,在需要时也可以将其载入,以便继续使用。Alpha 通道中的白色区域为选区,黑色区域为非选区,而灰色区域为羽化选区。可通过"选择"菜单下的"存储选区"和"载入选区"命令将选区保存为通道及将通道作为选区载入,按 Ctrl 键单击通道,也可直接载入该通道所保存的选区。

专色通道应用于印刷领域,用于存放专色(如金色)油墨的浓度、印刷范围等信息。

通道可以通过"通道"面板进行管理和操作。通过"通道"面板底部的"将选区存储为通道"按钮可以在通道中新建一个 Alpha 通道蒙版。

5）滤镜

滤镜在摄影领域中是指安装在照相机镜头前面的一种特殊的镜头,应用它可以调节聚焦和光照的效果。在 Photoshop 中,滤镜是一组完成特定视觉效果的程序,它不仅可以修饰图像的效果并掩盖其缺陷,还可以在原有图像的基础之上产生特殊效果。滤镜是 Photoshop 中功能最丰富、效果最奇特的工具。

滤镜在使用时,使用者不需要了解其内部原理,只要通过适当地设置滤镜参数即可得到不同程度的效果。滤镜的使用没有次数的限制,图像若设置选区则只对图像局部施加效果。

4. Photoshop 图像处理方法

1）图层的基本操作与实例

图层是 Photoshop 图像处理中最基本的功能,也是合成各种图像特效的重要途径。在进行图层编辑时,每个图层占有独立的内存空间,在编辑图层过程中,可以将图层信息保存以便继续编辑。含有图层的文件采用 PSD 格式。当需要打印或者显示图像时,必须合并图层,以 JPG、PNG、TIF 或者 BMP 等其他标准格式保存图像文件。

图层有很多种类型,包括背景图层、文本图层、调整图层、形状图层等。

一般情况下在 Photoshop 中打开图像时背景图层默认被锁定,在"图层"面板可以看到

数字媒体技术

右面有一个小锁的图层,这就是背景图层,Ctrl+J 快捷键默认是复制并新建图层。背景图层默认不可操作,在背景图层上双击可以将背景图层转换为普通图层。

使用文本工具建立的图层称为文本图层。

图 3-24　调整图层

调整图层是一种比较特殊的图层,这种图层主要用来控制色调和色彩的调整,并将调整设置转换为一个调整图层单独存放到文件中,使得用户可以修改其设置,但不会永久性地改变原始图像,从而保留图像修改的弹性。调整图层由调整缩略图和图层缩略图组成,如图 3-24 所示。调整缩略图由于创建调整图层时选择的色调和色彩命令不一样而显示出不同的图像效果,图层蒙版随调整图层的创建而创建,默认情况下为白色,表示调整图层对图像中的所有区域起作用。调整图层对其下方的所有图层都起作用,而对其上方的图层不起作用,其名称也会根据创建时选择的调整命令而不同。

图层样式是指图层中的一些特殊的艺术修饰效果。Photoshop 提供了十多种图层样式,使用它们只需要简单设置几个参数,就可以轻松地制作出投影、外发光、浮雕、描边等效果。通过这些样式不仅能为作品增色不少,还可以节省不少空间。设置图层样式的具体步骤如下:首先选中要应用样式的图层,单击"图层"面板下方的"添加图层样式"按钮,或在菜单中选择"图层"→"图层样式"命令,在弹出的菜单中选择一种样式,即可弹出如图 3-25 所示的"图层样式"对话框,设置相应参数后单击"确定"按钮即可,此时"图层"面板会显示出相应效果。如图 3-26 所示,通过设置"高级混合"及"混合颜色带"的相关参数,可指定混合效果对某一个通道起作用。

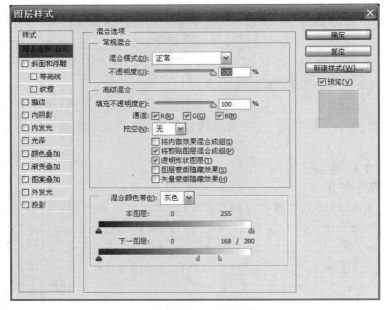

图 3-25　"图层样式"对话框

图 3-26 "混合选项"样式效果

图层混合是指通过调整当前图层上的像素属性,以使其与下面图层上的像素产生叠加效果,从而产生不同的混合效果。在 Photoshop 中,常通过设置图层透明度、调整图层混合模式及前面提到的图层蒙版混合图层,按 Ctrl+Shift+Alt+E 快捷键可以实现盖印图层,按 Ctrl+J 快捷键可以利用选区复制产生一个新的图层。

在"图层"面板上包括"不透明度""填充""混合模式"功能。其中,"不透明度"输入框可以通过输入百分比数值来设置图层之间的不透明程度,也可通过移动控制条的滑块来设置;"锁定"功能可以对图层实现不同方式的加锁,包括锁定透明像素、锁定图像像素、锁定位置和锁定全部四种;"填充"程度的设置会影响图层中绘制的像素或图层上绘制的形状,但不影响已应用于图层的任何图层效果的不透明度。

图层混合模式是使用最为频繁的技术之一,Photoshop 提供了二十多种图层混合模式,它们全部位于"图层"面板左上角的下拉菜单中。为图像设置混合模式,只需将各个图层排列好,然后选择要设置混合模式的图层,并为其选择一种混合模式即可。比较常用的几个图层混合模式如下。

- 变暗模式。进行颜色混合时,会比较绘制的颜色(前景色)与底色之间的亮度,较亮的像素被较暗的像素取代,而较暗的像素不变,从而使叠加后的图像区域变暗。
- 变亮模式。正好与变暗模式相反,它是选择底色或绘制颜色中较亮的像素作为结果颜色,较暗的像素被较亮的像素取代,而较亮的像素不变,从而使叠加后的图像区域变亮。
- 正片叠底模式。将两个颜色的像素相乘,然后再除以 255,得到的结果就是最终色的像素值。通常执行后颜色比原来的两种颜色都深,任何颜色和黑色执行正片叠底模式得到的仍然是黑色,任何颜色和白色执行正片叠底模式后保持原来的颜色不变。所以,简单地说,正片叠底模式会屏蔽白色,突出黑色的像素。
- 滤色模式。和正片叠底效果刚好相反,它是将两个颜色的互补色像素值相乘,然后再除以 255 得到最终色的像素值。通常执行滤色模式后的颜色都变浅。任何颜色和黑色执行滤色模式,原颜色不受影响;任何颜色和白色执行滤色模式,得到的是白色;而与其他颜色执行此模式就会产生漂白的效果。简单地说,滤色模式会屏蔽黑色,突出白色的像素。

第3章

数字媒体技术

- 柔光模式。它是根据图像的明暗程度来决定最终色是变亮还是变暗。如果图像色比50%的灰要亮,则底色图像变亮;如果图像色比50%的灰要暗,则底色图像就变暗。如果图像色是纯黑或纯白色,则最终颜色将稍稍变暗或变亮;如果底色是纯白或纯黑色,则没有任何效果。

- 色相模式。采用这种模式,最终图像的像素值由下方图层的亮度、饱和度值及上方图层的色相值构成。

下面通过实例来介绍设置图层混合模式及图层样式的具体操作。

【例3-5】 设置图层混合模式及图层样式添加眼影和描边。

(1) 打开人像素材图像作为背景图层,然后新建一个图层1,设置画笔大小为柔角17,颜色为C—50,M—100,Y—0,K—0,在新建图层1的人物眼睛四周位置绘制眼影的形状。

(2) 设置混合选项,将两个图层混合模式设置为"色相"。

(3) 选择背景图层,在背景图层上利用选框工具在眼睛部位绘制一个矩形选框,执行"选择"菜单中的"变换选区"命令变换选区后,按Ctrl+J快捷键利用变换后的选框复制一个新图层。为复制得到的新图层添加描边图层样式,参数大小为10像素,位置为内部,颜色为白色。

(4) 用同样方式,在背景图层上再利用矩形选框工具绘制选区并复制得到另一个新图层,为该新图层添加描边图层样式。最终效果及"图层"面板效果如图3-27所示。

图3-27 添加眼影和描边

2) 蒙版的基本操作与实例

图层蒙版是Photoshop图层的精华,更是混合图像时的首选技术。使用图层蒙版可以为图层增加屏蔽效果,其优点在于可以通过改变图层蒙版中不同区域的黑白程度,以控制图层中图像对应区域的显示或隐藏,从而使当前图层中的图像与下面图层中的图像产生特殊的混合效果,如图 3-28 所示。在蒙版中,黑色部分表示隐藏当前图层的图像,下层图像能够显示出来;白色部分表示显示当前图层的图像,下层图像被遮盖;不同程度的灰色部分表示当前图层的图像半透明。

图 3-28　图层蒙版

如果图像中存在选区,也可以利用选区来创建图层蒙版,并可选择添加图层蒙版后的图像是显示还是隐藏。其方法是选择"图层"菜单中的"图层蒙版"命令,从子菜单中选择相应的命令。还可以通过"编辑"菜单中的"粘贴入"命令将复制的其他图像粘贴到选区内,并生成新图层。

单击蒙版缩略图即可进入图层蒙版的编辑状态,通过画笔工具或填充工具修改蒙版中的黑、白、灰范围,即可修改图层蒙版。这里要注意的是,如果要隐藏图像,图层蒙版中对应区域需调整为黑色;如果要显示图像,图层蒙版中对应区域需调整为白色;如果要使图像保持一定的透明度,图层蒙版中对应区域需调整为灰色。

按住 Shift 键的同时单击"图层"面板中的图层蒙版缩略图,可暂时停用图层蒙版的屏蔽功能,将看到添加图层蒙版的图像的原始效果。停用的图层蒙版缩略图上将出现一个红色的×标记;再次按 Shift 键单击该图层蒙版缩略图,即可重新启用蒙版。拖动图层蒙版到"图层"面板底部的"删除图层"按钮上后释放鼠标,可以删除图层蒙版。图层蒙版删除后对图像不会做任何修改。如果要单独移动图层中的图像或蒙版中的图像,可先单击图层缩略图与图层蒙版缩略图之间的链接按钮使其消失,然后分别选择并移动图像或蒙版即可。

使用蒙版的优点:蒙版编辑是非破坏性的,编辑时只在图层蒙版上操作,不影响图层的原有像素,当对蒙版所产生的效果不满意时,可以随时删除蒙版,或者用黑白色反相处理,即可恢复图像原来的样子。

不需要蒙版效果时,可以在蒙版图标上右击,在弹出的快捷菜单中选择"扔掉图层蒙版"命令将其删除。蒙版操作时要特别注意的是选中的对象是图层还是蒙版。只有当蒙版是选中状态时,所有的操作才是针对蒙版进行的,否则会对原图像产生误操作。

【例 3-6】　通过图层蒙版实现图层的融合。

(1) 打开合适大小的背景素材图片和前景素材图片,使用移动工具将前景图像拖动到背景图像上,形成一个新图层"图层 1"。此时背景图片的"图层"面板中包含了"图层 1"和"背景"两个图层。

(2) 在"图层 1"被选中的状态下,单击"图层"面板下方的"添加图层蒙版"按钮,则在"图层 1"的缩略图后面出现一个蒙版缩略图。

(3) 单击该蒙版缩略图,使其成为选中状态。选择画笔工具,并将前景色修改为黑色,用画笔在图片中拖动,可以看见在蒙版缩略图中出现黑白融合。白色区域表示完全不透明,黑色区域表示完全透明,中间灰色表示半透明,图层实现融合,如图 3-29 所示。

图 3-29　图层蒙版融合效果

3) 通道的基本操作与实例

通道的基本操作多利用"通道"面板完成,该面板是"图层"面板组中的一个标签,它列出了图形中的所有通道,首先是复合通道,然后是单个的颜色通道、专色通道,最后是 Alpha 通道。通道内容的缩览图显示在通道名称的左侧。需要注意的是,每个主通道的名称如 RGB 模式中的红、绿、蓝名称不能更改。

利用通道可以得到各种复杂的形状和透明度的选区,要提取一些和透明度复杂的图像或者具有复杂透明度层次的图像,可以利用通道操作。

【例 3-7】　利用通道抠图。

(1) 打开一张合适的图片,在"通道"面板中分别查看红、绿、蓝三个通道中的图像,比较每个颜色通道中图像的主体和背景明暗反差,选择一个对比最明显的通道进行操作。本案例选择"蓝"通道。

(2) 在"蓝"通道上右击,在弹出的快捷菜单中选择"复制通道"命令,生成"蓝 副本"通道,如图 3-30 所示。复制通道非常重要,绝对不能在原颜色通道上进行操作,否则会更改图像的显示。

图 3-30　复制生成"蓝 副本"通道

（3）选中"蓝副本"通道,选择"图像"菜单中的"调整/曲线"命令,弹出"曲线"对话框,调整曲线让图像主体尽量黑,背景尽量白,如图 3-31 所示。也可以使用"亮度/对比度"命令使其反差更大。

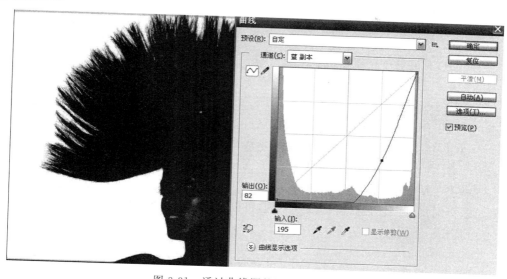

图 3-31　通过曲线调整"蓝 副本"通道

（4）选择"图像"菜单中的"调整/反相"命令,使图像颜色反相,此时,通道里白色表示选区内区域,黑色表示选区外区域。

（5）使用画笔工具,设置前景色为白色,将主体内部的黑色部分涂成白色,即将全部需要抠除的内容涂成白色。再设置前景色为黑色,将所有不需要的内容涂成黑色。单击"通道"面板下方的"将通道载入选区"按钮,此时白色包围的区域被选中。

（6）单击 RGB 通道,恢复到彩色图像显示模式,即可通过选区将选区内的人像抠出来。如图 3-32 所示,人像抠出后就可以对其进行其他效果的处理了。

图 3-32　抠图效果

4）滤镜的基本操作与实例

Photoshop 中的滤镜分为三种类型:内嵌滤镜、内置滤镜和外挂滤镜。内嵌滤镜是内嵌于 Photoshop 程序的滤镜,它们不能被删除;内置滤镜是默认方式下安装 Photoshop 时自动安装在 plug-ins 目录下的那部分滤镜;外挂滤镜是除上述两种类型外,由第三方开发的滤镜,这类源镜不但数量庞大,功能多样,而且版本和种类也在不断更新和升级。

Photoshop 中所有内置滤镜都有以下几个相同的特点,在操作滤镜时必须遵守这些操作规范,才能有效准确地使用滤镜功能。

(1) 滤镜效果针对选区进行,如果没有定义选区,则对整个图像进行处理。

(2) 滤镜只能针对当前的可视图层,能够反复、连续地应用,但是每次只能作用于一个图层。

(3) 当要操作的滤镜较为复杂或者应用滤镜的图像尺寸较大时,执行所需要的时间会很长,中途可以按 Esc 键退出从而结束正在生成的滤镜效果。

(4) 所有滤镜都可以作用于 RGB 模式的图像,但不能作用于索引颜色模式的图像,部分滤镜不支持 CMYK 模式。

(5) 若只对局部图像进行滤镜效果处理,可以对选区进行羽化操作,使处理的区域能够自然地与原图融合。

(6) 绝大部分的滤镜对话框中都提供了滤镜效果预览功能,同时还可以单击在预览图下方的+或者-按钮,达到放大或缩小预览图像显示比例的目的。

下面通过制作下雨效果的滤镜实例来学习滤镜的基本操作。

【例 3-8】 滤镜特效制作下雨效果。

(1) 打开背景文档,在"图层"面板新建图层 1,设置前景色为黑色,选择工具箱中的油漆桶工具在图像上单击填充,或按 Alt+Delete 快捷键填充。

(2) 选择"滤镜"菜单中的"杂色"→"添加杂色"命令,在弹出的"添加杂色"对话框中设置参数,"数量"为 30,高斯分布,并勾选"单色"复选框,单击"确定"按钮为图像添加杂色效果。

(3) 选择"滤镜"菜单中的"模糊"→"动感模糊"命令,在弹出的"动感模糊"对话框中设置"角度"为 70,"距离"为 72,从预览效果中可以看到斜线效果。

(4) 在"图层"面板中选择图层混合模式为"滤色",如图 3-33 所示,下雨效果制作完成。如果参数设置不同,则可看到不同的雨水线条效果。

图 3-33 下雨效果制作

5）色调调整基本操作与实例

图像色彩的调整主要包括调整图像的色相、饱和度和明度等。如图 3-34 所示，在 Photoshop 中可以通过色相/饱和度、去色、匹配颜色、替换颜色、可选颜色、通道混合器、照片滤镜、阴影/高光、色彩变化调整等操作，完成对图像色彩的调整。

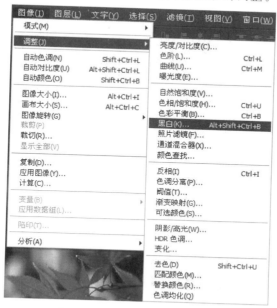

图 3-34　图像调整的相关命令

以"色相/饱和度"命令为例，打开一幅秋天景象的图像，双击背景图层将其转换为普通图层，然后选择"图像"菜单中的"调整"→"色相/饱和度"命令，分别调整设置全图或者单色的色相、饱和度和明度的参数，即可看到图像的色彩发生变化，单击"确定"按钮完成调色，使秋景即刻变成春天欣欣向荣的绿色景象，如图 3-35 所示。

图 3-35　色相/饱和度调整

利用"色相/饱和度"命令还可以完成黑白图像向彩色图像的转换，在"色相/饱和度"对话框中勾选"着色"复选框，然后通过改变色相、饱和度和明度下方的滑块即可调整色彩。图 3-36 给出了为黑白图像添加色彩的效果，其操作步骤如下。

（1）打开黑白图像文件。用磁性套索工具选取荷花部分，然后选择"图像"菜单中的"调整"→"色相/饱和度"命令，在弹出的"色相/饱和度"对话框中勾选"着色"复选框。

92

图 3-36　着色

（2）调节色相、饱和度和明度下方的滑块，调整选取的荷花部分的颜色。

（3）选择"选择"菜单中的"反向"命令，或按 Ctrl＋Shift＋I 快捷键，反向选择除荷花以外的部分，再打开"色相/饱和度"对话框，勾选"着色"复选框，调整色相、饱和度和明度，直到和荷花的颜色相匹配。

对图像的色调调整主要是调整图像的明暗程度，在 Photoshop CS6 中，可以通过色阶、曲线、色彩平衡、亮度/对比度、曝光度等操作调整图像色调。例如，选择"图像"菜单中的"调整"→"色阶"命令，或按 Ctrl＋L 快捷键，弹出如图 3-37 所示的"色阶"对话框。

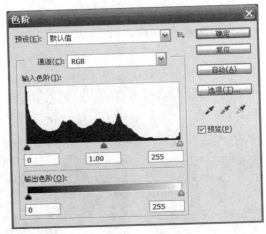

图 3-37　"色阶"对话框

图像的色调调整工具比较多，使用也非常广泛，针对不同色调问题可选用不同的工具命令，也可综合应用多种工具，读者可参考相关资料自己尝试，这里不再赘述。最后通过一些综合案例学习 Photoshop 的图像处理技巧。

【例 3-9】　综合案例：图像调整制作水墨画效果。

（1）打开素材图像，选择"图像"菜单中的"色阶"命令，调整输入色阶最右端的白色滑块，完成图像色阶调整。接着选择"图像"菜单中的"调整"→"去色"命令。

（2）选择"图像"菜单中的"调整"→"反相"命令，对图像进行反相。色轮上相距 180° 的颜色互为补色，也叫补色。在色轮上的每个颜色的对面都有一个跟它成互补关系的颜色，它们的连接线经过色轮圆心。反相即将某个颜色换成它的补色，一幅图像上有很多颜色，每个颜色都转成各自的补色,相当于将这幅图像的色相旋转了 180°,原来黑的此时变白的,原来绿的此时变红的。

(3)选择"图像"菜单中的"调整"→"色阶"命令,输入色阶为(0,2.00,255),再次将图像提亮。

(4)选择"滤镜"菜单中的"画笔描边"→"喷溅"命令,设置喷色半径为 11,平滑度为 7。

(5)选择"图像"菜单中的"调整"→"亮度/对比度"命令,设置亮度为−35,对比度为 0。

(6)新建"图层 1",设置前景色为粉色(C—10,M—60,Y—7,K—0),使用画笔工具在荷花上涂抹,设置"图层 1"混合模式为"颜色",完成效果如图 3-38 所示。

图 3-38　水墨综合效果

【例 3-10】　综合案例:图像调整制作水彩画效果。

(1)打开素材图像,选择"图像"菜单中的"调整"→"亮度/对比度"命令,设置亮度为 30。

(2)选择"图层"菜单中的"新建"→"通过拷贝的图层"命令,或按 Ctrl+J 快捷键复制背景层,然后选择"滤镜"菜单中的"模糊"→"高斯模糊"命令,设置半径为 3px。

(3)选择"滤镜"菜单中的"像素化"→"晶格化"命令,设置单元格大小为 6。

(4)设置图层混合模式为"变暗"。至此,图像调整完成,效果如图 3-39 所示。

图 3-39　水彩画效果

【例 3-11】 综合案例：图像调整制作铜版画效果。

(1) 打开素材图像,然后选择"图层"菜单中的"新建"→"图层"命令新建"图层 1",设置前景色为黄色,具体参数为：C—35,M—31,Y—89,K—0,利用油漆桶工具或按 Alt＋Delete 快捷键填充。

(2) 选中"图层 1",选择"滤镜"菜单中的"杂色"→"添加杂色"命令,设置数量为 6%,"分布"为平均分布,选中"单选"选项。

(3) 选中"图层 1",选择"滤镜"菜单中的"模糊"→"动感模糊"命令,设置角度为 0,距离为 10px。

(4) 选中"背景"图层,选择"图层"菜单中的"复制图层"命令,通过复制得到新建的"背景副本"图层,并将"背景 副本"图层放置所有"图层"面板中所有图层的顶层,按 Ctrl＋Shift＋U 快捷键将图像去色。

(5) 选择"图像"菜单中的"调整"→"亮度/对比度"命令,弹出"亮度/对比度"对话框,设置亮度为 25,对比度为 50,单击"确定"按钮。

(6) 选择"滤镜"菜单中的"风格化"→"浮雕效果"命令,弹出"浮雕效果"对话框,设置角度为 145,高度为 3px,数量为 120%,单击"确定"按钮。

(7) 选中"背景 副本"图层,按 Ctrl＋A 快捷键全选图像,按 Ctrl＋X 快捷键剪切图像;然后打开"通道"面板,创建新通道 Alpha1,按 Ctrl＋V 快捷键粘贴选区内容,此时"通道"面板效果如图 3-40 所示。

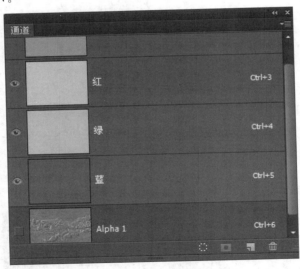

图 3-40 "通道"面板效果

(8) 返回"图层"面板,选中"背景 副本"图层并删除,然后选择"选择"菜单中的"取消选择"命令或按 Ctrl＋D 快捷键取消选区。

(9) 选择"图层 1",选择"滤镜"菜单中的"渲染"→"光照效果"命令,在弹出的"光照效果"对话框中,设置光照类型为全光源,强度为 21,光泽为—35,材料为 44,曝光度为—24,环境为 46,纹理通道为 Alpha1,高度为 100。至此,图像调整完成,效果如图 3-41 所示。

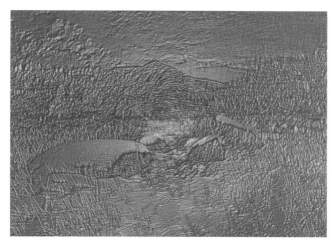

图 3-41　铜版画效果

3.3.6　设计印刷基础

设计是将设计者的思想以图片的形式表达出来的过程。可以将不同的基本图形,按照一定的规则在平面上组合图案,也可以使用手绘的方法进行创作。平面设计主要在二维空间以轮廓线划分界线,描绘形象。平面设计中表现出的三维空间感并非真实的三维空间,仅仅是借助图形对人的视觉引导作用而形成的幻觉空间。

1. 平面设计基本要素

在平面设计过程中,文字、图案和色彩是需要考虑的三个基本要素。

(1) 文字在平面作品中是传递信息的重要视觉元素,它能让受众很快地抓住主题。除此之外,文字在平面设计中还具有创意表达功能和装饰功能。因此,除了对文字进行编辑排版以外,还要进行字体设计,即按照一定的美学形态对文字的外形进行改变、重组等艺术化加工,这样才能吸引人的眼球,让人过目不忘。

(2) 图案在平面设计中具有形象化、具体化、直接化的特性,能够形象地表现设计主题和创意,因此,图案在视觉表现上必须具有较强的新奇感,充满想象力,并且要做到图文相关联,这是抓住受众注意力的一大条件,也是平面作品成功的关键所在。图案可以是黑白画、喷绘插画、手绘插画、摄影作品等,图案的表现形式可以有写实、象征、漫画、卡通、装饰、构成等手法,形象直观的图案在平面设计中是不可或缺且无法替代的。

(3) 色彩在平面设计中是除了图片元素之外,最能赋予作品视觉吸引力的一大设计要素,它与公众的生理和心理反应密切相关。色彩对作品的主题、理念等本质性的东西都有着重要的影响。设计者要把握好色彩的冷暖对比、明暗对比、纯度对比、面积对比、混合调和、面积调和、明度调和、色调调和、倾向调和等,色彩组调要保持画面的均衡、呼应,且画面要有明确的主色调,并让色彩突显设计意图。

2. 常用纸张规格

平面设计作品完成后,往往需要打印或者印刷。各类印刷品的使用要求和印刷方式各有不同,因此,必须根据使用需要和印刷工艺的要求及特点,选用相应的纸张。这里介绍一些常用的纸张用途、品种及规格。

（1）胶版纸。胶版纸主要供平版（胶印）印刷机或其他印刷机印制较高级印刷品时使用,如彩色画报、画册、宣传画、彩印商标及一些高级书籍封面、插画等。胶版纸按纸浆料的配比,分为特号、1 号和 2 号三种,有单面和双面之分,还有超级压光和普通压光两个等级。胶版纸的伸缩性小,对油墨的吸收性均匀、平滑度好,质地紧密不透明,白度好,抗水性能强,应选用结膜性胶印油墨或质量较好的铅印油墨,油墨的黏度不宜过高,否则容易出现脱粉、拉毛现象,此外,还要防止背面黏脏,一般采用防脏剂、喷粉或夹衬纸。

（2）铜版纸。铜版纸又称涂料纸,这种纸是在原纸上涂布一层白色浆料,经过压光而制成。铜版纸有单面、双面两类。纸张表面光滑,白度较高,纸质纤维分布均匀,薄厚一致,伸缩性小,有较好的弹性和较强的抗水及抗张性能,对油墨的吸收性和接收状态良好。铜版纸主要用于印刷画册、封面、明信片、产品样本等。

（3）白板纸。白板纸的伸缩性小,有韧性,折叠时不易断裂,主要用于印刷包装盒和商品装潢衬纸。在书籍装订中,可以作为精装书的里封和径纸（脊条）等装订用料。按照纸面分类,白板纸可分为粉面白版和普通白版两大类,按底层分类有灰底和白底两种。

（4）牛皮纸。牛皮纸具有很高的拉力,有单光、双光、条纹、无纹等,主要用于包装纸、信封、纸袋和印刷机滚筒包衬等。

3. 图像印前准备

完成平面作品的制作后,应根据作品的最终用途对其进行不同的处理。若需要将图像印刷输出到纸张上,则需要做好图像印前相关准备。

（1）色彩校准。包括显示器色彩校准、打印机色彩校准和图像色彩校准等。如果显示器显示的颜色有偏差,或者打印机在打印图像时造成图像颜色有偏差,将导致印刷后的图像色彩与在显示器上看到的颜色不一致。因此,图像的色彩校准是印前准备工作中不可或缺的一部。

（2）分色与打样。分色是将原稿上的各种颜色分解为黄、品红、青、黑四种原色,在计算机中就是将图像的色彩模式转换为 CMYK 模式。然后按照四种胶片分色,再进行打样,从而检验制版阶调与色调能否取得良好的再现,以此作为修正或者再次制版的依据。

3.4　视频剪辑与制作

视频是运动的图像。将传统的模拟电视信号经过采样、量化和编码,转换为用二进制数代表的数字式信号,称为数字视频。数字视频是各种媒体中拥有信息量最丰富、表现力最强的一种媒体。与动画类似,视频也属于动态图像,是连续渐变的静态图像或图形沿时间轴顺序更换显示,由于人眼的"视觉暂留"现象,人们在视觉上产生一种物体在连续运动的错觉。因此,视频和动画在本质上没有区别。只是二者的表现内容和使用场合有所不同。动画序列中的每帧静止图像是人工或计算机产生的图像,而视频序列中的每帧静止图像,均来自数字摄像机、数字化的模拟摄影资料、视频素材库,常用于表现真实场景。

3.4.1　视频基础知识

1. 视频分辨率

视频分辨率又称为视频解析度,指视频在单位区域内包含的像素点的数量。视频的分辨率与像素密不可分,如一个视频的分辨率为 1280×720,就代表了这个视频的水平方向有 1280 像素,垂直方向有 720 像素,也可以用 720p 来表述,是取视频垂直方向的像素数值来命名。不同分辨率的视频呈现效果也有差异,如图 3-42 所示。

图 3-42　不同分辨率的视频效果

以下是常见的视频分辨率。

$\qquad$ 480p＝标清(Standard Definition,SD)＝ 640×480p

$\qquad$ 720p＝高清(High Definition,HD)＝ 1280×720p

$\qquad$ 1080p＝全高清、蓝光(Full High Definition,FHD)＝ 1920×1080p

$\qquad$ 2K＝1440P＝ 2560×1440

$\qquad$ 4K＝2160P＝ 3840×2160

$\qquad$ 8K＝4320P＝ 7680×4320

2. 视频帧率

视频就像翻页动画,由一张一张的相片再丝滑连贯起来组成。1s 能展示多少页面,就表示视频帧率多少帧。视频帧率的技术术语是每秒帧数(fps)。帧率越高视频越丝滑,如图 3-43 所示。一般情况下,电影镜头和电影采用 24fps 帧率,直播电视或体育赛事采用 30fps 帧率,动作片和快节奏的运动采用 60fps 帧率,如果要呈现慢动作效果,则可以采用 120fps 或更高帧率。

图 3-43　不同帧率视频效果

3. 视频码率

视频码率是指视频流中每秒传输的数据量,也叫码流率,单位是比特率(bps)。视频码

数字媒体技术

率越高,说明单位时间内取样率越大,数据流精度就越高,视频画面更清晰画质更高,如图 3-44 所示,图 3-44(a)为 1.5mbps 1080p 的视频效果,图 3-44(b)为 5mbps 1080p 的视频效果。码率的大小与视频的分辨率、帧率、色彩深度等因素有关。高码率的视频质量要比低码率的视频质量好,但高码率的视频文件比低码率的视频文件要大,播放也需要更高的设备要求,否则就会出现卡顿、花屏等问题。在实际应用中,我们需要根据场景和需求选择适合的视频码率。如果需要高清的视频体验,可以选择高码率的视频。如果需要快速传输和分享视频,可以选择低码率的视频。总之,视频高码率和低码率的区别在于视频质量、文件大小和播放设备要求。

(a) 1.5mbps 1080p的视频效果

(b) 5mbps 1080p的视频效果

图 3-44 不同码率的视频效果

4. 视频转码与格式转换

视频转码与格式转换是指将已经压缩编码的视频码流转换为另一个视频码流,以适应不同的网络带宽、不同的终端处理能力和不同的用户需求。简单来说就是一个格式转换为另一个格式。常见的视频格式包括:视频平台最常用的视频格式 MP4、录制档格式 TS、视频网站下载下来的压缩视频格式 FLV 以及可以压制外挂字幕音频、提取字幕音频的封装视频格式 MKV 等。

5．视频压缩

视频压缩是一种将原始视频数据通过特定的算法和技术进行编码,以减小文件大小的过程。视频压缩的目的是节省存储空间、减少传输时间和降低传输带宽。视频压缩可以通过多种方式实现,例如空间分辨率缩减、色彩简化、视频特效处理、音频压缩、动态范围处理等。视频压缩可以分为有损压缩和无损压缩两种类型,有损压缩在压缩过程中会牺牲一定的视频质量和细节,以获得更小的文件大小,而无损压缩则不会减少视频数据或牺牲视频质量,但压缩比通常较低。把视频文件由大压缩成小,一般码率会改变,视频画质可能不清晰。

6．视频拍摄要点：色彩与构图

1）色彩

在相机中很常见的光圈、快门、白平衡手机中都没有,但不影响手机拍摄。影响色彩的有两点,那就是对焦和曝光。拍摄时在屏幕中点击,可以自动对焦和曝光,长按屏幕可以锁定对焦和曝光。

2）构图

构图是探讨画面中对象的空间位置、大小、组合关系、分隔形式、视觉冲击和美感等,涉及的构图元素包括形状、线条、明暗、质感和立体感,常见的构图方式包括中心点构图、水平线构图、三等分构图(井字构图)、对称构图、对角线构图、框架构图等。其中,最基础、最安全的构图方式是中心点构图或者三等分构图,即把主体放在画面三分之一位置的参考线上,如图 3-45 所示,右侧的两个交叉点被认为是视觉重点的位置,也称"视觉中心",处于"视觉中心"的景物或人物更能引起观者的注意。

图 3-45　三等分构图

7．景别

根据摄影机和被摄主体距离不同,所拍摄的视频被区分为不同的景别。常见的景别主要有远景、全景、中景、近景、特写,简称远全中近特,如图 3-46 所示。

远景适合用来营造整体大环境的氛围,是风光片中的主要景别。镜头再拉近一些,可以称为大全景,可以看到人物,但并不能看清细节,通常大全景是用来交代所处的环境,为后面人物所做的具体事件做铺垫。镜头再推进,可以看到人物全身以及所处环境的细节,可以容纳得下多个人同框,这种称为全景。靠前的部分称为前景,靠后的部分称为后景。前后景的

数字媒体技术

图 3-46　景别

构成决定了画面的空间层次。镜头推进到取人物三分之二身体,也就是膝盖以上位置,这种称为中景,中景是全景和近景的过渡。再往前,到腰部以上,称为中近景。如果景别取到胸部附近,则称为近景。如果画面中已经到了人物肩部以上,人物表情非常突出,这种称为特写。镜头再推到只能看到局部,如人的眼睛、身体或者物体的细节等,这种称为大特写。剪辑时不同景别衔接最好不要跨越两个梯度。

8. 运镜和拍摄角度

运镜也称为运动镜头,是指在视频拍摄过程中,摄像设备根据需要进行的移动拍摄手法。这种手法可以通过改变摄像设备的机位、焦距或镜头光轴来实现画面的移动,从而赋予画面生命力和表现力。运镜可以分为多种类型,包括推、拉、摇、移、跟、升降、甩等,每种类型都有其特定的拍摄方式和效果。例如,推镜头是指摄像设备逐渐接近被拍摄主体,而拉镜头则是相反的过程;摇镜头是通过旋转摄像设备底座来拍摄大场景;移镜头则是手持拍摄设备水平移动进行拍摄;跟镜头则是紧随被拍摄主体移动进行拍摄;升降镜头则是沿着垂直方向移动摄像设备;甩镜头则是指摄像设备在拍摄瞬间发生横向或纵向的快速移动。运镜不仅能够提高画面的流畅性和表现力,还能减少后期视频剪辑的工作量。

拍摄角度是指相机和被拍摄的主体所构成的几何角度,同时也可能指摄像机与被摄主体所构成的心理角度。拍摄角度可以分为两大方向:拍摄方向和拍摄高度。如图3-47所示,拍摄方向主要有正面角度、斜侧面角度和侧面角度。拍摄高度主要有平摄、仰摄和俯摄。如果对同一个物体采用平视、仰视、俯视来观察,则可以看到垂直面、底面与顶面三种不同结构的立体效果。

图 3-47　拍摄角度

9. 转场

场景与场景之间的过渡或转换称为转场。可以分为两种:一种是用特技的手段作转场,以实现场景的转换,如淡入淡出、闪白、画像、翻转、遮罩、幻灯片和多画屏分割等;另一种是用镜头的自然过渡作转场,整个过渡过程看上去非常合乎情理,能够起到承上启下的作用。前者也叫技巧转场,强调情节隔断,后者又叫无技巧转场,强调视觉连续。常用的无技巧转场方式有两极镜头转场、运动镜头转场、特写转场、声音转场、空镜头转场、封挡镜头转场、相似体转场、运动镜头转场、同一主体转场、主观镜头转场和逻辑因素转场等。

10. 镜头节奏

节奏会受到镜头的长度、场景的变换和镜头中影像活动等因素的影响。在通常情况下,镜头节奏越快,则视频的剪辑率越高、镜头越短。剪辑率是单位时间内镜头个数的多少,由镜头的长短来决定。

例如,长镜头是一种典型的慢节奏镜头形式,而延时摄影则是一种典型的快节奏镜头形式。长镜头可以一镜到底,不中断镜头,是一种与蒙太奇相对应的拍摄手法,是指拍摄的开机点和关机点的时间距离较长的视频效果。

3.4.2　视频处理过程

数字视频是先用数码摄像机等视频捕捉设备将外界影像的颜色、亮度等信息转换为电信号,再记录到存储介质中。播放时,视频信号被转换为帧信息,并以每秒 25 帧的速度使用逐行扫描在显示器上显示。心理学研究表明,如果显示刷新的速度超过 50 次/秒,人眼就察觉不到闪动现象。故而电视系统采用隔行扫描的方式,把每幅图像分先后两次来放送,这样,帧频就达到 50 次/秒,人眼看上去就舒服多了。屏幕画面纵向和横向的比例称为画面纵横比,一般为 16:9 或 4:3。

视频处理使用专门的视频处理软件对数字视频进行剪辑,并增加一些视频效果,使视频的可观赏性增强,更加满足用户的需要。主要的视频处理如下。

(1)视频剪辑。根据需要,剪除不需要的视频片段,连接多段视频信息。在连接过程中,还可以添加过渡效果,也称转场特效。

（2）视频叠加。根据需要,把多个视频影像叠加在一起。

（3）视频和音频、字幕同步。在单纯的视频信息上添加声音和字幕,并精确定位,保证视频和声音、字幕的同步。

（4）添加特效。使用滤镜加工视频影像,使影像具有各种特殊效果,滤镜的作用和效果类似 Photoshop 中的滤镜。

（5）输出。将编辑好的视频输出为需要的格式,如 MPG 格式、MOV 格式、RM 格式、FLV 格式、WMV 格式等。

3.4.3 视频文件格式

视频文件可以分为适合本地播放的本地影像视频和适合在网络中播放的网络流媒体影像视频两大类。尽管后者在播放的稳定性和播放画面质量上可能没有前者优秀,但网络流媒体影像视频的广泛传播性使之广泛应用于视频点播、网络演示、远程教育等互联网信息服务领域。

1. AVI 格式

AVI 格式是一种音频和视频交叉记录的数字视频文件格式,是 Windows 系统所使用的视频文件格式,可以跨平台使用。按交替方式组织音频和视像数据,可使得读取视频数据流时能更有效地从存储媒介中得到连续的信息。其缺点是体积过于庞大,而且压缩标准不统一,不具备兼容性,用不同压缩算法生成的 AVI 文件,必须使用相应的解压缩算法才能播放出来。

根据不同的应用要求,AVI 的帧分辨率可按 4：3 的比例或随意调整大到 640×480,小到 160×120 甚至更低。分辨率越高,视频文件的数据流越大。

2. MPEG/MPG/DAT 格式

MPEG 文件是使用 MPEG 算法进行压缩的全运动视频图像文件格式,它采用有损压缩算法减少运动图像中的冗余信息,同时保证每秒 30 帧的图像动态刷新率,已经被几乎所有的计算机平台共同支持。这类格式包括 MPEG-1、MPEG-2、MPEG-4 等多种视频格式,MPEG-1 被广泛应用于 VCD 制作及一些网络视频片段下载,该格式刻录软件自动将 MPEG-1 转换为 DAT 格式。MPEG-2 则用于 DVD 制作,也支持 HDTV 和较高要求的视频编辑处理。

3. MOV 格式

MOV 格式是美国 Apple 公司开发的一种音频、视频文件格式,默认播放器是 Apple 公司的 QuickTime Player。该文件格式具有较高的压缩率和完美的视频清晰度等特点,并且它具有跨平台性,不仅能支持 macOS,同样也能支持 Windows 系统。

4. ASF/WMV 格式

ASF 和 WMV 格式均为 Windows Media 视频文件格式,它们具有相同的存储格式,可以将扩展名 ASF 直接改成 WMV 而不影响视频的播放。其中,ASF 全称 Advanced Streaming Format(高级流格式),它采用 MPEG-4 压缩算法,压缩率和图像质量都很不错,被定义为同步媒体的统一容器文件格式。WMV 全称 Windows Media Video,也是微软公司推出的一种独立于编码方式的在 Internet 上实时传播多媒体的技术标准。

5. RM/RMVB 格式

由 Real Network 公司所制定的音频视频压缩规范称为 RM(Real Media)，可以根据不同的网络传输速率制定出不同的压缩比率，从而实现在低速率的网络上进行影像数据实时传输和播放。RM 格式采用平均压缩采样的方式，而 RMVB 格式是由 RM 视频格式升级延伸出的新视频格式，在保证平均压缩比的基础上合理利用比特率资源，在静止画面场景和动作场面少的画面场景采用较低的编码速率，从而大幅提高了运动图像的画面质量，在文件大小和画面质量之间达成了平衡。

6. FLV 格式

FLV 格式是一种新的流媒体文件格式，是 Flash Video 的简称。由于它形成的文件极小，加载速率极快，使得网络观看视频文件成为可能。它的出现有效地解决了视频文件导入Flash 后，使导出的 SWF 格式文件体积庞大、不能在网络上很好地使用的问题。

3.4.4 Premiere

Premiere 是 Adobe 公司的专业非线性编辑软件。Premiere 提供与线性编辑机一致的操作方式，可以组接多种格式的视频和图像，提供多种镜头切换方式、视频叠加方式，可以对图像的色调、亮度等色彩参数进行调整，方便在视频图像上添加字幕和徽标、为图像配音或为语音添加背景音乐等，支持多种格式的视频输出。其窗口布局如图 3-48 所示。

图 3-48　Premiere 窗口布局

Premiere 的功能主要通过其窗口和菜单命令来实现，其主要的窗口包括工程窗口、监视器窗口、时间线窗口、特效控制台等。菜单栏除了文件、编辑、窗口和帮助菜单外，其特有的菜单还有项目、素材、序列、标记和字幕等。

下面通过一个工程实例介绍用 Premiere 制作视频节目的大致过程。

第3章

数字媒体技术

【例 3-12】 数字视频制作：FM365。

(1)新建项目工程。启动 Premiere 后,系统会提示用户选择新建项目工程的类型,这些类型有电视制式、音频采用级别、文件格式及是否实时预览的区别。这里选择 DV-PAL标准 48kHz 的序列。

(2)导入素材。在媒体浏览窗口中找到素材所在文件夹,在项目工程管理窗口中右击,通过快捷菜单中的"导入"命令从素材文件夹中导入视频、音频、图像等。也可以直接从媒体浏览窗口将素材拖曳到项目窗口中。

(3)浏览素材。双击项目窗口中的相应素材,可以打开剪辑窗口,使用剪辑窗口中的"播放"按钮浏览素材内容。这一步骤通常都是通过观看、浏览素材,对重新安排各种视频、图像的时间顺序进行总体构思。

(4)往时间线上添加素材。影片节目所需要的素材必须添加到时间线窗口中进行编辑,可以通过鼠标直接拖曳的方式完成。如图 3-49 所示,时间线窗口的默认视频轨道共有 3个,也可以通过"序列"菜单中的"添加轨道"命令添加视频或音频轨道。视频 2 和视频 3 通常用来添加影片的附加素材,包括片头、字幕、徽标以及一些插图等。主素材通常添加在视频 1 中,如果主素材还有音频,那么在时间线窗口中它的视频和音频部分长度相等而且同步,这叫作视频和音频的硬连接。硬连接指素材的视频和音频来自同一个文件,它们以同一个素材的形式呈现在时间线窗口和项目窗口中,移动它的视频或音频,另一个部分也将相应地移动。

图 3-49　时间线窗口

(5)本例中分别将图像文件拖放到时间线视频 1 轨道开始处,然后再使用拖动的方法依次将视频素材插入时间线视频 1 轨道中。通过"字幕"→"新建字幕"命令创建的字幕则添加在视频 2 轨道中,徽标图像 logo.jpg 添加在视频 3 轨道中。分别拖动轨道上素材片段的结束标记调整素材播放时间。

(6)在监视器窗口中预览影片,如图 3-50 所示。

(7)添加视频切换效果。视频切换又称过渡,是场景或镜头之间的切换方式。电影中场景的变换一般都是直接切换,依靠故事本身的魅力吸引观众;而电视则需要视觉效果多样化,利用切换效果来丰富视觉变换。在 Premiere 效果窗口中选中需要添加的视频切换效果,如本例选择"擦除"切换,利用鼠标直接将其拖动到轨道视频上或视频交叉处。如图 3-51

图 3-50　监视器窗口

图 3-51　视频切换效果参数设置及效果

所示,在"效果控制台"中可以浏览并控制切换效果。如果对添加的切换效果不满意,直接在添加的切换轨道上右击,在弹出的快捷菜单中选择"清除"命令即可。

（8）为影片配置音乐。通常情况下添加的视频片段中的声音不是连续的,我们希望给它配上一段连续的音乐。

（9）为有关素材添加视频特效。视频特效通过"效果"窗口打开,用鼠标拖动相应工具直接作用于需要添加特效的素材即可。本例中为 logo.jpg 添加了"颜色键控"视频特效,用于屏蔽徽标背景中的亮绿色,而只保留前景中的图像。

（10）选择"文件"菜单中的"存储"命令保存项目文件。在视频编辑过程中,项目文件应经常保存,防止信息意外丢失。

（11）导出视频文件。选择"文件"菜单中的"导出"→"媒体"命令,弹出如图 3-52 所示的对话框。在"导出设置"里面选择相应的导出格式和预置,单击"确定"按钮后,启动 Adobe Media Encoder 即可导出所要求的视频格式文件。

图 3-52 "导出设置"对话框

3.4.5 剪映移动版

剪映移动版,即剪映 APP,是一款功能非常全面的手机剪辑软件,能够让用户在手机上轻松完成短视频剪辑。在导入视频或照片素材后,剪映的编辑界面如图 3-53 所示,上方是预览区,在预览区域左下角位置的时间"00:06/00:33"表示当前时长和视频的总时长,中间按钮用来控制视频的播放,以及对视频编辑操作的撤回和恢复操作,右下角的按钮可全屏预览视频效果。

在时间线区域的视频轨道上,点击右侧的"+"按钮,可以在视频轨道上添加一个新的视频或照片素材。在时间线区域中,有一根白色的垂直线条,称为时间轴,上面为时间刻度。用户可以在时间线上任意滑动视频,查看导入的视频或效果。在时间线上还可以看到视频轨道和音频轨道,还可以增加字幕轨道。用双指在视频轨道上捏合,可以缩小时间线;反之,用双指在视频轨道上滑开,可以放大时间线,以实现对视频的精细剪辑。

界面最下方为功能区,其主要功能包括剪辑、音频、文本、贴纸、滤镜、特效、比例、背景、调节、美颜等。

下面通过两个案例介绍剪映 APP 视频剪辑并导出的过程。

【例 3-13】 "定格"效果。

"定格"功能能够将视频中某一帧画面定格并持续 3 秒。在视频精彩部分使用"定格"功能,可以使画面像被照相机拍成了照片一样定格,3 秒后画面又会继续播放。其制作步骤如下。

(1) 在剪映 APP 主界面,点击"开始创作"按钮,选择相应的视频或照片素材,点击"添加"按钮,即可成功导入选择的视频或照片素材,并进入编辑界面。其过程如图 3-54 所示。

图 3-53　剪映编辑界面

图 3-54　导入素材

数字媒体技术

（2）导入素材后,点击底部的"剪辑"按钮,进入剪辑二级工具栏,拖曳时间轴到需要定格的视频位置处,在剪辑二级工具栏中选择并点击"定格"按钮。此时,视频即自动分割并生成定格片段,该片段将持续3秒,如图3-55所示。

图 3-55　点击"定格"按钮

（3）返回主界面,然后点击"音频"按钮,选择并点击"音效"按钮,在音效选项卡中选择"拍照声1"选项并下载,然后点击"使用"按钮,添加一个拍照音效,如图3-56所示。将音效调整到合适的时间位置。

图 3-56　添加音效

（4）返回主界面。点击"特效"按钮,然后选择并点击"画面特效"按钮,搜索"逆光对焦"特效或在基础特效选项卡中找到并选择"逆光对焦"特效。如图 3-57 所示,点击"调整参数"按钮可对特效进行参数调整,如调整"逆光对焦"特效的曝光程度、对焦的速度和模糊的速度等。

图 3-57　添加"逆光对焦"特效

（5）适当调整"逆光对焦"特效的持续时间,然后点击右上角的"导出"按钮,视频将保存到相册和草稿,也可以选择分享视频到抖音或同步到西瓜视频,如图 3-58 所示。至此便完成了拍照定格效果的制作。

图 3-58　拍照定格效果

数字媒体技术

【例 3-14】 添加字幕效果。

在剪映 APP 中可以为视频添加字幕,也可以自动识别字幕、识别歌词,并设置字幕样式和贴纸效果。步骤如下。

(1)在剪映 APP 中导入一段视频素材,点击"音频"按钮,选择并添加一段合适的背景音乐,如图 3-59 所示。

图 3-59　插入音乐

(2)返回主界面,点击"文字"按钮,在文字二级工具栏中,单击"识别歌词"按钮,在弹出的"识别歌词"对话框中点击"识别歌词"按钮,如图 3-60 所示,开始自动识别音频中歌词。

(3)稍等片刻后,待歌词识别完成后,即可在字幕轨道上生成歌词文本。可以通过拖曳文本右侧的白色拉杆,调整文本的时长,使每个文本的结束位置与后一个文本开始位置相衔接。

(4)选择任意一段歌词文本,然后点击"编辑"按钮,在二级栏目中选择"样式"选项卡,设置字体颜色和样式。切换到"动画"选项卡,可以选择相应的动画效果,如图 3-61 所示。

(5)完成上述操作后,在预览区域中调整歌词文本的位置和大小,至此,完成歌词字幕的制作。

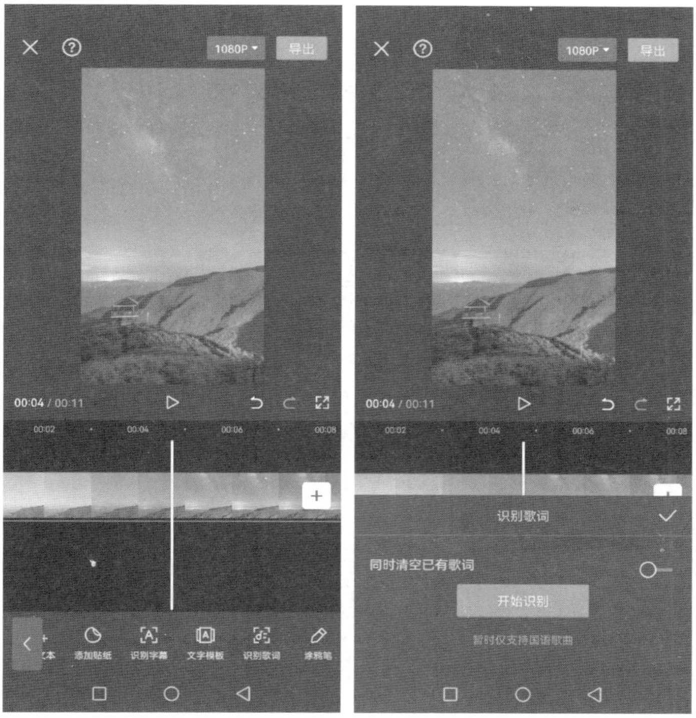

图 3-60 识别歌词

图 3-61 添加字幕动画

数字媒体技术

3.4.6 剪映专业版

剪映专业版是抖音继剪映移动版之后推出的在计算机端使用的一款视频剪辑软件,二者最大的区别在于基于的用户端不同,因此界面布局有很大不同。相较于剪映移动版APP,剪映专业版的界面及面板更清晰,布局更适合计算机端用户,也更适合更多专业剪辑场景,能帮助用户制作出更专业、更高阶的视频效果。剪映专业版的工作界面如图 3-62 所示。

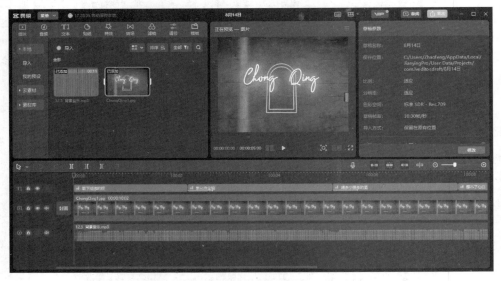

图 3-62　剪映专业版工作界面

剪映专业版的界面分区主要包括:

(1) 功能区:包括媒体、音频、文本、贴纸、特效、转场、滤镜、调节等功能,如图 3-63 所示。左侧工具栏位于视频编辑界面的左上角,需要配合顶部工具栏进行使用。用户在顶部工具栏中单击不同按钮时,左侧工具栏中对应的选项参数也不一样。

图 3-63　功能区

（2）素材库：用来存放素材的区域，当用户在顶部工具栏中单击不同按钮时，素材库也会相应进行切换，分别向用户展示音乐、贴纸、转场等素材。

（3）时间线：编辑和处理视频素材的主要工作区域，提供选择、切割、撤销、恢复、删除、定格、倒放、镜像、旋转、裁剪、自动吸附、时间轴相对长度等剪辑功能。

（4）操作区：提供画面、音频、变速、动画、调节五大调整功能，如图 3-64 所示，类似于 Premiere 中的效果空间，主要对功能区添加效果进行参数调整。"画面"选项卡中提供了"基础""背景"两个子选项卡。

（5）播放器：播放预览，调整视频尺寸。当用户导入素材后，可在素材库中单击素材，并在播放器中预览素材效果。

下面通过两个案例来演示剪映专业版的应用技巧。

图 3-64　操作区

【例 3-15】　文字成片。

剪映专业版具有文字成片功能，可以将一段文字内容直接生成视频，文本会生成解说音频，会自动添加背景音乐、自动生成一段解说视频。视频内带字母、带背景音乐、带解说音频，可以自己修改任意片段的视频素材，视频剪辑非常流畅，也比较有观赏性。通过 AI ＋剪映自动化操作，可以轻松一键生成大量的视频，视频创作成本降低，效率大大提高，特别是科普类故事类的视频创作。操作步骤如下。

（1）打开剪映专业版，单击"图文成片"按钮，在弹出的"图文成片"对话框中，设置主题为"壁画的发展历史"，话题为"讲故事形式"，视频时长"1—3 分钟"，单击"生成文案"按钮，如图 3-65 所示，选择合适的文案结果。

图 3-65　生成文案

数字媒体技术

（2）选择"纪录片解说"语音，单击"生成视频"按钮，选择"智能匹配素材"，稍等片刻，视频即生成完成，如图 3-66 所示。

图 3-66　生成视频

【例 3-16】　画面特效。

本案例通过一张照片、几个"光影"特效，配合音乐鼓点，完成一个光影交错的短视频画面效果。步骤如下。

（1）在剪映专业版中导入一张照片和一段背景音乐，并将其添加到视频轨道和音频轨道中。调整照片素材的时长，使其与背景音乐时长保持一致。

（2）选择背景音乐，拖曳时间指示器至音乐鼓点的位置，单击时间轴上方的"手动踩点"按钮，依次在背景音乐上添加多个节拍点，如图 3-67 所示。

（3）切换到"特效"功能区，在"画面特效"选项卡中搜索"泡泡变焦"特效，单击"泡泡变焦"特效中的"添加到轨道"按钮，即可添加一个"泡泡变焦"特效。拖曳时间轴上特效右边的白色拉杆，将其时长与第 1 个节拍点对齐，如图 3-68 所示。

（4）将时间指示器拖曳至第 1 个节拍点的位置，切换至"特效"功能区，搜索"暗夜彩虹"特效，并将其添加到轨道。拖曳特效右侧的白色拉杆，使其时长与第 2 个节拍点对齐。

（5）使用相同的方法，在各个节拍点的位置添加相应的画面特效，最终效果如图 3-69 所示。

（6）在预览区域预览效果后，导出视频。至此，完成画面特效的制作。

图 3-67　添加多个节拍点

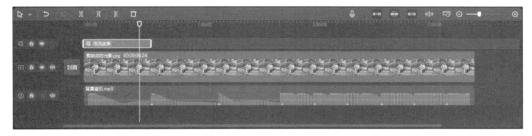

图 3-68　调整特效时长

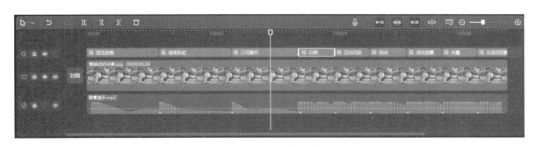

图 3-69　添加多个画面特效

第
3
章

数字媒体技术

习　题

一、单选题

1. 以下( )不是常用媒体类型。
    A. 感觉媒体　　　　B. 显示媒体　　　　C. 数字媒体　　　　D. 存储媒体

2. 多媒体技术的基本特征不包括( )。
    A. 集成性　　　　　B. 交互性　　　　　C. 实时性　　　　　D. 可转化性

3. 数字音频属性中的音频采样级别和( )有关。
    A. 采样位数　　　　B. 采样频率　　　　C. 音频通道　　　　D. 音频旋律

4. 以下( )不是常见数字音频格式。
    A. WAV　　　　　　B. MP3　　　　　　C. TIF　　　　　　D. MID

5. Photoshop 软件保存文件的格式中,能保留图层进行再编辑的是( )格式。
    A. JPG　　　　　　B. BMP　　　　　　C. PSD　　　　　　D. PNG

6. Photoshop 中利用仿制图章工具操作时,首先要按( )键进行取样。
    A. Ctrl　　　　　　B. Alt　　　　　　C. Shift　　　　　D. Tab

7. Photoshop 中( )工具可以返回到图像初始状态。
    A. 画笔　　　　　　B. 仿制图章　　　　C. 魔术橡皮擦　　　D. 历史记录画笔

8. Photoshop 中取消选区的快捷键是( )。
    A. Ctrl+D　　　　　B. Ctrl+T　　　　　C. Esc　　　　　　D. BackSpace

9. CMYK 模式的图像有( )个颜色通道。
    A. 1　　　　　　　B. 2　　　　　　　C. 3　　　　　　　D. 4

10. 在"色彩范围"对话框中为了调整颜色的范围,应当调整( )的数值。
    A. 反相　　　　　　B. 消除锯齿　　　　C. 颜色容差　　　　D. 羽化

11. 下列可以用来保存图像的颜色信息的是( )。
    A. 颜色通道　　　　B. Alpha 通道　　　C. 选区　　　　　　D. 调色板

12. 剪映中剪卡点视频时,想让某一帧画面延长,可以用( )。
    A. 分割　　　　　　　　　　　　　　　B. 定帧
    C. 定格　　　　　　　　　　　　　　　D. 截图导出图片再添加

13. 拉镜头是使被摄主体在画框中所占的比例( )。
    A. 越来越小　　　　B. 越来越大　　　　C. 没有变化　　　　D. 说不清楚

14. DV 的含义是( )。
    A. 数字媒体　　　　B. 数字视频　　　　C. 模拟视频　　　　D. 预演视频

二、填空题

1. 声音在数字化过程中,需要经过_____和_____两个主要环节。

2. 利用视觉暂留现象要想看到连续的画面效果,画面刷新率每秒至少要_____帧。

3. 在 RGB 模式中,RGB 表示_____三种颜色。

4. CMYK 模式是一种减色模式,图像中的每个像素由_____四种色彩组成。

5. 数据压缩分为有损压缩和无损压缩。JPG 格式的图像文件属于_____压缩。

6．HSB 模式中字母 H 的含义是_____。

三、简答题

1．什么是多媒体技术？请列举出常用的多媒体处理软件有哪些。

2．模拟音频和数字音频有什么区别？

3．在 Photoshop 中色彩模式包括 RGB 模式及 CMYK 模式，它们分别包含哪几种颜色？简述两者的不同。

第4章 新一代信息技术

随着科技的不断发展,新一代信息技术已经取代了旧的技术,成为了未来的主流。这些新技术以其高效、智能以及强大的功能赢得了大量用户的喜爱。本章从云计算与大数据、3D打印、物联网、VR技术、人工智能等多方面分析新一代信息技术的原理和应用,并探讨它们将如何影响人们的生活和面临的挑战。

4.1 云计算与大数据

4.1.1 云计算

1. 什么是云计算

云计算的英文全称为 Cloud Computing。目前对于云计算的定义,有多种说法。在维基百科中,云计算是将 IT 相关能力以服务的方式提供给用户,允许用户在不了解技术、没有相关知识或设备操作能力的情况下,通过 Internet 获取需要的服务。在百度百科中,云计算是基于互联网相关服务的增加、使用和交互模式,通常涉及通过互联网提供动态易扩展且常常是虚拟化的资源。用通俗的话来说,云计算就是将计算任务发布在大量计算机构成的资源池上,使各种应用系统能够根据需要获取计算能力、存储空间和各种软件服务。

互联网发展到今天,人类已经无法离开互联网而存在,日常会用到的微信、抖音、淘宝等都是面向个人用户的,打开就可以立即使用,里头有刷不完的好视频,逛不完的好商品。就好比人们去线下逛商场时,商场的商品会陈列在商店里,或者堆在仓库里,同样,玩手机刷到的视频、商品,也都需要一个"商店"或者"仓库"来存放,这个存放地就叫服务器。每次用户打开抖音、淘宝、手机本地的 APP,就会去这些硬件上存储的服务器中把人们想看的视频、内容取回来并且展示。

2. 云计算的服务形式

云计算的服务形式主要分为三种,从用户体验的角度出发,从最低层到最高层依次是基础设施即服务(IaaS)、平台即服务(PaaS)和软件即服务(SaaS),在理论上,三者提供的服务区别如图 4-1 所示。

(1)基础设施即服务(Infrastructure as a Service,IaaS)即把数据中心、基础设施等硬件资源通过 Web 分配给用户的商业模式,用户通过 Internet 可以从完善的计算机基础设施获得服务。简单来说,它就是云服务提供商提供基础设施,目前所有的 APP 产品、网站的产品都是部署在服务器上的,包括操作系统等。同时,IaaS 是完全自助服务,它由高度可扩展和自动化的计算资源组成,所以它允许用户按需求和需要购买资源,而不必购买全部硬件。

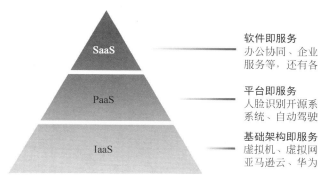

图 4-1　SaaS、PaaS、IaaS 的区别

常见的 IaaS 有虚拟机、虚拟网络，以及存储，通俗点理解就是云存储服务。如常见的阿里云、亚马逊云、华为云、微软云、中国电信云等，多数是对企业及对政府的 IT 最基础的服务，日常用户用到的不多。

（2）平台即服务（Platform as a Service，PaaS）即将软件开发的平台作为一种服务提供给用户。PaaS 为开发人员提供了一个框架，使他们可以基于它创建自定义的应用程序，这样用户就可以在这个平台上开发自己的东西，而所有的服务器、存储和网络都可以由企业或第三方提供商进行管理，开发人员可以负责应用程序的管理。PaaS 使得软件开发人员可以在不购买服务器等设备的情况下开发新的应用程序并部署在相关的基础设施上。

常见的 Paas 服务有人脸识别开源系统、语音识别系统、自动驾驶开源系统等。常见的如谷歌的图片、人脸识别平台，科大讯飞的语音识别平台，旷视科技的人脸识别平台，百度、高德的地图开放接口等。

（3）软件即服务（Software as a Service，SaaS）即通过互联网提供软件的模式，用户无须购买软件，而是使用在云基础架构上运行的云服务提供商的应用程序，来管理企业经营活动。在这种模式下，客户不再像传统模式那样在硬件、软件、维护人员上花费大量资金，只需要支出一定租赁服务的费用，通过互联网就可以享受到相应的硬件、软件和维护服务，这是网络应用最具效益的营运模式。

常见的 SaaS 有办公协同、企业 OA、财务报销、销售 CRM、第三方数据统计服务等，很多 B 端服务都是 SaaS，还包括各类的网盘（Dropbox、百度网盘等）。

读者可以通过下面两个案例理解三种服务之间的关系。

如果你是一个网站站长，想要建立一个网站。不采用云服务，那么你所需要的投入大概是买服务器，安装服务器软件，编写网站程序。现在你追随潮流，采用流行的云计算，采用 IaaS，那么意味着你就不用自己买服务器了，需要购买虚拟机，还需要自己装服务器软件；而如果你采用 PaaS，那么意味着你既不需要买服务器，也不需要自己装服务器软件，只需要自己开发网站程序；如果你再进一步，购买某些在线论坛或者在线网店的服务，这意味着你也不用自己开发网站程序，只需要使用开发好的程序，而且他们会负责程序的升级、维护、增加服务器等，而你只需要专心运营即可，此即为 SaaS。

如果你是一个餐饮业者，打算做比萨生意。你可以从头到尾自己生产比萨，但是这样比较麻烦，需要准备的东西多，因此你决定外包一部分工作，采用他人的服务。IaaS 表示由他人提供厨房、炉子、煤气，你使用这些基础设施来烤你的比萨。PaaS 表示除了基础设施，他

新一代信息技术

人还提供比萨饼皮。你只要把自己的配料撒在饼皮上,让他帮你烤出来就行了。也就是说,你要做的就是设计比萨的味道(海鲜比萨或者鸡肉比萨),他人提供平台服务,让你把自己的设计实现。SaaS 表示由他人直接做好了比萨,不用你的介入,到手的就是一个成品。你要做的就是把它卖出去,最多再包装一下,印上你自己的 Logo 等。

LaaS 类似一台服务器,而 PaaS 就是 Tomcat+MySQL 搭建的平台,而 SaaS 就是几千块一套的加一个 Logo 就能开业的电商网站。这比以前买了软件还需要安装到本地的方式要方便很多,这种云化的服务可用图 4-2 体现服务过程。

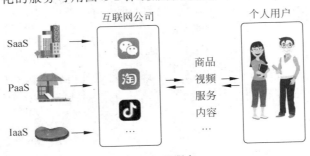

图 4-2 云服务

3. 云计算的优势

传统的大数据平台,计算和数据一般都在一起,而云上,计算可能是虚拟机,也可能是容器,其存储和计算是分离的。在云上,任何节点访问存储时,都是通过高速互联网把数据迁移到本地。因此,借助强大的计算性能,结合云计算平台的优势,从传统架构的大数据平台向云上数据的转变,将给用户提供更高的灵活性和管理性,并能够为用户节省大量的成本。

传统的 IT 环境构建是比较复杂的过程。从安装硬件、配置网络、安装软件、应用、配置存储等,许多环节都需要一定的技术力量储备。当环境发生改变时,整个过程需要重复进行,而不同的人安装配置的环境会有很大差异。因此,放在复杂的企业环境来考虑,即使有说明,仍然无法保证环境的一致性。

从服务器方面来看,云服务器在架构上和传统的服务器有着很大的区别。传统服务器包含处理器、存储、网络、电源、风扇等模块设备,而与传统服务器相比,云服务器关注的是高性能吞吐量计算能力,也就是在某段时间内的工作量总和。

随着 5G 的不断普及,我国率先进入人工智能时代,自动驾驶、工业互联、人脸识别、智慧医疗、云计算等不同场景的兴起,让互联网的业务愈加复杂,对于 IT 基础设施的要求也越来越高。

4.1.2 大数据

1. 大数据的定义

大数据是指规模巨大、复杂多样的数据集合,无法用传统的数据处理工具进行捕捉、管理、处理和分析的数据。它通常包括在数据存储、管理、分析、获取有价值信息等方面具有前所未有的复杂性和挑战性的数据类型与数据量。

2. 大数据的产生背景

随着信息技术的迅猛发展,尤其是云计算、物联网和社交媒体的普及,使得全球数据量呈现出爆炸性增长的趋势。在这些领域,人们每分每秒都在产生和分享大量的信息,海量的数据成为最具价值的财富。在信息传播极其迅速的今天,各种数据渗透着人们的生活,它们以指数级的速度增长,数据爆炸将我们带入大数据时代。大数据开始蔓延到社会的各行各业从而影响着我们的学习、工作、生活以及社会的发展,因此大数据的相关研究受到中央和地方政府、各大科研机构和各类企业的高度关注。

大数据技术的战略意义不在于掌握庞大的数据信息,而在于对这些含有意义的数据进行专业化处理。换言之,如果把大数据比作一种产业,那么这种产业实现盈利的关键在于提高对数据的"加工"能力,通过"加工"实现数据的"增值"。

从技术上看,大数据与云计算的关系就像一枚硬币的正反面一样密不可分。大数据必然无法用单台的计算机进行处理,必须采用分布式架构。它的特色在于对海量数据进行分布式数据挖掘,但它必须依托云计算的分布式处理、分布式数据库和云存储、虚拟现实技术。

3. 大数据的特征

大数据通常具有以下四个特征。

(1) 数据量大。大数据的第一个特点是数据量大。这包括各种来源和类型的大量数据,如社交媒体、企业数据库、传感器等。

(2) 处理速度快。大数据需要快速处理和分析大量数据,以支持实时决策和业务操作。

(3) 数据种类多。大数据涵盖了各种类型的数据,包括结构化数据(如表格和文档)、半结构化数据(如电子邮件和网页)和非结构化数据(如视频和音频)。

(4) 价值密度低。尽管大数据的规模巨大,但其中只有一部分是有价值的。因此,从大量数据中提取有价值的信息是一个重要的挑战。

4. 大数据的应用

(1) 在商业领域,大数据被广泛应用于市场营销、客户关系管理、供应链管理等方面(图 4-3)。通过分析大量的用户数据,企业可以更好地了解用户需求,提供个性化的产品和服务。大数据还能够帮助企业优化运营流程,提高效益和竞争力。

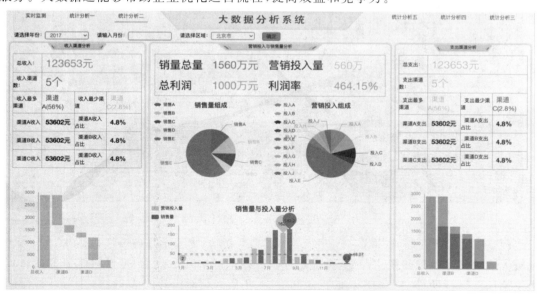

图 4-3 商业大数据应用

新一代信息技术

（2）在医疗领域,大数据被用于疾病预测、医疗诊断、药物研发等方面(图4-4)。通过分析大量的医疗数据,可以发现潜在的疾病趋势,提前采取预防措施;同时,大数据还能够帮助医生进行更精准的诊断,加速药物研发过程。

图 4-4　医疗大数据应用

（3）在城市规划领域,大数据被用于交通管理、资源配置、环境监测等方面(图4-5)。通过分析城市中的各种数据,可以更好地规划城市发展,提高城市的智能化水平。大数据还能够帮助解决交通拥堵、资源浪费等城市管理难题。

图 4-5　城市规划大数据应用

（4）在科学研究领域,大数据被用于天文学、生物学、物理学等各个学科(图4-6)。通过分析大量的实验数据和观测数据,科学家可以更好地理解自然规律,推动科学研究的进展。大数据还能够帮助科学家发现新的模式和规律,拓展人类对世界的认知。

图 4-6　科学研究大数据应用

综合而言,大数据在当今社会中发挥着日益重要的作用。多样性、大量性、高速性、低价值密度、真实性、变异性和可视性构成了大数据的基本特征,对数据的处理和应用提出了更高的要求。在不同领域,大数据正在改变着我们的生活和工作方式,为社会发展带来了新的机遇和挑战。在未来,随着大数据技术的不断发展,我们有理由期待更多创新性的应用和解决方案的涌现,推动大数据在各个领域的深入应用。

4.2　3D 打印

4.2.1　什么是 3D 打印

3D 打印是快速成型技术的一种,它是一种以数字模型文件为基础,运用粉末状金属或塑料等可黏合材料,通过逐层打印的方式来构造物体的技术,打印出来的产品,通常需要采用数字技术材料打印机来实现。

3D 打印和常见的普通打印有相似之处,需要提前在打印机中装上需要的材料,但不同之处是,普通打印机装的是墨水和纸张,而 3D 打印机装的是塑料、金属粉末、玻璃、橡胶等等各种材料。普通打印机在纸张上打印出来的是二维数据,而 3D 打印机打印出来的是立体的物品,如图 4-7 所示。

图 4-7　3D 打印产品

新一代信息技术

4.2.2　3D打印技术

3D打印技术常见的有立体光刻(SLA)、数字光处理(DLP)和熔融沉积成型(FDM)等。

SLA是原始的工业3D打印工艺。SLA打印机擅长生产具有高度细节、光滑表面光洁度和严格公差的零件。SLA零件上的优质表面光洁度不仅看起来漂亮,而且有助于零件的功能——例如,测试装配的配合。它广泛应用于医疗行业,常见的应用包括解剖模型和微流体。如图4-8所示,其原理是由一台计算机控制激光光束,通过CAD系统提供的设计数据,利用光束逐层固化液态的光敏树脂,这种层层黏结的方法是将激光的平面运动与平台的竖直运动相结合,制造立体物件。

图4-8　SLA 3D打印机

DLP类似SLA,因为它使用光来固化液态树脂。这两种技术的主要区别在于DLP使用数字光投影仪屏幕,而SLA使用紫外线激光器。这意味着DLP 3D打印机可以一次对整个构建层进行成像,从而提高构建速度。虽然经常用于快速原型制作,但DLP打印的更高吞吐量使其适用于塑料零件的小批量生产。如图4-9所示,其原理是将灯光发射出的光源通过冷凝透镜,将光均匀化,然后通过一个色轮(Color Wheel),将光分成RGB三色(或者更多色),再将色彩由透镜投射在DND上,最后经过投影镜头投影成像。

图4-9　DLP 3D打印机

FDM 是一种常见的塑料零件桌面 3D 打印技术。如图 4-10 所示,FDM 打印机的功能是将塑料细丝逐层挤出到构建平台上。这是一种经济高效且快速的物理模型制作方法。在某些情况下,FDM 可用于功能测试,但由于零件表面光洁度相对粗糙且强度不足,因此该技术受到限制。其原理是通过高温喷嘴熔融并挤出塑料线材,线材在平台或者已加工产品上堆积、冷却、固化,逐层累积得到实体。

图 4-10　FDM 3D 打印机

4.2.3　3D 打印应用领域

1. 建筑业和制造业

在建筑业和制造业中,3D 打印更多的应用还是在设计环节,而不是批量生产。很多零件在设计过程中,都需要实物测试,因为每一个零件都制造模具生产的成本很高,而 3D 打印就很方便,尤其在少量试验阶段,无须浪费较多成本在制造模具上,并且方便了个性化的定制。如图 4-11 所示,目前 3D 打印机已经能够打印出房屋、衣服、赛车等完整的作品,而不仅仅局限于小的零部件。

图 4-11　建筑 3D 打印

2. 文物保护

传统的文物复制方法大多是对文物进行翻模处理。不过,专家称这些复制方法会造成两种不利影响:首先,翻模后留下的翻模材料会对文物造成污染,难以去除;再者,翻模塑形出来的文物与原文物的相似度无法达到很高。

3D 打印技术在对文物的修复保护过程中,与传统的手段相比更加尊重文物原生性,在保护文物形状、颜色等原有形态的基础上,对文物进行一系列动作。如3D打印技术与传统复制技术相比,其不与文物直接接触,可最大程度降低人为操作对文物的损害。并且所得到的成品细节纹路可以与原物形貌吻合,尺寸也依据需求进行调整。这在传统的复制技术上根本无法实现。对于残缺严重文物的修复,也可结合计算机数据修补、数据复制等技术方式,对文物进行修复,这与之前的文物翻模手段相比,能有效避免翻模材料对文物的污染。除此以外,3D打印技术在文物考古方面也得到应用。文物考古物品属于不可再生资源,当考古人员对考古文物进行研究时,在保障全面考究文物又不损伤原始资源的情况下,便采用数字化3D打印的方式,按照考究所需的文物比例,进行复制还原。并且在数字化的支持下,可通过3D打印技术,将遗骸、遗物等进行模拟还原。

3. 食品领域

目前已经有很多公司推出3D食品打印,当然以西式快餐为主,中餐对烹饪要求太高,不适合这种流水线的生产模式。但并不是3D打印在食品方面就没有价值,3D食品打印能够以原始形状呈现食物,这些食物由新鲜果泥制成,具有自然气味,成为吞咽困难患者的福音。如图4-12所示,制作可爱的、个性化的小点心,复杂的蛋糕装饰,各种特色食谱,或者利用边缘检测技术将图像变成3D打印模具的冰淇淋,以及利用可食用的食物墨水(包括花生酱、能多益巧克力酱和草莓酱)制作芝士蛋糕等,食品的精确打印可以生产更多可定制的食品,提高食品安全性,并使用户能够更轻松地控制膳食的营养成分。美国宇航局NASA在2013年曾投资12.5万美元研发了一款3D食物打印机,所使用的比萨打印材料不是我们熟悉的面粉,而是营养粉、油和水。而这些营养粉的制造原料是昆虫、草和水藻。相对有优势的是,原材料的营养粉保质期长达30年,适合长距离的空间旅行。

图4-12　3D食品打印

4. 医疗行业

医疗行业现在已经能够成熟应用的3D打印是打印各种尺寸的骨骼,用于临床研究,甚至可以替代原来损坏的骨骼,目前已经成功给鸟换上3D打印的骨骼和喙。在研究的还有细胞打印,利用病人的细胞不仅能打印耳朵、鼻子等外部器官,甚至连心、肝、脾、肺、肾都能打印,跟传统从其他捐献者身上移植过来的相比有很大的优势,就是它的细胞是采自于病人本身的,所以不会有任何排异反应。目前已经成功给老鼠移植了卵巢并该老鼠已成功生了一只小白鼠。期待这项技术能够早日用在人体上,给有需要的病人提供帮助。

5. 生物领域

3D生物打印或生物3D打印是一种增材制造工艺,其中将有机或生物材料(例如活细胞和营养素)结合起来以创建类似组织的天然三维结构。换句话说,生物打印是一种3D打印,可以生产从骨骼组织和血管到活组织的任何东西,如图4-13所示。它用于各种医学研究和应用,包括组织工程、药物测试和开发,以及创新的再生医学疗法。3D生物打印的实际定义仍在不断发展。

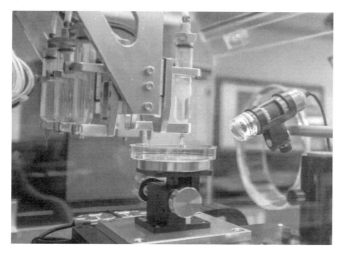

图4-13　3D生物打印

从本质上讲,3D生物打印的工作原理与熔融沉积成型3D打印类似,并且属于材料挤出系列,使用从针排出的材料(生物墨水)来创建打印层。这些被称为生物墨水的材料主要由活物质组成,例如载体材料中的细胞——如胶原蛋白、明胶、透明质酸、蚕丝、海藻酸盐或纳米纤维素,充当结构生长和营养物质的分子支架,提供支持。

4.3　物　联　网

4.3.1　什么是物联网

物联网的概念早在1999年提出,它的定义很简单:把所有物品通过射频识别等信息传感设备与互联网连接起来,实现智能化识别和管理。物联网的本质还是互联网,只不过终端不再是计算机(PC、服务器),而是嵌入式计算机系统及其配套的传感器。这是计算机科技发展的必然结果,为人类服务的计算机呈现出各种形态,如穿戴设备、环境监控设备、虚拟现实设备等。物联网主要是凭借约定好的协议将原来独立存在的各个设备进行彼此的相互连接,并最终成功实现智能识别、定位、跟踪、监测、控制和管理的一种网络,不需要人与人或人与设备之间进行互动。物联网简单来讲可以理解为"物物相连的网"。

2005年,国际电信联盟的一份报告曾描绘物联网时代的图景:当司机出现操作失误时汽车会自动报警;公文包会提醒主人忘带了什么东西;衣服会告诉洗衣机对颜色和水温的要求等。如图4-14所示,物联网技术主要包括RFID、传感器、二维码、视频识别、无线通信、

新一代信息技术

GPS 和无线扫描等,物联网把新一代信息技术充分运用到各行各业中,实现人类社会与物理系统的整合。

图 4-14　物联网技术

4.3.2　物联网如何工作

物联网系统包括通过某种形式的连接与云进行通信的传感器/设备。一旦数据到达云端,软件就会对其进行处理并决定是否执行操作,例如调整传感器/设备,而无须用户输入或发送警报。

完整的物联网系统有四个不同的元素:传感器或设备、连接、数据处理和用户界面。

其中,传感器或设备从其环境中收集数据。设备可能具有多个传感器,例如,智能手机包含 GPS、摄像头、加速度计等。从本质上讲,传感器或设备出于特定目的从环境中收集数据,然后根据需要将其发送到云端。它以不同的方式做到这一点,包括 Wi-Fi、蓝牙、卫星、低功耗广域网(LPWAN)或通过以太网直接连接到互联网。特定的连接选项将取决于物联网应用程序。一旦数据到达云,软件就会对其进行处理,并可能决定执行操作。这可能涉及发送警报或自动调整传感器或设备,而无须用户输入。如果需要用户输入或用户想要检查系统,用户界面将启用此功能。用户执行的任何操作都通过系统以相反的方向发送。从用户界面到云,再回到传感器/设备,以进行请求的更改。未来,物联网越来越多地使用人工智能(AI)和机器学习,人工智能驱动的物联网创造了智能机器,可以在很少或没有人为干扰的情况下实现智能行为和决策。

4.3.3　物联网的应用

目前,物联网产业的发展正在飞速进行,从智能仓库、智能家居、智能交通、医疗健康、智能玩具、机器人等向可穿戴设备领域进行延伸。物联网将通过发展智能硬件不断渗透多元的消费场景,从而营造出更加美好的生活环境,也就是生活变得更加便利、舒适、安全、节能。

物联网能准确地提供仓库管理各个环节数据的真实性,对于生产企业,可以根据这个数据合理地把控库存量,调整生产量。利用库位管理功能,可以准确提供货物库存位置,这就大大提高了仓库管理的效率。通过在物流商品中植入传感芯片(节点),供应链上的购买、生产制造、包装/装卸、堆栈、运输、配送/分销、出售、服务等每个环节都能无误地被感知和掌握。

通过物联网对家庭里面的每一件智能家居,像电灯、电视、空调等进行远程控制,从而带给我们的生活更多的便利。对于日常用户来说,可穿戴设备可能是物联网最明显的方面。这些包括健身追踪器、智能手表、智能眼镜、虚拟现实耳机等。

自动驾驶汽车通常具有基于物联网的技术系统,该系统共享有关车辆本身以及行驶道路的信息。有关交通、导航、外部环境等数据由汽车的计算机系统收集和分析,使其能够自行驾驶。物联网将整个交通设备连在一起,以图像识别为核心技术,可以准确地收集到交通车流量信息,通过信号灯等设备进行流量的控制。

RFID取代零售业的传统条码系统(Barcode),使物品识别的穿透性(主要指穿透金属和液体)、远距离以及商品的防盗和跟踪有了极大改进。

利用物联网技术,实现患者和医务人员、医疗机构、医疗设备的互动,实现医疗智能化。物联网医疗设备中的传感器与移动设备可以对患者的生理状态进行捕捉,把生命指数记录到电子健康文件中,不仅自己可以查看,也方便了医生的查阅,实现远程的医疗看病,很好地解决当前的医疗资源分布不均、看病难的问题。

4.4　VR 技术

4.4.1　什么是 VR

VR 是 Virtual Reality 的缩写,中文翻译为"虚拟现实",最早由美国的乔·拉尼尔在 20世纪 80 年代初提出,1990 年 11 月 27 日,钱学森将虚拟现实翻译为"灵境",又称灵境技术。VR 技术是集计算机技术、传感器技术、人类心理学及生理学于一体的综合技术,其原理是通过利用计算机仿真系统模拟外界环境,产生一个逼真的三维视觉、触觉、嗅觉等多种感官体验的虚拟世界,从而使处于虚拟世界中的人产生一种身临其境的感觉。VR 技术是仿真技术与计算机图形学、人机接口技术、多媒体技术、传感技术、网络技术等多种技术的集合,是一门富有挑战性的交叉技术、前沿学科和研究领域。

从内容上看,VR 技术主要包括模拟环境、感知、自然技能和传感设备等方面,如图 4-15所示。模拟环境是由计算机生成的、实时动态的三维立体逼真图像。感知是指理想的 VR应该具有一切人所具有的感知。除计算机图形技术所生成的视觉感知外,还有听觉、触觉、力觉、运动等感知,甚至还包括嗅觉和味觉等,也称为多感知。自然技能是指人的头部转动、眼睛、手势或其他人体行为动作,由计算机来处理与参与者的动作相适应的数据,并对用户的输入做出实时响应,并分别反馈到用户的五官。传感设备是指三维交互设备。当下全球VR 设备主要以眼镜和头盔为主,国内目前有许多生产虚拟设备的厂家和创业公司,大多数利用的是以手机为载体,利用手机内置的重力感应对头部的旋转进行捕捉,同时利用 3D 眼镜实现手机屏幕上的 3D 效果。这样的设备大多数只能跟踪到使用者头部的旋转。更高级一些的虚拟现实设备可以做到对使用者的手部或者腿部动作进行局部捕捉并同步到虚拟世界,使人产生更真实的浸入感。目前还在发展的一个种类是现实增强型,佩戴者可以戴着设备在现实世界随时移动,设备会根据现实世界的变化给出反馈。

图 4-15　VR 技术

随着计算机仿真、人工智能以及物联网等技术的发展，一些与虚拟现实相关联的技术应用也应运而生，如增强现实（Augmented Reality，AR）、混合现实（Mixed Reality，MR）、扩展现实（Extended Reality，XR）等，它们之间既有区别，又密切相关。

AR 通过计算机技术，将虚拟对象包括图像、视频、3D 模型等应用到现实世界，即视野中仍然有现实世界的影像，但是在影像之上额外叠加虚拟的物体，叠加的物体需要跟现实场景有实时的"互动"，如能贴合到墙壁上、能放置在桌子上等，是将真实世界信息和虚拟世界信息"无缝"集成的新技术。

MR 既包括增强现实又包括增强虚拟，是现实与虚拟数字对象共存并实时互动的可视化环境，强调虚实内容的完美结合。现实生活中可以将真实物件融入虚拟环境，如虚拟演播室、虚拟制片等，也可以将虚拟场景融入真实空间，如合影游戏、虚拟试衣等。以裸眼画面为原点，数字信息不断增加即为 AR；到极限点时，即为 VR；MR 则通过感知层次的累加，虚实结合。

XR 是一种覆盖性术语，通常是指通过计算机技术和可穿戴设备产生的一个真实与虚拟结合、可人机交互的环境。XR 包含了 VR、AR、MR 及其他因技术进步而可能出现的新型沉浸式技术，与 VR、AR 和 MR 相比，XR 更强调虚拟世界与现实世界的弥合，以缩小人、信息和体验之间的距离壁垒，具有情景感知、感觉代入、自然交互和编辑现实等特征。

4.4.2　VR 基本特征

从技术层面上看，VR 具有三个最突出的特征：沉浸感（Immersion）、交互性（Interaction）、想象性（Imagination），常被称为虚拟现实的 3I 特征。

1. 沉浸感

沉浸感是指用户感受到被虚拟世界所包围，好像完全置身于虚拟世界之中一样，用户在虚拟空间中成为参与者，沉浸其中并参与虚拟世界的活动。虚拟现实艺术是通过声、光、电技术在现代展示艺术中的应用。与传统的声、光、电技术所表现出的纯粹电子视觉不同，虚拟现实的声、光、电技术更加注重物理真实、感官真实性，同时通过立体显示技术呈现出更为让人沉浸其中的逼真三维视觉效果。

2. 交互性

交互性是指用户可对虚拟世界物体进行操作并得到反馈,如用户可在虚拟世界中用手去抓某物体,眼睛可以感知到物体的形状,手可以感知到物体的重量,物体也能随手地操控而移动。交互性的产生,主要借助于虚拟现实系统中的特殊硬件设备,如数据手套、力反馈装置等,使用户能通过自然的方式,产生与在真实世界中一样的感觉。虚拟现实系统交互性的另一个方面主要表现在交互的实时性。

虚拟现实技术所带来的沉浸式交互的特性也给现代展示艺术带来了新的魅力。在当代艺术中,越来越多的当代艺术家倾向于把作品做得能够与现场观众进行互动,其实在某种程度上也是受信息技术本身发展的影响。

3. 想象性

想象性是指虚拟的环境是人想象出来的。虚拟世界极大地拓宽了人在现实世界的想象力,不仅可想象现实世界真实存在的情景,也可以构想客观世界不存在或不可发生的情形。这种亦幻亦真、现实与虚拟的纠缠常常引发人们无限的思考,这种源于现实,又超越现实的想象,本身就已经跨越了技术而成为一种艺术,不断地启迪和开发人们的创造性思维。

不难看出,虚拟现实技术的沉浸感、交互性和想象性有其特有的优势与魅力,它的这些特性所带来的全方位、多维度的自由化的交互体验使得人类能够跨越时间和空间,而逼真的三维场景与视听效果使用户沉浸其中,在这种积极的状态下与虚拟空间对象进行能动的交流,从而可以分解、接受或改变原先的观念。

4.4.3 VR 关键技术

VR 技术近年来取得了不错的发展,其关键技术在不断演化和创新,具体主要包括显示技术、追踪技术、交互技术和动态环境建模技术等。

1. 显示技术

显示技术是 VR 技术中至关重要的一环。在虚拟现实中,用户需要通过头戴式显示器或者投影系统来观看虚拟环境。显示技术的发展直接影响到用户的沉浸感和视觉体验。目前,主流的 VR 显示技术包括液晶显示屏(LCD)、有机发光二极管(OLED)和全息显示等。

液晶显示屏具有高分辨率和低成本的优势,但存在视场角度较窄的限制。OLED 显示屏具有更高的对比度和更快的响应时间,能够提供更逼真的图像效果。全息显示技术则可以为用户提供更加逼真的立体图像,但目前仍然处于试验阶段。如图 4-16 所示为一款基于 PC 的轻型化 VR 头显设备。随着显示技术的不断突破,未来将会出现更高分辨率、更广视场角和更真实的 VR 显示设备。

图 4-16　基于 PC 的轻型化 VR 头显设备

2. 追踪技术

追踪技术是 VR 体验中的关键环节。追踪技术可以跟踪用户的头部和手部动作,使用户在虚拟环境中能够自由地移动和交互。目前,常用的追踪技术包括惯性追踪、光学追踪和电磁追踪等。惯性追踪基于陀螺仪和加速度计等传感器,可以实时测量用户的头部姿态和位置,但是存在累积误差的问题。光学追踪利用激光方案和红外光学标记,可以精确地追踪用户的位置和动作,但是需要在使用的区域内安装多个传感器,且可运行的活动区域也比较有限,如著名开发商 Valve 为 HTC Vive 一手打造的 Lighthouse 激光定位系统,就是利用横向和纵向对空间进行扫描,并通过激光识别空间内的 HTC 头显和 Vive 手柄,从而获得位置和方向信息的办法,其工作原理如图 4-17 所示。电磁追踪则利用电磁感应原理,通过感应器和发射器来实现对用户的追踪,具有较高的精度和稳定性。我们可以期待更先进的追踪计算,如深度相机和传感器融合等,以提供更加精准、无延迟的用户体验。

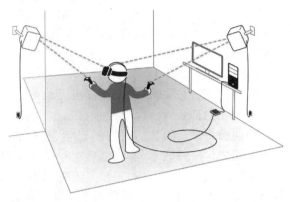

图 4-17　Lighthouse 激光定位系统

3. 交互技术

交互技术在 VR 技术中也起着至关重要的作用。交互技术使用户能够与虚拟环境进行实时互动,增强了用户的参与感和沉浸感。目前,常见的交互技术包括手柄控制器、手势识别和眼球追踪等,有些产品还加入了语音识别和三维定位技术来辅助交互。手柄控制器利用按键和触摸板等控制元素,可以模拟用户在虚拟环境中的手部动作和操作。手势识别技术通过摄像头或深度相机来捕捉用户的手势和动作,实现自然而直观的交互方式,如图 4-18 所示。眼球追踪技术则可以跟踪用户的视线,实现凝视交互和目光焦点控制。未来,我们可以期待更先进的交互技术的发展,如脑机接口和触觉反馈等。脑机接口技术可以通过读取用户的脑电波活动来实现思维控制,使用户能够通过意念进行交互。触觉反馈技术则可以模拟真实触感,使用户在虚拟环境中感受到触摸和力度等物理反馈。

图 4-18　VR 手势识别

4. 动态环境建模技术

除以上技术外,VR技术的发展还离不开计算能力和内容创作。高性能的计算设备和图形处理单元(GPU)可以利用动态环境建模技术实时渲染复杂的虚拟场景,提供流畅的视觉效果。其主要任务是模拟真实物体的物理属性,即物体的形状、光学性质、表面纹理的粗糙程度,以及物体间的相对位置、遮挡关系等,以确保渲染的虚拟场景尽可能真实,如图4-19所示。内容创作方面,VR还需要丰富多样的虚拟环境和应用程序,以满足用户的不同需求和兴趣。随着计算设备的不断进化和内容创作工具的完善,未来将进入一个更加沉浸式、多样化的虚拟世界,为用户带来前所未有的体验和可能性。

图 4-19   VR高清场景

4.4.4   VR开发软件

VR是由软件和兼容硬件组合而成的完全3D环境,这使用户完全沉浸在3D环境中,使他们能够以看似真实的方式与虚拟世界进行交互。VR开发软件有众多选择,这些软件提供了强大的功能和工具,帮助开发设计者创建沉浸式的虚拟体验。在选择合适的开发软件时,开发设计者应考虑项目需求和个人技术背景,并充分利用这些软件的功能和资源,为用户带来令人难忘的VR体验。以下是常用的几款软件。

1. 3ds Max

3ds Max是一套基于PC系统的三维动画渲染和制作软件,被广泛应用于广告、影视、工业设计、建筑设计、三维动画、多媒体制作、游戏、辅助教学以及工程可视化等领域。

2. Maya

Maya与3ds Max同属Autodesk公司,是一款功能完善、工作灵活、制作效率极高、渲染真实感极强的三维动画制作工具。

3. Blender

Blender是一款强大的三维建模和动画软件,也可用于VR开发。它提供了广泛的建模和渲染工具,能够创建复杂的虚拟场景和角色。Blender还支持Python脚本扩展,使得开发设计者可以自定义工作流程和功能。虽然Blender并非专门为VR开发设计,但它的功能和灵活性使得它成为一个有吸引力的选择。

4. Unity 3D

Unity 3D 是目前流行的跨平台游戏引擎之一,也是 VR 开发设计者的优先选择工具之一。它提供了丰富的功能和工具,包括高质量的图形渲染、物理模拟、动画系统等。Unity 3D 还支持几乎所有的 VR 设备,如 Oculus Rift、HTC Vive 等,开发设计者可以基于 Unity 3D 创建逼真的虚拟世界,并轻松实现用户与虚拟环境的交互。

5. Unreal Engine

Unreal Engine 是另一款非常流行的游戏引擎,也广泛应用于 VR 开发。它提供了强大的图形渲染和物理模拟能力,可用于构建逼真而细致的虚拟世界。Unreal Engine 还拥有友好的开发界面和脚本语言,方便开发设计者进行定制和扩展。与 Unity 3D 类似,Unreal Engine 也支持多种 VR 设备,同样可以用于制作虚拟现实和增强现实应用,包括 VR 全景图的制作。

4.5　人 工 智 能

人工智能(Artificial Intelligence,AI)是一种通过计算机程序来模拟人类智能思维的技术,它可以实现人类的认知和思维活动。通过这种技术可以完成许多复杂的任务,如图像识别、语音识别、自然语言处理、决策制定等。

人工智能的发展涉及多个学科,包括机械工程、电子工程、材料科学等。人工智能技术也包括许多不同的领域和技术,例如机器学习、深度学习、自然语言处理、计算机视觉等,这些技术都是为了实现人工智能而发展起来的。

4.5.1　人工智能与艺术的结合

伴随 5G、AI 科技的进步,艺术与科技的跨界融合发展进入全新时期,推动当代艺术向多元化、数字化、跨媒介化方向不断发展。人工智能艺术是一种使用算法进行创作的新的艺术形式,它的兴起正在全世界刮起一轮新的科技艺术风暴。

2019 年 10 月,有史以来首次使用人工智能创作的艺术作品《爱德蒙·德·贝拉米肖像》(Portrait Of Edmond de Belamy,2018,如图 4-20 所示)在纽约佳士得被拍卖,最终成交价格(含佣金)为 43.25 万美元,成为人工智能艺术的里程碑事件。这幅画是由一个巴黎艺术团体 Obvious 输入 15 000 多幅 14 世纪到 20 世纪之间的世界名画到 Eerie AI 系统,让 AI 系统不断地进行绘画训练,最终 AI"创作"出了这幅肖像画。肖像的签名揭示了创作者的虚拟身份,也就是"生成对抗性网络"(Generative Adversarial Network,GAN)的算法。

《爱德蒙·德·贝拉米肖像》不是一件偶然的事情,目前有不少艺术家正在计算机科学家的帮助下,利用 AI 来创作艺术作品,并且取得了不可小觑的成就。通过成千上万的在线艺术数据库,AI 现在有能力识别各种各样的艺术风格,从而创作和输出自己的作品,最终创造出新的风格。

4.5.2　人工智能艺术的发展

随着 1946 年电子计算机的诞生,以及伊凡·苏泽兰(Ivan Sutherland)提出计算机图形学(Computer Graphics,CG)并被更多专家不断深入研究的同时,逐渐成就了计算机绘画、

图 4-20 《爱德蒙·德·贝拉米肖像》

数字媒体艺术及新媒体艺术等。1952 年,由本·拉波斯基(Ben F. Laposky)用示波器创作的《电子抽象》(Electronic Abstractions,如图 4-21 所示)可以称为最早的计算机艺术作品。

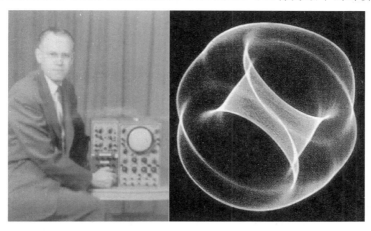

图 4-21 本·拉波斯基与《电子抽象》

随着电子计算机和数字艺术的技术进步,人工智能艺术也在不断进化。数字艺术作为一种新认知方式的艺术类型,对艺术作品进行重新构建,基础是由科学引发的认知革命所完成的。虽然从某些人的角度来看,科学带来的确定性正是艺术所不屑一顾和反对的,而确定性正是抽象思维的一个终极目标。思维的确定性后探讨随机性表现才是数字艺术的核心,这与传统艺术通过经验完成抽象的过程,有着截然不同的认知方式。传统绘画是笔尖与纸张的摩挲碰撞,数字艺术画则是艺术与先进技术的完美结合。

把数字艺术作为一种单独的艺术门类提出,将是一种等同于绘画、雕塑等已有的,并且有别于新媒体艺术的一种新的艺术类型,是基于科技对艺术及哲学的影响,它所依托的话语环境与艺术有关,但并不能完全符合传统艺术在审美体验上、艺术观念上的价值构建。数字艺术可以包括数字绘画、数字影像、数字雕塑、数字装置等,图 4-22 所示为数字艺术家 Chad

Knight 的 3D 数字雕塑作品。而这些类型的核心观念都是基于运算和数据来完成的，这区别于传统的新媒体或者机械艺术对媒介新的要求。

图 4-22   3D 数字雕塑(Chad Knight)

比较广义地理解新媒体艺术，可以把它归类于数码艺术（Digital Art）；或者按另一个时髦的定义，它们大多是 Time Based Media Art，即时间成为作品组成的一个重要部分。艺术作品如果简单地归为二维作品和三维作品（二维作品如绘画、摄影、印刷品等，三维作品如雕塑、装置等），Time Based Media 这个概念则将艺术品扩展到了四维空间，即包括了时间的参与，还有观者的感知（交互性、沉浸感）。如图 4-23 所示，由格兰莫颐文化艺术集团（GLA）主办的"瑰丽·犹在境"沉浸式数字意境展即为新媒体艺术的典型代表，从《千里江山图》《洛神赋图》《百花图卷》三幅古画中取"意象"元素，注入现代美学语言，通过装置、互动、演绎等科技交互，立体地呈现画作中繁多的情景与情感。

图 4-23   "瑰丽·犹在境"沉浸式数字意境展(格兰莫颐文化艺术集团)

数据艺术是指一种利用数据可视化技术和交互设计的手段来表现艺术作品的艺术形式。数据可视化是数据艺术的核心,艺术家可以通过处理数据,将复杂的数据关系转换为具有美学价值的可视化作品。数据艺术为人们提供了一种全新的方式去感知和理解复杂的数据信息。图 4-24 所示为奥地利 Herwig Scherabon 的"洛杉矶和芝加哥的收入差距",通过将抽象的数据转换为易于理解和欣赏的形式,数据艺术帮助人们更好地认识到数据的价值和意义。数据艺术也促进了科学与艺术之间的交流与合作。

图 4-24 《洛杉矶和芝加哥的收入差距》(Herwig Scherabon)

生成艺术是指全部或部分使用自动系统的辅助进行艺术创作的一种形式,是一种用算法生成新思想、形式、颜色或图案的过程。生成艺术家使用 Processing 或者 p5.js 等软件创建代码,将创意转换为一组规则,指导计算机遵循这些规则来创作达到期望值作品。例如,斯托克(Mark J. Stock)是将自然与计算相结合的生成艺术家、科学家和程序员。他的作品探索了自然界与其模拟对应物之间的张力,即有机与无机、数字与模拟之间的张力。

在作品 Sprawal(图 4-25)中,斯托克创建了一个混乱的分支结构,该结构生长在规则的块上,斯托克使用表面生长算法模拟了它的黑暗成长。

安德斯·霍夫(Anders Hoff)是一位对图案着迷的生成艺术家,他的作品 Inconvergent (图 4-26)探索从简单规则组成的系统中可以得到的有趣且复杂的行为,以及如何使用算法来创建美学构图、结构和纹理。该项目的灵感范围从自然现象、几何和数学到建筑和写作系统。

图 4-25 Sprawal(斯托克)

图 4-26 《Inconvergent》(安德斯·霍夫)

陶锋提出"人工智能美学"(The Aesthetics of Artificial Intelligence)的概念,他认为"人工智能美学研究的是在人工智能技术发展过程中所出现的与美学有关的一些问题,其主要内容包括人工智能对人类感性(包括情感)和艺术的模拟、人工智能艺术的风格与鉴赏、人工智能视野下人类情感和艺术的本质问题等,其方法主要是哲学和美学的,并需要结合诸多跨学科如脑科学、神经科学、生物进化等理论以及人工智能领域最新进展来进行研究"。

人工智能艺术的创意依赖于程序与算法,而程序与算法依赖于清晰的逻辑,而基本的逻辑是艺术创作过程的可分解、可流程化、环节关系清晰、可表征及可数据化。

4.5.3 人工智能艺术的新奇性和原创性

人工智能艺术的新奇性:从有生有。GAN(Generative Adversarial Networks,生成对抗网络)通过让人工智能学习、模仿艺术史中的经典作品,模拟生成类似风格的作品。由于程序对比标准是现有的样本,因此生成的内容实质上是对现有内容的无限逼近模仿,也意味着它无法真正突破。

人工智能艺术的原创性:从无生有。CAN(Creative Adversarial Networks,创意对抗网络)与 GAN 最主要的区别在于,GAN 只能模仿某类风格,而 CAN 通过(中等)偏离学习的风格来提升生成艺术的唤醒潜能而成就其创造性。随机函数的随机性在某种程度上促进了人工智能艺术的"原创性"。CAN 在"原创性"上则表现较为优秀。

4.5.4 人工智能艺术与传统计算机艺术

人工智能艺术与传统计算机艺术的不同,在于人们试图使得计算机拥有如人类那样的视觉感知、情感体验以及想象力、创造力等能力。艺术家们已经不是简单地将计算机视为画笔一样的工具,而是试图创作程序,让计算机能够一定程度上独立作画了。

与传统艺术家不同的是,生成艺术家使用计算机可以以毫秒为单位生产数千个想法,这种方法极大地减少了艺术和设计的探索阶段,并常常带来令人惊讶且复杂的新成果。

人工智能的一个重要前提是大数据。借助云计算技术,由机器操控数据来进行结果判断和帮助决策,这叫模式识别。模式识别的本质是通过数据描述,使机器对事物或现象进行描述、辨认、分类和解释。

人工智能艺术以对数据库的调用与计算来塑造自身和世界。数据库像一个包含无限虚拟有机体的艺术基因库,机器操控它们来创造实物或"生命形态"。可以说,支撑人工智能艺术的是一种数据操控的美学。

4.5.5 AIGC

2022 年底,GPT3 和 ChatGPT 的发布,标志着一个新的内容生产时代的来临。AIGC 这个概念也在 2023 年开始流行。AIGC 全称是 Artificial Intelligence Generative Content,即人工智能生成内容。AIGC 是一种前沿和创新的人工智能技术,它的核心思想是利用人工智能模型,根据给定的主题、关键词、格式、风格等条件,自动生成各种类型的文本、图像、音频、视频等内容。

1. AIGC 的基础

AIGC 的基础是大语言模型(Large Language Model,LLM),简称大模型。人工智能的涌现能力就来源于大语言模型。根据用途的不同,大模型可以分为文本类、图片类、视频类。

文本类大模型是基本大模型,主要用来实现对话、文本生成、代码生成等,以 GPT 为代表。

图片类大模型是用来生成图片的大模型。可以实现文本生成图片(Text to Image)和图片生成图片(Image to Image)。目前,最热门的图片类大模型主要是 Midjourney、Stable Diffusion 和 DALL.3 等,三者在算法、运行环境、生成效果和机器性能要求上有很大不同。根据 Everypixel Journal 公布的统计报告,自 2022 年以来,过去 18 个月时间里,人工智能使用文本转图像算法创建了超过 150 亿张图片,而从 1826 年拍摄第一张照片到 1975 年,人类摄影师花了 150 年的时间才达到 150 亿张。2022 年 8 月,在美国新兴数字艺术家竞赛中,参赛者杰森·艾伦用 AI 绘画软件生成的绘画作品——《太空歌剧院》(图 4-27)去参加比赛,获得了第一名,并获得丰厚的奖励。

图 4-27 《太空歌剧院》(杰森·艾伦)

视频类大模型是用来生成视频的大模型,主要有文字生成视频、图片生成视频和视频生成视频三种。目前,最热门的视频类大模型主要有 Stable Video Diffusion、Runway Gen-2 和 Pika 等。2024 年 2 月,OpenAI 发布首个 AI 视频模型 Sora,可根据文本指令生成 60 秒视频,可生成具有多个角色、特定类型运动及精确主题和背景细节的复杂场景,并在单个生成视频中创建多个镜头,准确保留角色和视觉风格。生成视频的花絮截图如图 4-28 所示。除了能根据文本指令生成视频外,这款模型还能将现有的静态图像转换为视频,精确、细致地赋予图像中内容以生动的动画,模型还能扩展现有视频或补全缺失的帧。

图 4-28　Sora 生成的视频花絮

2. AIGC 的关键

AIGC 的关键在于提示词(Prompt)、上下文(Context)和 AI 代理(AI Agent)。

和大模型的交互需要使用提示词,包括聊天、生成文本、生成图像、生成视频等都是用提示词和大模型交互实现的。生成什么样的内容?内容的质量如何?在大模型一样的前提下,提示词的不同,会让最后的结果千差万别。所谓的用自然语言和人工智能交互,说的就是提示词。

大模型是可以根据一定长度的上下文来理解提示词的。各个大模型对上下文长度限制也是不同的,一般来说,上下文长度越长,那么,对提示词的理解越接近提出这个提示词的人的想法。对于 AIGC 应用来说,有多轮对话模式和单轮对话模式。多轮对话模式使用大模型上下文。单轮对话模式不使用大模型上下文。对于很多内容生成的场景,不需要上下文,只要单轮对话模式即可。

AI 代理就是给大模型定义的一个角色。先给大模型定义一个角色,然后让这个角色完成用户指定的任务。例如,对 GPT 写一个短篇小说来说,写同一个主题、同一个标题的短篇小说,不定义角色和定义角色的生成差别会很大。

3. AIGC 的优势和挑战

AIGC 的优势在于它可以突破人类创作的限制,实现无限的内容创造。它可以根据用户的需求和偏好,生成符合用户期望的内容,提高用户满意度和忠诚度。它也可以节省人力和时间成本,提高内容生产的效率和规模。它还可以创造出人类无法想象的新颖和有趣的内容,拓展人类的知识和视野。

AIGC 的挑战在于它需要解决一些技术和伦理方面的问题。技术方面,AIGC 需要不断提升人工智能模型的性能和质量,保证生成内容的准确性、合理性、逻辑性、一致性等。它也需要考虑如何处理多语言、多媒体、多风格等复杂的内容生成场景,以及如何评估和优化生成内容的质量和效果。伦理方面,AIGC 需要遵守相关的法律和规范,防止生成内容涉及侵权、抄袭、造假、诽谤、暴力、色情等不良信息。它也需要尊重用户的隐私和权利,保护用户的数据安全和知识产权。

习　　题

一、单选题

1. 生成艺术家使用(　　)等软件创建代码,将创意转换为一组规则,指导计算机遵循这些规则来创作达到期望值作品。

  A. Ultra Fractal   B. Mandelbulb 3D

  C. Everypixel   D. Processing 或 p5.js

2. (　　)是指一种利用数据可视化技术和交互设计的手段来表现艺术作品的艺术形式。

  A. 新媒体艺术   B. 数据艺术   C. 数字艺术   D. 可视化艺术

3. (　　)是 OpenAI 开发的人工智能聊天机器人。该聊天机器人基于一定的语言模型,经过训练可以对用户给出的指令做出详细响应,并利用其语言处理技能来确定用户的目的。

  A. ChatGPT   B. 虚拟人   C. CG   D. AI

4. 人工智能生成内容(Artificial Intelligence Generated Content)简称(　　)。

  A. Prompt   B. AIGC   C. AGC   D. GAN

二、填空题

1. 虚拟现实的突出特征包括_____、_____和_____,常被称为虚拟现实的 3I 特征。

2. 3D 打印技术常见的有_____、_____和_____。

3. AIGC 的关键在于_____、_____和_____。

第5章　计算机应用基础

计算机作为信息处理的工具已经渗透到社会的各个领域,办公软件则是计算机应用的一个很重要的方面。本章重点介绍目前广泛应用于各领域办公自动化方面的文字处理软件 Word、电子表格软件 Excel 和演示文稿软件 PowerPoint。Word 主要用来进行文本的输入、编辑、排版、打印等工作;Excel 主要用来进行复杂数据的计算、分析、统计、筛选及图表等工作;PowerPoint 主要用来创建、管理、使用各种演示文稿和幻灯片等。这些都是办公自动化套装软件 Office 中的组件之一。

5.1　文字处理软件 Word

Word 是微软公司推出的 Windows 环境下的办公软件,它通过提供直观的操作界面、丰富的工具和简化的屏幕布局,方便用户快速地查找和使用所需的功能,制作出具有专业水准的电子文档,因此成为目前应用最广泛的专业文字处理软件。其工作窗口中包括标题栏、快速访问工具栏、功能区、工作区、标尺、视图方式选择按钮、缩放比例滑块、状态栏等,如图 5-1 所示。

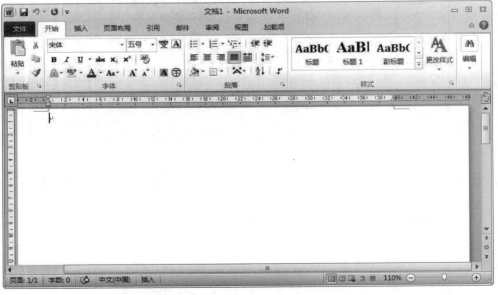

图 5-1　Word 窗口界面

标题栏位于界面的最顶端,显示正在编辑的文档名和应用程序名(Microsoft Word)。

快速访问工具栏位于 Word 窗口的顶部,常用的"保存""撤销""恢复"等命令位于此处。在快速访问工具栏的末尾是一个下拉菜单,在其中可以添加其他常用命令。

功能区是 Word 最重要的组成部分之一,为了便于浏览,功能区包含若干围绕特定方案或对象进行组织的选项卡,而且每个选项卡的控件又细分为几个组,整个选项卡横跨在功能区的顶部。在通常的情况下,Word 的功能区包含"开始""插入""页面布局""引用""邮件""审阅""视图""加载项"8 个选项卡,如图 5-2 所示。每个选项卡都代表一组核心任务。双击活动选项卡,组就会隐藏,使得工作区范围更大,可以在屏幕显示更多的文档内容;如果需要再次使用组中命令,则双击选项卡,组就会重新显示。

图 5-2　Word 功能区

组显示在选项卡上,是相关命令的集合。组将执行某种任务的所有命令汇集在一起,并保持显示状态且易于使用。如果某个组的右下角有一个小箭头,则它代表可以为该组提供更多的选项。该箭头称为对话框启动器,单击它,就会看到一个带有更多命令的对话框或任务窗格。命令是按组来排列的,命令可以是按钮、菜单或者输入框。一般情况下,功能区上显示的命令都是最常用的命令,一些特殊的命令,如"图片工具-格式"只有在处理插入的图片时才会被显示出来。

工作区又称为文档编辑区,是输入文本和编辑文本的区域。在编辑区内闪烁的光标称为插入点,它表示输入时文字出现的位置。插入点只能在当前窗口处于活动状态时才能看到。

标尺位于工作区的上方(水平标尺)和左侧(垂直标尺)。利用标尺可以查看或者设置页边距,表格的行高、列宽,以及插入点所在的首行缩进、左缩进、右缩进及悬挂缩进等。左右缩进是对一个段落整体而言的,首行缩进是对段落的第一行而言的,悬挂缩进是对一个段落中除首行以外的其他行而言的,如图 5-3 所示。

图 5-3　水平标尺

状态栏位于窗口底部,显示当前文档的有关信息,如插入点所在页的页码、文档字数、语法检查状态、中英文拼写和插入/改写状态等。

视图是指文档在屏幕上不同的显示方式。Word 提供了"所见即所得"显示效果的页面视图、符合自然阅读习惯的阅读版式视图、文档在浏览器中形式的 Web 版式视图、反映文档结构的大纲视图和草稿视图。

Word 除了具备文字处理软件的基本功能外,还具有自己明显的特征,如单击主窗口上方的"视图"按钮,在打开的视图列表中,勾选"导航窗格"复选框,即可在主窗口的左侧打开

"导航"窗格;单击主窗口上方的"插入"按钮,Word 内置了屏幕截图功能,并可将截图即时插入文档中(图 5-4);当鼠标指针移到某个选项上时,"实时预览"功能会直接在文档中动态地显示对应的效果,从而可以快速地找到理想的样式。Word 2007 及以后版本引入的新的文件格式.docx,提高了文件的安全性,减小了文件的大小和文件损坏的可能性。

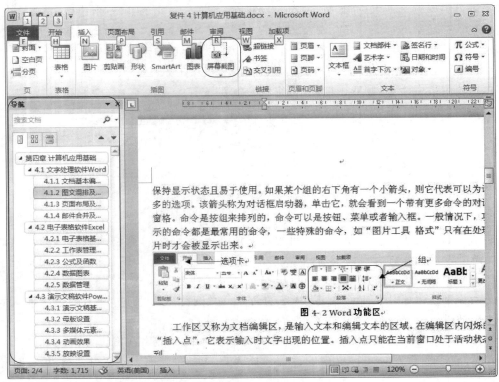

图 5-4 "导航"窗格及屏幕截图

5.1.1 文档基本编辑与操作

启动 Word 后,即开始创建新的 Word 空白文档,也可以通过 Ctrl＋N 快捷键新建文档,如图 5-5 所示。

空白文档是 Word 的常用模板之一,模板提供了不含任何内容和格式的空白文本区,允许自由输入文本,插入各种对象,设计文档的格式。Word 模板通常指扩展名为.dotx 的文件。一个模板文件中包含了一类文档的共同信息,即这类文档中的共同文字、图形和共同的样式,甚至预先设置了版面、打印方式等。Word 不同版本提供有不同类型的模板,也可以在 Office.com 上搜索模板。当用户选择一种特定的模板新建一个文档时,得到的是这个文档模板的复制品,即模板可以无限多次地被使用,而且用户必须注意保存新建的文件。

选择"文件"→"选项"命令,用户可以进行个性化设置,Word 提供了包括常规、显示、校对、保存、版式、语言、高级、自定义功能区、快速访问工具栏、加载项及信任中心等几类设置选项,如图 5-6 所示。诸如用户界面的配色方案、用户名、格式标记符号的显示、自动回复信息时间间隔、默认文件位置等设置都可以在该命令选项中完成。

图 5-5　新建空白文档

图 5-6　Word 选项

　　完成个性化选项设置后,就可以在空白文档中输入内容创建文档了。建议在开始创建新文档时就执行"保存"命令,编辑过程中要经常执行保存操作,避免因为断电或者其他故障造成信息丢失。默认的文件名为"文档 1. docx",新文档第一次执行保存命令时,一定要指定保存文档的位置、保存文档的类型和保存文档的文件名。本节以创建如图 5-7 所示的多栏图文混排文档"美丽中国(短篇)"为例,从输入内容到格式设置、版面编排逐步介绍。

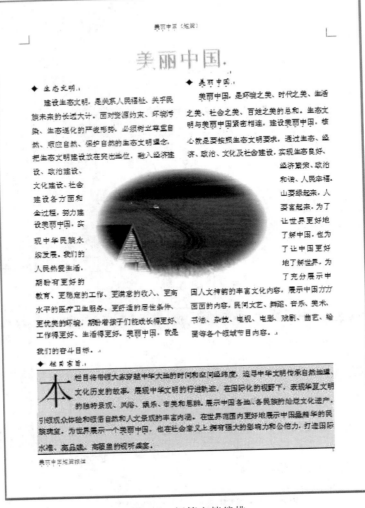

图 5-7　短篇文档编排

1. 输入文本与符号

输入文本出现在光标插入点的位置,随着文本不断输入,插入点也不断向右移动。当文档中输入内容到达右边界时 Word 会自动换行,需要开始新的段落时按回车(Enter)键,产生一个段落结束标记,其形状为一个弯曲箭头,习惯称其为硬回车。两个 Enter 键之间的内容为一个自然段。如果要求按 Enter 键后的内容仍属于前一个段落,只不过重新换行,则可以通过 Shift＋Enter 快捷键,从而产生一个向下的箭头。

使用键盘可以输入文字、数字、字母和一些常用符号,但是有些符号是键盘上没有的,如±、≈、⊙、￥、￠ 等,这时可以通过插入特殊符号的方法来输入,选择"插入"→"符号"命令,弹出如图 5-8 所示的"符号"对话框。利用"特殊字符"选项卡,可以输入商标、版权所有等特殊符号,其他部分符号也可以借助汉字输入方式提供的软键盘来完成。

图 5-8 "符号"对话框

2. 选择、复制、粘贴

如果需要对某段文本进行移动、复制、删除、设置字体格式和段落格式等操作,就必须先选定它们,然后再进行相应的处理。在要选择的位置单击,按住鼠标左键,然后在要选择的文本上拖动鼠标是最常用的选中文本的方法。

如果要选中大段文字,可以在要选择的内容的起始处单击,然后滚动到要选择的内容的结尾处,在要结束选择的位置按住 Shift 键并单击。

按住 Alt 键,同时在文本上拖动鼠标,则可以选中一个矩形块。按 Ctrl+A 快捷键选中全文档,或按住 Ctrl 键在左边选择区单击选中全文档。对于选择文中多处具有类似格式的文本,可以选中其中的一部分文本,然后右击,选择"样式"→"选择格式相似的文本"命令来实现,Word 能够自动将格式相似的文本选中,方便同时进行操作。提示:Word 在所选文字位置添加背景色以指示选择范围。

在编辑过程中,当一段文字在文档中多次出现时,使用"复制"和"粘贴"命令可以提高工作效率。选中要复制的文本,单击"开始"选项卡中的"复制"按钮,选择的文本块被放入剪贴板中;将插入点移到新位置,单击"开始"选项卡中的"粘贴"按钮,此时剪贴板中的内容复制到新位置。复制文本框也可以通过键盘操作完成。选中要复制的文本块后,按下 Ctrl+C 快捷键复制,在新位置按下 Ctrl+V 快捷键粘贴。也可以在按下 Ctrl 键的同时用鼠标拖曳选中的文本到新位置,使用这种方法,复制的文本块将不被放入剪贴板。

3. 移动与删除、撤销与重复

移动是将文本或图形从原来的位置删除,插入新的位置。移动文本时,首先要把鼠标指针移到选定的文本块中,按下鼠标左键将文本拖曳到新位置,然后放开鼠标左键。这种操作比较适合较短距离的移动,如移动范围在同屏之内。文本远距离的移动可以借助"剪切"和"粘贴"命令完成,"剪切"命令快捷键为 Ctrl+X,"粘贴"命令快捷键为 Ctrl+V。

删除插入点左侧的字符用 Backspace 键;删除插入点右侧的字符用 Delete 键;删除较多连续的字符或成段的文字,可以选中要删除的文本块后,按 Delete 键或选择"剪切"命令。删除和剪切操作都可以将选中的文本从文档中去掉,但功能不完全相同:进行剪切操作时删除的内容会保存到"剪贴板"中;进行删除操作时则不会保存到剪贴板中。

计算机应用基础

在编辑过程中如果出现误操作,Word 提供了撤销功能,用于取消最近对文档进行的误操作。单击"快速访问工具栏"中的"撤销"命令,也可以按下 Ctrl＋Z 快捷键。当重复执行撤销命令时,程序会依次从后往前取消刚进行的多步操作。

刚撤销的操作觉得又是需要时,可以用"恢复"命令,即还原用"撤销"命令撤销的操作。单击"快速访问工具栏"中的"恢复"命令,或使用 Ctrl＋Y 快捷键。并不是所有的操作都可以撤销,而且只有在使用了撤销操作后,恢复操作才能被使用。

4. 查找、替换和定位

"查找"命令一般用于在文档中搜索指定的文本或字符,"替换"命令则既可以查找对象,又可以用指定的内容去替代查找对象。选择"开始"→"查找"命令,弹出"查找和替换"对话框,如图 5-9 所示。在"查找内容"栏中输入要查找的字符。若要设定查找范围,或对查找对象作一定的限制时,可单击"更多"按钮设置搜索范围、区分大小写等,也可使用通配符查找。单击"查找下一处"按钮,Word 开始查找,并定位到查找到的第一个目标处,用户可以对查找到的目标进行修改,再单击"查找下一处"按钮可继续查找。

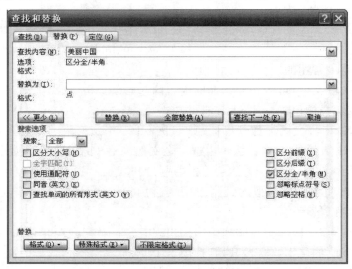

图 5-9 "查找和替换"对话框

单击"替换"选项卡,在"替换为"栏中输入要替换的文本。如果要从文档中删除查找到的内容,则将"替换为"一栏清空。单击"替换"按钮,可确定对查找到的目标字符进行替换;单击"全部替换"按钮,Word 将自动替换搜索范围中所有查找到的文本。如果需要设定替换范围,而且要对替换后的对象做一定格式上的设置,如字体、颜色、段落等,可以单击"更多"按钮,再单击"格式""特殊格式"等按钮进行设置。比较常见的一些特殊替换操作包括文本格式替换、特定格式文本替换、全部字母、全部数字、多个连续段落标记的删除、利用"剪贴板"中的图像替换文本等。

5. 字符格式

字符格式是指对字符的字体、字号、大小、颜色、显示效果等格式进行设置,也包括字符的阴影、空心、上标和下标等特殊效果,改变字符间距,为文字添加动态效果等。

在新建文档中输入内容时,默认为五号字,汉字为宋体,英文字符为 Times New Roman

字体。用户若要改变将输入的字符的格式，只需重新设定字体、字号即可；若要改变文档中已有的一部分文本的字符格式，则必须先选定文本，再进行字体和字号的设定。当选中的文本中含有两种以上字体时，格式工具栏中的字体框中将呈现空白。

Word 在字体组中提供的字号有两种表示方法：一种是用汉字表示，从"初号"到"八号"；另一种是用阿拉伯数字表示，从 5 到 72。这两种表示方法没有本质的不同，只是为了适应不同的使用领域和使用者的习惯。在某些情况下，72 磅的字体不能满足需要，希望设置更大的字号，可以直接在字号框中输入 1~1698 的数字。

如果字体组中的按钮不能满足需求，则可以单击"字体"工具组右下角的对话框启动器，弹出"字体"对话框，用户可以在对话框中对字体进行设置。显示的"字体"对话框有两个选项卡："字体"和"高级"。利用"字体"选项卡可以对字体进行多样化的设置，效果显示在"预览"窗口中。"高级"选项卡中"字符间距"默认值为"标准"，可输入需要的数值或利用磅值微调，"位置"栏用来设置字符的垂直位置，可相对于 Word 的基准线把文字提升或降低，提升和降低不改变字号的大小，如图 5-10 所示。

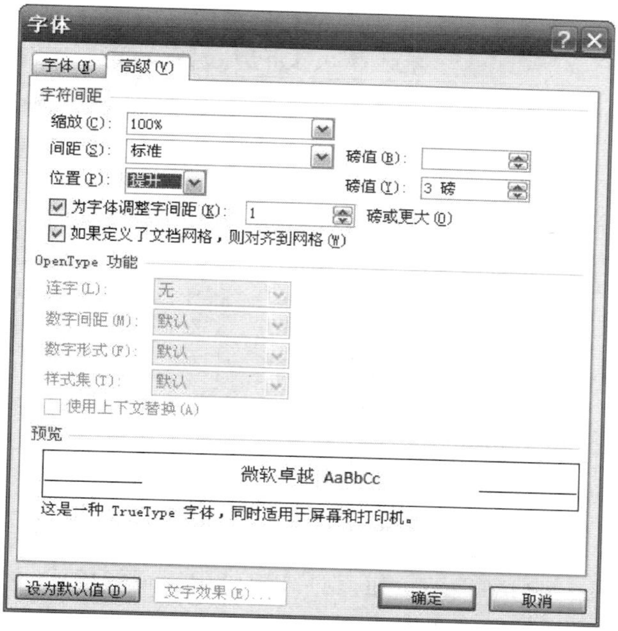

图 5-10　"字体"对话框

如果使用者希望调整文字内容的大小，而不是页面显示比例，那么除了调整"字号"下拉菜单中的数值以外，还可以选中文字，通过 Ctrl+〔（左方括号）快捷键即可缩小字体，按下 Ctrl+〕（右方括号）快捷键即可增大字体。这时字体会"无级缩放"，而且放大和缩小的范围会远远超过"字号"下拉菜单中的限制。这在 Excel、PowerPoint 中也适用。

用户也可以使用功能区"开始"选项卡上的"格式刷"按钮来复制文本格式和一些基本图形格式，如边框和填充等。格式刷可以快速复制文本或对象的格式，操作方法如下：首先选择设定好格式的文本或图形作为样本。如果要复制文本格式，则选择文本的一部分；如果要复制文本和段落格式，则选择整个段落，包括段落标记。然后在功能区"开始"选项卡上的"剪贴板"组中单击"格式刷"按钮，这时指针会变为画笔图标。如果用户想更改文档中的多个选定内容的格式,可双击"格式刷"按钮,最后选择要设置格式的文本或图形的区域,此时文本或图形的格式会自动设置成和样本一致。要停止应用样本格式,按 Esc 键或者再次单击"格式刷"按钮即可。

6. 段落

段落排版是针对段落而言的。所谓段落是指以段落标记作为结束符的文字、图形或其他对象的集合。段落标记由 Enter 键产生,段落标记不仅表示一个段落的结束,也包含了本段的段落格式信息。段落格式设置通常包括段落对齐、行间距、段间距、缩进、制表位设置等。段落格式设置一般是针对插入点所在段落或选定的几个段落而言的。

段落格式的设置可以利用"段落"工具组,也可以利用标尺上的首行缩进、悬挂缩进、左缩进和右缩进游标,如图 5-3 所示。设置精确的缩进量则应使用"段落"对话框中的相应命令。单击"段落"工具组右下角的对话框启动器弹出"段落"对话框,如图 5-11 所示。"段落"对话框中共包含 3 个选项卡。"缩进和间距"选项卡中"常规"栏中"对齐方式"用于设置段落的对齐方式;"缩进"栏中的"左侧"和"右侧"用于设置这个段落中的左缩进、右缩进;"特殊格式"用于设置段落的首行缩进和悬挂缩进;"间距"栏中的"段前"和"段后"用于设置段落前后空出多少距离;"行距"用于设置段落中行之间的距离。在本节案例中,设置所有段落首行缩进 2 字符,段前和段后为 0 行,行距为单倍行距。

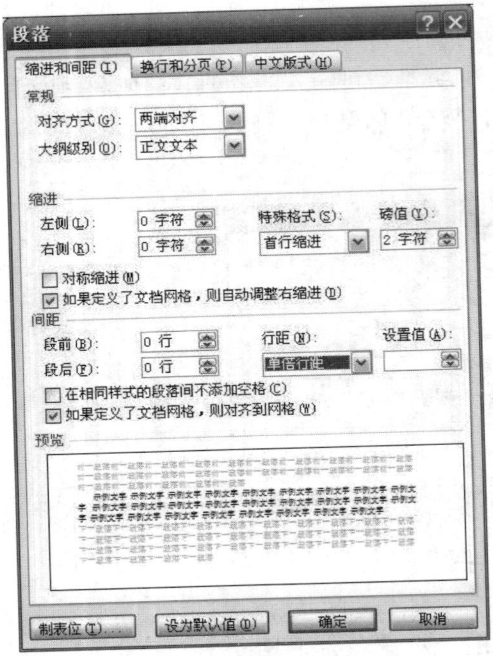

图 5-11 "段落"对话框

7. 项目符号、编号和多级列表

在"段落"工具组中包含项目符号、编号和多级列表按钮。利用项目符号与编号可以自动给一系列段落添加各种项目符号或编号,以强调文档某一部分,同时可增强文档的可读性。选择相应的段落后单击"项目符号"按钮,就可以直接在段落前插入系统默认的项目符号。单击箭头也可以选择不同的项目样式,用户也可以"自定义"更多样式。单击"编号"按钮则段落自动按序编号,当增加或删除一段落时系统将自动重新编号。

系统默认的自动编号列表的样式为"1.,2.,3.,…"。单击箭头可选择其他样式,在"自定义编号格式"中可以选择别的编号样式或修改已有的编号样式。采用自动编号的段落系统默认的缩进方式为悬挂式,在"自定义编号格式"对话框中可以改变缩进的方式。本节案例中分别选择了"生态文明""美丽中国""栏目宗旨"3 个段落后,设置了项目符号类型。

5.1.2 图文混排及表格

1. 插入图片

单击"插入"选项卡,选择"插图"工具组中的相应命令即可完成对象的插入。插图组包括图片、剪贴画、形状、SmartArt、图表和屏幕截图 6 个命令。"图片"命令可以从磁盘中选取一个图形文件插入文档,可以为多种不同格式类型的图形文件,且可以对这些图形文件进行编辑及图文混排操作。

插入的图片默认为嵌入型,即嵌入文字所在的那一层。Word 中的图片或图形还可以浮于文字上方或衬于文字下方。在选中图片后,选择鼠标右键快捷菜单中的"叠放次序"子菜单中的命令可以调整它们之间的层次关系。也可以通过右键快捷菜单中的"设置图片格式"对话框下的"版式"选项卡,打开如图 5-12 所示的对话框,在"环绕方式"栏中,用户可以根据需要在多种环绕方式中选择,程序提供了嵌入型、四周型、紧密型、衬于文字下方和浮于文字上方 5 种相对位置关系,选定一种环绕方式后确认即可。

图 5-12 设置图片版式

要插入来自文件的图片,可以选择在文档中要插入图片的位置,选择"插入"选项卡"插图"组中的"图片"命令,弹出"插入图片"对话框,找到并选中要插入的图片,单击"插入"按钮或双击要插入的图片。

要插入剪贴画,在默认情况下,Word 中的剪贴画不会全部显示出来,而需要用户使用相关的关键字进行搜索。用户可以在本地磁盘和 Office.com 网站中进行搜索,其中 Office.com 中提供了大量剪贴画,用户可以在联网状态下搜索并使用这些剪贴画。

单击插入文档的图片或剪贴画,在功能区将显示"图片工具-格式"选项卡,如图 5-13 所示。单击该选项卡,选项卡中的命令将显示在屏幕上,该选项卡中包含了对图片或剪贴画的常用编辑命令,单击某个命令就能进行相应的设置。

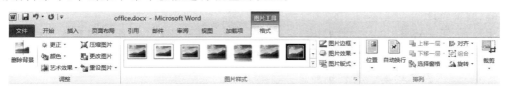

图 5-13 "图片工具-格式"选项卡

2. 形状与 SmartArt

想在 Word 中插入图形对象时,可以将图形对象放置在绘图画布中,绘图画布帮助用户在文档中排列绘图。绘图画布在绘图和文档的其他部分之间提供了一条框架式的边界,在默认情况下,绘图画布没有背景和边框,但可以应用格式。画布也可以帮助用户将绘图的各个部分进行组合,这在绘图由若干形状组成的情况下尤其有用。画布不是必需的,也可以直接在文档中插入形状。

"形状"命令可以应用系统提供的各种工具绘制图形,包括常用图形、线条、基本形状、箭头总汇、流程图、标注、星与旗帜共 7 类形状,单击待选形状即可描绘图形。要创建规范的正方形或圆形,在拖动鼠标的同时按住 Shift 键即可。

SmartArt 图形包括列表、流程、循环、层次结构、关系、矩阵、棱锥图等,方便以直观的方式交流信息,如图 5-14 所示。单击插入的 SmartArt 图形,可以在"SmartArt 工具"下的"设计"选项卡中修改 SmartArt 样式。

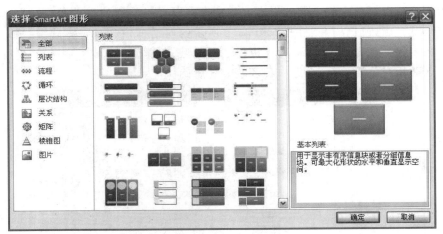

图 5-14 SmartArt 图形

3. 艺术字

艺术字是可添加到文档中的装饰性文本。通过使用"绘图工具"选项可以在诸如字体大小和文本颜色等方面更改艺术字。选择"插入"选项卡"文本"组中的"艺术字"命令,选择需要的艺术字样式,将"请在此放置您的文字"更改为想要插入的文字即可。在"绘图工具"下,在"格式"选项卡上的"文本"组中,用"文字方向"为文本选择新方向,也可以更改艺术字文本的方向。选定艺术字后,"格式"选项卡将调整为艺术字编辑常用工具组,该工具组主要包括"文字"组、"艺术字样式"组、"阴影效果"组、"三维效果"组、"排列"组、"大小"组等。艺术字的字体、字号设置与普通文字设置相同。

4. 屏幕截图

屏幕截图是 Word 2010 新增功能。在 Word 中,无须退出正在使用的程序,就可以快速地进行屏幕截图并将图片插入文档中。此功能可以捕获在计算机上打开的全部或部分窗口的图片,但一次只能添加一个屏幕截图。

选择要添加屏幕截图的文档,在"插入"选项卡"插图"组中,单击"屏幕截图"按钮,执行下列操作之一:若要添加整个窗口,则单击"可用视窗"库中的缩略图;若要添加窗口的一部分,则单击"屏幕剪辑"按钮,当指针变成十字时,按住鼠标左键以选择要捕获的屏幕区域;如果有多个窗口打开,则单击要剪辑的窗口,再单击"屏幕剪辑"按钮。当单击"屏幕剪辑"按钮时,正在使用的程序将最小化,只显示它后面的可剪辑窗口。

5. 文本框

在文字排版过程中,有时需要为图片或图表等对象添加注释文字,有时也需要将文档中的某一段内容放到文本框中,或改变文字方向使文字与文档中其他文字排列不同,这就需要用到文本框工具。文本框是一种可以移动的、可以调节大小的文字或图形的容器,使用文本框可以将文字放在任何需要的位置。

选择"插入"选项卡"文字"组中的"文本框"命令,然后选择一种内置的文本框样式,在文档中就会出现一个文本框,在其中输入文字即可。要将某一段文字放到竖排文本框中,可利用"插入"选项卡"文本框"组中的"绘制竖排文本框"命令;也可以在完成横排文本框基础上,选定该文本框后选择"页面布局"选项卡"页面设置"组中的"文字方向"命令,出现如图 5-15 所示的对话框,在"方向"栏中做出选择,在"预览"栏中观察效果后确认。

图 5-15　设置文字方向对话框

文本框可以像处理图形对象一样来处理,单击文本框,在功能区将出现"绘图工具-格式"选项卡,可以使用选项卡中的命令对文本框进行格式设置,如插入形状、改变文本框中文字方向、与其他图形结合叠放、三维效果、阴影、排列、大小、边框类型、填充颜色和背景等。

文本框和文本框之间也可以相互设置链接,其链接必须建立在一个空的文本框之上,当文本框中的内容超出显示范围时,其溢出部分内容将显示在所链接的新的文本框中,如图 5-16 所示。

图 5-16　文本框链接

6. 公式

在编辑科技文档或制作试卷时,经常要插入数学公式。如何在 Word 文档中插入数学公式呢? Word 提供了公式编辑器,用它可以编辑各种复杂的数学公式。具体方法为:将光标置于要插入数学公式的位置,选择"插入"选项卡"符号"组中的"公式"命令,选择"插入新公式"命令,此时将会出现"公式工具-设计"选项卡和"公式"编辑区。通过"公式工具-设计"选项卡选择所需要的函数和符号完成公式的编辑后,在"公式"编辑区外单击即可退出公式编辑器。"公式工具-设计"选项卡如图 5-17 所示。

图 5-17　"公式工具-设计"选项卡

7. 表格

表格通常用来组织和显示信息,表中的内容以结构化的方式展示在文档中。表格由很多行和列的单元格组成,单元格中可以包含文字、图形或其他表格。在 Word 中可以通过从一组预先设好格式的快速表格中选择,或通过选择需要的行数和列数来插入表格。可以将表格插入文档中或将一个表格插入其他表格中以创建更复杂的表格。复杂的表格也可以手工绘制,当手工绘制表格时,鼠标指针变成笔形,先绘制表格的外围边框,可以拖动鼠标绘制

计算机应用基础

一个矩形,此矩形就是表格的外边框,然后再绘制行和列。

鼠标指针在一个表格中时,表格的"设计"和"布局"选项卡将出现在功能区,单击"设计"或"布局"选项卡,其中的命令就显示出来,需要执行什么操作,直接单击相关命令即可,如图 5-18 所示。

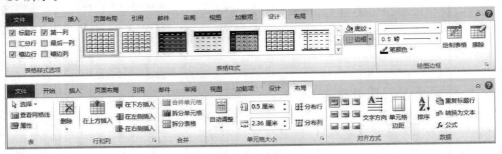

图 5-18 表格的"设计"与"布局"选项卡

要擦除表格中的一条线或多条线,可以利用"设计"选项卡"绘制边框"组中的"擦除"命令,再在表格中单击要擦除的线条。在 Word 中插入一个空表格后,将插入点定位在某个单元格中,即可进行文本输入。若想将光标移动到相邻的右边单元格可按 Tab 键,移动光标到相邻的左边单元格则按 Shift+Tab 快捷键。对单元格中已输入的文本内容进行移动、删除操作,与一般文本操作是一样的。

表格的操作包括选定整个表格或单元格、选定行或列、添加单元格、添加行或列、删除单元格、删除行或列、合并及拆分单元格、设置单元格内容的对齐方式、调整表格的行高和列宽、为表格设置边框或底纹等。如图 5-19 所示,也可以通过"表格属性"对话框调整表格、行、列、单元格等相关参数。采用固定格式编辑的文本文件也可以通过"文字转换为表格"命令导入 Word 表格中。

图 5-19 "表格属性"对话框

利用 Word 提供的函数可以对表格数据进行计算,为此可将插入点移到准备显示计算结果的单元格中,选择"布局"选项卡"数据"组中的"公式"命令,再从弹出对话框的"粘贴函数"栏中选择一种函数进行计算。Word 中的函数在灵活性上比较欠缺,如果需要对指定的单元格进行计算,就需要用到单元格引用。单元格引用由"行号＋列号"组成,行号按照 1,2,3,…标识,列号按照 a,b,c,…标识。Word 只能进行求和、求平均、求积等简单运算。要解决复杂的表格数据计算问题和统计,可利用 Excel 软件,或利用"插入"选项卡中"表格"命令下的"Excel 电子表格"按钮,直接在 Word 中使用 Excel 工作表完成。

选择"插入"选项卡"插图"组中的"图表"命令,弹出如图 5-20 所示的"插入图表"对话框,单击"确定"按钮后,在出现的"Excel 数据表"窗口中对数据进行编辑修改,便可得到需要的图表。生成的图表和插入文档的图片对象一样,选定它,可以改变其大小、移动其位置、改变图表样式等。

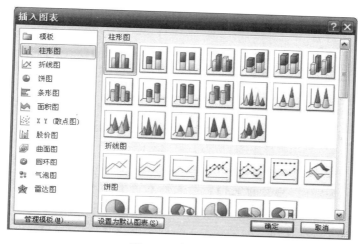

图 5-20　插入图表

5.1.3　页面布局、引用及文档打印

"页面布局"选项卡包含了主题、页面设置、稿纸、页面背景、段落和排列等多组命令,主要从页面的角度宏观上把握文档的布局。在"页面设置"组中可以对文字方向、页边距、纸张方向、纸张大小、分栏、分隔符及文档网格等进行设置。单击"页面设置"右下角的对话框启动显示"页面设置"对话框,如图 5-21 所示,对话框中包含"页边距""纸张""版式""文档网格"4 个选项卡。

页边距是页面边缘的空白区域。页面的上、下、左、右 4 边各有 1in 即 2.54cm 的页边距。这是最常见的页边距宽度,适用于大多数文档。如果想要获得不同的页边距,则选择"页面布局"选项卡"页面设置"组中的"页边距"命令,将会看到显示在小图片或图标中的不同页边距大小以及每个页边距的度量值。

1. 分隔符

分隔符包含分页符和分节符两类,如图 5-22 所示。分页符主要用于标记一页的结束并开始下一页,通常用于将文档内容强制安排在两个不同的页面中,类似符号还包括分栏符和自动换行符。

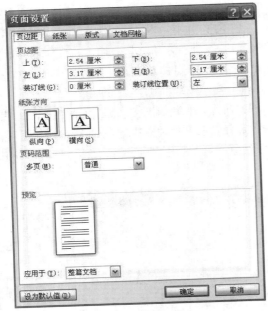

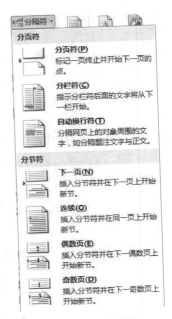

图 5-21 "页面设置"对话框   图 5-22 分隔符

默认情况下,对页面版式的设置应用到文档的每个页面。如果希望文档中某个或几个页面的版式不同,例如在一篇竖排文档中需要插入一个较大的表格,而且表格需要横排显示,该如何设置呢?

使用分节符可以改变文档中一个或多个页面的版式或格式。可以在某节中设置不同的页边距、纸张大小、方向、页面边框、页眉页脚、页码编号等。如果没有插入任何分节符,则整篇 Word 文档为一节;插入一个分节符,文档被分为两节。使用分节符时,单击要更改格式的位置(一般需要在所选文档部分的前后插入一对分节符),单击"分隔符"中与要进行的格式更改类型对应的分节符类型即可。分节符类型包括下一页、连续、偶数页、奇数页 4 种。例如,如果要将一片文档分隔为几章,希望每章都从奇数页开始,可以单击"分节符"组中的"奇数页"。

2. 页眉、页脚、页码

页眉和页脚是文档中每个页面的顶部、底部和两侧页边距中的区域。可以在页眉和页脚中插入或更改文本或图形,包括页码、时间、日期、公司 Logo、文档标题、文件名或作者姓名等。选择"插入"选项卡中的"页眉"或"页脚"命令,进入页眉或页脚编辑状态,输入要插入的内容,选择"页眉和页脚工具-设计"选项卡中的"关闭页眉和页脚"命令返回正文编辑状态,也可以直接双击正文内容返回。

内容较长的文档,如论文或图书,常常由多个单元组成,包括序言、目录、各章节、附录等,要设置各个单元的页眉和页脚各不相同,如分别用各章节的标题文字作为页眉,该如何设置呢? 在文档中,同一节的页眉和页脚是相同的,不同节的页眉和页脚可以不相同。默认整篇文档为一节,如果要在文档的不同部分设置不同的页眉和页脚,首先要插入分节符将各个部分划分开,然后进行页眉和页脚的设置。

需要注意的是,在默认情况下,后一节的页眉是"链接到前一条页眉"的,即页眉和页脚与上一节相同,如果要设置不同的页眉和页脚,则需要先选择"页眉和页脚工具-工具"选项卡"导航"组中的"链接到前一条页眉"命令取消链接,后续章节依次重复上面的操作。

通过"插入"选项卡"页眉和页脚"组中的"页码"命令可以选择页码在文档中的显示位置。在编排较长的文档时,正文的前面有封面、目录,封面一般没有编码,目录和正文的编码应该是分开的,也就是说目录编码从1开始,正文的编码也从1开始。如果希望文档中某一部分的页码和其他部分不同,则需要先将文档分节,在不同的节中,可以有不同的页面格式。单击需要重新对页码进行编号的节,在"页码"下单击"设置页码格式"命令,弹出如图5-23所示的"页码格式"对话框,取消选中"续前节"单选按钮,在"起始页码"框中输入值即可。

图5-23　页码格式

有时候不希望首页上有页码,可以通过在"页码布局"选项卡中单击"页码设置"对话框启动器,在弹出的对话框中单击"版式"选项卡,勾选"首页不同"复选框确定即可。

3. 目录与样式

编制比较长的文档,往往需要在最前面给出文档的目录,目录中包含文档中的所有大小标题、编号以及标题的起始页码。Word提供了方便的目录自动生成功能,但必须按照一定的要求先设置文档的标题样式。因此在创建目录之前,要将文档中将要出现在目录中的文字设置不同的标题样式,不同级别的标题组织在一起构成层次结构的文档,标题按照标题的级别依次降低。

图5-24　"样式窗格选项"对话框

本小节以"美丽中国(长篇).docx"为例,利用前面介绍的"下一页"分节符将文档分成封面、前言、目录和6个不同内容章节来介绍长篇文档的编辑。然后分别选定属于第1级标题的内容,从"开始"选项卡的"样式"组中选择"标题1"样式,其他各级标题以此类推。如果选择"标题1"样式后没有出现"标题2"样式,则单击右下角对话框启动器,在"样式窗格选项"对话框中勾选"在使用了上一级别时显示下一标题"复选框,如图5-24所示。

将插入点定位在准备生成文档目录的位置,选择"引用"选项卡中的"目录"按钮,在下拉列表中选择"插入目录"命令,将出现如图5-25所示的对话框。

根据需要可以勾选或取消勾选"显示页码"或"页码右对齐"复选框;在"显示级别"中设置目录包含的标题级别;在"制表符前导符"列表中可以选择目录中的标题名称与页码之间的分隔符。最后单击"确定"按钮,目录便自动生成在插入点所在位置,如图5-26所示。

利用Word提供的目录生成功能所生成的目录,可以随时进行更新,以反映文档中标题内容、位置的变化,以及标题对应页码的变化,为此,可以在目录区右击,在弹出的快捷菜单中选择"更新域"命令,再从弹出的对话框中选中"只更新页码"或"更新整个目录"单选按钮,也可以单击"引用"选项卡中的"更新目录"按钮对文档目录进行更新。

计算机应用基础

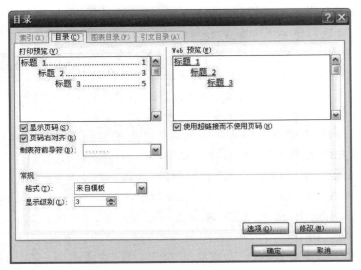

图 5-25 "目录"对话框

图 5-26 自动生成目录

4. 题注与交叉引用

为文档中的图表、图片、表格、公式等增加题注时,需选定对象,再选择"引用"选项卡"题注"组中的"插入题注"命令,弹出如图 5-27 所示的对话框。在对话框的"标签"栏中选择题注的标签名称,Word 提供的题注标签有图表、表格和公式等,也可以自己新建标签,如"图 2-"。题注的默认编号为阿拉伯数字,单击"编号"按钮可选择其他形式的题注编号。题注可以和正文一样进行修改和格式设置。

图 5-27 插入题注

如果在正文中需要采用"如图 2-1 所示"方式引用相应的图表或图片,则需要添加交叉引用。选择"引用"选项卡下"题注"组中的"交叉引用"命令,弹出如图 5-28 所示的对话框。选择"引用类型"和"引用内容",以及所引用的是哪一个题注,单击"插入"按钮即可完成。当插入的题注及交叉引用发生变化后,相应的编号也会随之发生变化,这时可以选择文档后按 F9 键进行更新。

5. 脚注与尾注

将插入点定位在将插入脚注或尾注的位置,选择"引用"选项卡"脚注"组中的"插入脚注/插入尾注"命令即可完成。文档中的某处插入脚注或尾注后,将出现特殊的标记,当鼠标指针指向这些标记时,旁边会出现注释内容提示。双击这些特殊标记,可以跳转到对应的脚注或尾注处。

6. 分栏

选定需要分栏的文本块后,利用"页面布局"选项卡"页面设置"组中的"分栏"命令可以将选定部分分成两栏。执行后,在这一部分内容的前、后将自动插入分节符。利用"更多分栏"命令弹出如图 5-29 所示的对话框,设置和勾选相应的参数后,可以通过预览了解分栏效果。本节中针对"美丽中国(长篇).docx"案例的第 6 页做了分栏处理,并添加了分隔线。文本编辑状态下,只有在"页面视图"方式或"打印预览"状态下才可以查看分栏后的效果。

图 5-28 "交叉引用"对话框

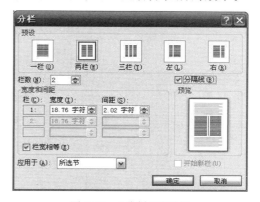

图 5-29 "分栏"对话框

7. 水印

水印是文档的文本后面显示的文本或图案,常用于向读者表明文档的状态或重要性,用户可通过在"页面布局"选项卡中单击"水印"按钮添加水印,也可以在"水印"下拉列表框中选择"自定义水印"命令,选择插入图片水印或文字水印。

8. 边框和底纹

选择"页面布局"选项卡"页面背景"组中的"页面边框"命令,可以弹出"边框和底纹"对话框。该对话框中包含"边框""页面边框""底纹"3 个选项卡,通过"设置"和"样式"可以设置边框的样式,还可以设置颜色、宽度、艺术型等,在"应用于"下拉列表框中设置应用的范围,还可以通过单击预览图中的边框线进行边框的调整,图 5-30 是本节案例第 5 页中删除了段落两侧的边框线条的效果。

9. 打印

创建的文档常常需要打印出来进行存档或传阅。在进行文档打印之前,最好预先使用"打印预览"功能查看打印的效果,避免纸张的浪费。单击"文件"选项卡,选择"打印"命令,弹出如图 5-31 所示的打印及预览设置窗口。在该窗口中可以选择打印机,设置打印范围、打印份数、是否缩放等。如果用户需要进行正反面打印,则可以选择"手工双面打印"命令。

计算机应用基础

图 5-30 "边框和底纹"对话框

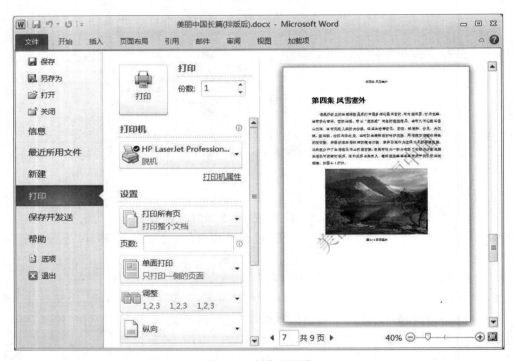

图 5-31 打印及预览

5.1.4 邮件合并及审阅

1. 邮件合并

实际工作中常需要发送一些内容,如格式基本相同的通知、邀请函、电子邮件、信函等,为简化这一类文档的创建操作,提高工作效率,Word 提供了邮件合并功能。利用邮件合并一般需要创建一个用来存放共同内容和格式信息的主文档,再选择或创建一个列表文件来存放要合并到主文档中的那些变化的内容。具体邮件合并的步骤如下。

(1)新建一个"请柬(模板).docx"的主文档,如图 5-32 所示,并进行相应的页面设置。

图 5-32 邮件合并主文档

（2）依据新建主文档的内容，在 Excel 中新建"宾客单.xlsx"作为数据源文档，如图 5-33 所示，然后保存并关闭 Excel 文件，否则无法完成邮件合并数据源的导入。

	A	B	C	D	E	F	G	H	I
1	宾客	年	月	日	星期	酒店	新郎	新娘	
2	谷艳宇	2016	8	6	六	美华城大酒店	罗利松	王薇薇	
3	常家铭	2016	8	6	六	美华城大酒店	罗利松	王薇薇	
4	张莉	2016	8	6	六	美华城大酒店	罗利松	王薇薇	
5	冯佳岩	2016	8	6	六	美华城大酒店	罗利松	王薇薇	
6	郑天祥	2016	8	6	六	美华城大酒店	罗利松	王薇薇	
7	付佳运	2016	8	6	六	美华城大酒店	罗利松	王薇薇	
8	赵金辉	2016	8	6	六	美华城大酒店	罗利松	王薇薇	
9	张秋祥	2016	8	6	六	美华城大酒店	罗利松	王薇薇	
10	闫凤亮	2016	8	6	六	美华城大酒店	罗利松	王薇薇	
11	赵蕊洁	2016	8	6	六	美华城大酒店	罗利松	王薇薇	
12	谷丽薇	2016	8	6	六	美华城大酒店	罗利松	王薇薇	
13	郑璐童	2016	8	6	六	美华城大酒店	罗利松	王薇薇	
14	刘金虎	2016	8	6	六	美华城大酒店	罗利松	王薇薇	
15	赵广锐	2016	8	6	六	美华城大酒店	罗利松	王薇薇	
16	尤焕年	2016	8	6	六	美华城大酒店	罗利松	王薇薇	
17	常银川	2016	8	6	六	美华城大酒店	罗利松	王薇薇	

图 5-33 数据源文件

（3）打开"请柬（模板）.docx"的主文档，然后单击"邮件"选项卡，该选项卡中共包括 5 个工具组，依次为创建、开始邮件合并、编写和插入域、预览结果、完成。单击"开始邮件合并"按钮，在下拉列表中选择"普通 Word 文档"。

（4）单击"选择收件人"，选择"使用现有列表"命令，在弹出的对话框中选择新建的"宾客单.xlsx"数据源文档并打开。

（5）插入合并域。在主文档中，将光标插入点依次定位在要插入可变内容的位置，单击"插入合并域"按钮，从下拉列表中选择合适的"域"，然后逐个插入所有需要的"域"，结果如图 5-34 所示。

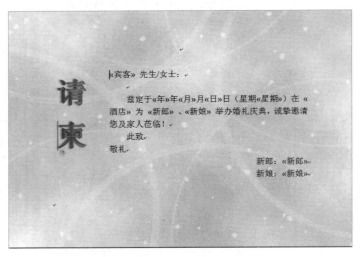

图 5-34　插入"域"后的主文档

　　(6) 查看合并数据并执行合并。单击"完成并合并"按钮,可以对合并后的效果执行"编辑单个文档",或者选择"打印文档"命令合并到打印机,或者直接"发送电子邮件",邮件合并完成。

2. 拼写和语法

　　Word 能检测文档中出现的一些拼写和语法错误。若文档中存在拼写错误时,系统会在错误文字下方以红色的下画线给予标识;若存在语法错误,则以绿色的下画线标识。如果输入的是系统不能识别的专业术语,系统也会将其当作拼写和语法错误提示用户。

　　在 Word 中除了使用拼写和语法检查之外,还可以使用"自动更正"功能来检查和更正错误的输入,设置自动更正的方法如下:选择"文件"→"选项"命令,在弹出的对话框中单击左侧的"校对"标签,在右侧单击"自动更正选项"按钮,在"自动更正"对话框中可以设置"自动更正""数学自动更正""输入时自动套用格式""智能标记"等。

图 5-35　字数统计

3. 字数统计

　　字数统计属于"审阅"选项卡"校对"组中的命令,单击"字数统计"按钮可以统计出当前文档中字符个数,如图 5-35 所示。

4. 批注和修订

　　审阅者可以对文档的指定内容添加批注或修订,批注也是对文档的特殊说明,添加批注的对象可以是文本、表格或图片等文档中的所有内容。批注内容以修订者设定颜色的括号将批注括起来,背景色也会变成相同颜色。默认情况下批注显示在文档页边距外的标记区,批注和批注的文本使用与批注相同颜色的虚线连接。

　　单击"审阅"选项卡"批注"组中的"新建批注"按钮,此时批注的内容将会加上红色底纹,并在页边距外的标记区显示批注,在"批注"文本框中输入批注文本即可。当需要删除批注时,用户要先将光标定位到批注的文本内或批注的文本框中,然后单击"批注"组中的"删除"按钮即可。默认情况下 Word 2010 是显示批注的,可以通过单击"批注"组中的"上一条"和

"下一条"按钮进行批注的浏览。在"修订"组中"显示标记"按钮下方可以设置批注和修订的显示方式。通过"审阅窗格"可以方便地汇总查看文档批注和修订的内容，也可以直接定位到文档中的相应位置。

修订是审阅者对文档的修改意见，显示了文档中所做的诸如修改、删除、插入或其他编辑更改位置的标记。在审阅者选择了修订状态后，所做的修改将被记录下来，所修订的内容将以红色显示，包括修改、删除和插入等操作。

在选中修订文本后，单击"审阅"选项卡"更改"组中的"接受"按钮可以接受修订建议，也可以单击"拒绝"按钮不接受修订。

5. 文档保护

如果文档涉及商业秘密或个人隐私，用户不希望该文档被别人查看或修改，或者只允许授权的审阅者查看或修改文档的内容时，可以使用密码来保护整个文档。此时可以对该文档设置"打开权限密码"或"修改权限密码"。通过该设置后，只有提供了正确的密码后，才能对该文档进行相应的操作。"打开权限密码"是指审阅者必须输入密码方可查看文档；"修改权限密码"是指审阅者必须输入密码方可保存对文档的修改，即如果只设置了"修改权限密码"，文档是可以被其他人打开查看的，只是在修改文档时需要密码。

5.2　电子表格软件 Excel

Excel 是微软公司推出的 Office 办公系列软件的一个组件，是一款功能强大、技术先进、使用方便且灵活的电子表格软件，可以用来制作电子表格，完成复杂的数据运算、分析、统计和汇总工作，并且具有强大的制作图表及打印设置功能等。

本节讲解该软件的功能应用。其工作界面如图 5-36 所示。功能区包括文件、开始、插入、页面布局、公式、数据、审阅、视图及加载项等多个选项卡，每个选项卡代表用户可以在软件中执行的一组核心任务。每个选项卡都包含一些组，组将用户执行特定类型的任务时可能用到的所有命令放到一起，并在整个任务期间一直处于显示状态并且可随时使用。命令是组中用来输入信息的对话框或者菜单。

功能区下方为编辑栏。左边为名称框，显示活动单元格的名称；右边为编辑区，显示活动单元格的内容；中间包含×、√、f_x 3 个按钮，分别表示取消、输入和函数公式。向单元格输入数据时，可以在单元格中输入，也可以在编辑区输入。

Excel 文档所做的工作都是在一个工作簿文档中完成的。Excel 2010 及以上版本工作簿文档默认的扩展名延续了 Excel 2007 中默认的.xlsx。如果需要与使用 Excel 97 到 Excel 2003 的用户共享电子表格，可以将文档扩展名另存为.xls。

工作簿中的每一张表称为工作表，一张表就是一个二维表，由行和列构成。如果把一个工作簿比作一个账簿，一张工作表就相当于账簿中的一页。每张工作表都有一个名称，显示在工作表标签上。默认情况下一个工作簿有 3 张工作表，并且分别以 Sheet1、Sheet2、Sheet3 命名，用户可以根据需要删除与添加工作表。

一张工作表有 65 535 行和 256 列。列标号由大写英文字母 A,B,…,Z,AA,AB,…,IV 等标识，行标号由 1,2,3,…数字标识，行和列交叉处的矩形就称为单元格。简单地说，工作表中的每一个小方格叫单元格，单元格是存储数据的最小单位，一张表有 65 535×256 个单

图 5-36 Excel 工作窗口

元格。单元格按所在的行和列的位置来命名,例如,B5 指 B 列与第 5 行交叉位置上的单元格。若要表示一个连续的单元格区域,可用该区域左上角和右下角单元格行列位置名表示,中间用英文输入法状态下的冒号":"分隔。例如,C3:E7 表示从单元格 C3 到 E7 的区域。

用户单击单元格,可使其成为活动单元格。活动单元格四周有一个粗黑框,右下角有一黑色点叫填充柄。Excel 具有连续填充的性质,利用填充柄可以填充一连串有规律的数据而不用一个一个地输入。

5.2.1　电子表格基本操作

单元格是 Excel 中保存数据的最小单位,所以在工作表中输入数据实际上是在单元格中输入。输入的方法有多种,可以在单元格或编辑栏中逐一输入,也可以利用 Excel 的功能在单元格中自动填充,或在相关的单元格区域之间建立公式和引用函数。在一个单元格中输入数据时,首先要单击该单元格选中它,使其成为活动单元格。双击在单元格内输入数据时,正文后有一条闪烁的垂直线,这条垂直线表示正文的当前输入位置。用键盘输入数据完毕后按 Enter 键或 Tab 键确认输入,此时相邻的单元格成为活动单元格。如果要在同一个单元格内输入两行数据,可按 Alt+Enter 快捷键实现换行。

1. 单元格区域的选择

(1) 选中一个单元格。打开一个 Excel 工作表,将鼠标指针移动到选中的单元格上单击即可选中该单元格,被选中的单元格四周出现黑框,并且单元格的地址出现在名称框中,内容则显示在编辑栏中。

（2）选中相邻的单元格区域。打开 Excel 工作表，选中单元格区域中的第一个单元格，然后按住鼠标左键并拖动到单元格区域的最后一个单元格后释放鼠标左键，即可选中相邻的单元格区域。

（3）选中不相邻的单元格区域。打开 Excel 工作表，选中一个单元格区域，然后按住 Ctrl 键不放，再选择其他的单元格，即可选中不相邻的单元格区域。

（4）选中整行或整列。选中整行的方法：打开 Excel 文件，将鼠标指针移动到要选中行的行号处，单击即可选中整行；选中整列的方法：打开 Excel 工作表，将鼠标指针移动到要选中列的列标处，单击即可选中整列。

（5）选中所有单元格。打开 Excel 工作表，单击工作表左上角的行号和列标交叉处的按钮，即可选中整张工作表。

2. 数据的输入

在 Excel 中，向单元格输入数据时，又可将输入的数据分为两种类型：常量和公式。常量是指非"="开头的数据，包括数字、字符、日期、时间等；公式则以"="开头，由常量值、单元格引用、名字、函数或操作符组成。若公式中引用的值发生了改变，由公式产生的值也随之改变。在单元格中输入公式后，单元格将公式计算的结果显示出来。

- 文本的输入。在单元格内输入文本后，默认文本数据在单元格内左对齐。单元格宽度不够时只显示部分字符。
- 负数的输入。可以用"一"开始，也可以用()的形式，如(34)表示－34。
- 日期的输入。可以用"/"分隔，如 1/6 表示 1 月 6 日。
- 分数的输入。为了与日期的输入区别，一般先输入数字 0 和空格，再输入分数本身，如输入 0 1/2 表示输入 1/2。
- 纯数字文本的输入。如果需要输入 003、09010102 这种编号、学号等非计算性的数字时，需要在数字前面加英文输入法状态下的单引号"'"，这时系统将其看作文本处理，类似数据还包括邮政编码、身份证号码等，都需要在数字前添加"'"。
- 长数字的输入。当输入的数字长度超过单元格的列宽或超过 11 位时，数字将以科学记数的形式表示，如 4.21E+17，若不希望以科学记数形式表示，则可以通过修改数字格式定义。若单元格内出现＃＃＃的符号，则可以通过列宽进行调整。
- 规律数据的输入。可以通过自动填充功能完成。

3. 自动填充数据

自动填充数据是 Excel 数据输入的快捷方式。用户可以使用该方式快速地在相邻的单元格中输入相同的数据，也可以在一个连续的单元格区域中快速地输入有规律的数据序列。

填充相同的数据时，选定同一行(列)上包含复制数据的单元格或单元格区域，将鼠标指针移到单元格或单元格区域右下角的填充柄上，将填充柄向需要填充数据的单元格方向拖动，然后松开鼠标，在填充区域右下角"自动填充选项"中选择"复制单元格"即可。

按序列填充数据时，通过拖动单元格区域填充柄填充数据，在填充区域右下角"自动填充选项"快捷菜单中选择"填充序列"可以完成，如图 5-37 所示；也可以在相邻两个单元格中分别输入两个序列数据，然后选中这两个单元格区域往下拖动填充柄，Excel 自动预测它会满足等差数列，因此会在下面的单元格中依次填充序列数据。

	A	B	C	D	E	F	G
1	0001	甲	一月	星期一	A1		
2	0002	乙	二月	星期二	A2		
3	0003	丙	三月	星期三	A3		
4	0004	丁	四月	星期四	A4		
5	0005	戊	五月	星期五	A5		

A1   f_x '0001

○ 复制单元格(C)
◉ 填充序列(S)
○ 仅填充格式(F)
○ 不带格式填充(O)
○ 以天数填充(D)
○ 以工作日填充(W)
○ 以月填充(M)

图 5-37 拖动填充柄填充数据

使用"填充"命令填充数据:选择"开始"选项卡"编辑"组中的"填充"命令时,菜单中会包括"向下""向右""向上""向左""系列"等命令,选择不同的命令可以将内容填充至不同位置的单元格。如果选择"系列"命令则以指定序列完成填充,如图5-38所示。

4. 编辑单元格、行和列

实际操作当中,经常需要对表格进行修改,下面介绍一些常用的单元格编辑方式。

- 删除单元格内容。选定要删除内容的单元格,按 Delete 键。此方法也适合删除区域内的所有内容。
- 修改单元格内容。双击单元格,或选定单元格后单击编辑栏(或直接按 F2 键)。
- 删除单元格。先选定要删除的单元格,然后右击,在弹出的快捷菜单中选择"删除"命令,会弹出"删除"对话框,在对话框中进行相应的设置后单击"确定"按钮,即可删除单元格。
- 插入单元格。先选定要插入单元格的位置,然后右击,在弹出的快捷菜单中选择"插入"命令,会弹出"插入"对话框,如图5-39所示。在对话框中进行相应的设置后单击"确定"按钮,即可按刚才的设置插入空白单元格。
- 插入(删除)行或列。先用鼠标选中要插入(删除)行或列的行号或列标,然后右击,在弹出的快捷菜单中选择"插入"或"删除"命令,即可插入(删除)一个空行或空列。
- 合并单元格。选中要合并的单元格区域,然后选择"开始"选项卡"对齐方式"组中的"合并后居中"命令即可。

图 5-38 使用填充命令

图 5-39 插入单元格、行或列

5. 数据区及单元格的删除

删除操作有两种形式：一是只删除选择区中的数据内容，而保留数据区所占有的位置；二是数据和位置区域一起被删除。

1）清除数据内容

选取要删除数据内容的区域，按 Delete 键，或者单击"编辑"组中的"清除"按钮命令右侧向下的三角按钮，选择"全部清除"或"清除内容"命令，即可清除被选区的数据。选择"清除"按钮命令后的可选项还有"清除格式""清除批注"等。

2）彻底删除被选区

选取要删除的单元格、行或列，再选择"删除"命令。

5.2.2 工作表管理和格式化

1. 工作表的添加、删除、重命名

选择"工作表标签"→"插入工作表"命令，或者右击某个工作表，在弹出的快捷菜单中选择"插入"命令，在弹出的对话框中选择要插入表的类型即可。

选定要删除的工作表标签名，右击，在弹出的快捷菜单中选择"删除"命令删除当前表。

右击工作表标签名，在弹出的快捷菜单中选择"重命名"命令；或者双击工作表标签名，当其变为黑底白字时，输入新的名字后按 Enter 键确定即可。

2. 工作表的移动和复制

在同一个工作簿内移动工作表，拖动工作表到合适的标签位置后放开即可；按住 Ctrl 键，拖动工作表到合适的标签位置处放开即可完成工作表的复制。

若要将一个工作表移动或复制到另一个工作簿中，则两个工作簿要求必须都是打开的。在当前工作表中选择"移动或复制工作表"命令，弹出对话框，在"工作簿"列表框中选择用于接收的工作簿名称，并在"下列选定工作表之前"列表框中选择被复制或移动工作表的放置位置，单击"确定"按钮即可，如图 5-40 所示。若要执行复制操作，还要选择"建立副本"复选框。

图 5-40 "移动或复制工作表"对话框

3. 工作表窗口的拆分和冻结

工作表窗口拆分和冻结，可实现在同一个窗口下对不同区域数据的显示和处理。

工作表活动窗口被拆分成几个独立的窗格，在每个被拆分的窗格中都可通过滚动条来显示工作表的每一部分的内容。操作方法为：选定作为拆分窗口分割点位置的单元格，选择"视图"选项卡"窗口"组中的"拆分"命令即可。移动窗格间的两条分隔线可以调节窗格大小。也可以通过拖动垂直滚动条顶端和水平滚动条右端的拆分柄拆分工作表窗口。如果窗口已拆分，则再次选择"拆分"命令即可撤销拆分窗口。

冻结窗格功能可以将工作表中选定单元格的上窗格或左窗格冻结在屏幕上，从而在滚动工作表数据时，屏幕上始终保持显示行标题或列标题。操作方法为：选定一个单元格作为冻结点，选择"冻结窗格"中的相关命令，系统用两条线将工作区分为 4 个窗格。这时，左上角窗格内的所有单元格被冻结，将一直保留在屏幕上。使用冻结窗格功能并不影响打印。

再次选择"冻结窗格"中的相关命令即可取消冻结窗格。

4. 单元格格式的设置

选择要设置格式的单元格区域,单击功能区"数字"选项卡中相应的格式按钮可以设置数字格式;也可以通过右击,在弹出的快捷菜单中选择"设置单元格格式"命令,弹出如图 5-41 所示的对话框,选择"数字"选项卡"分类"列表中的相应类型即可。

5. 字体、对齐方式、边框底纹的设置

对表格的数据显示及表格边框的格式可进行修饰和调整。方法是:先选定数据区域,然后右击,在弹出的快捷菜单中选择"设置单元格格式"命令,弹出如图 5-41 所示的对话框,在该对话框中选择不同的选项卡即可实现。

图 5-41 "设置单元格格式"对话框

6. 行高和列宽调整

在 Excel 中,系统默认单元格列宽是 72 像素,单元格行高是 19 像素。若输入的数据长度超过了宽度,则以多个 # 字符代替;若输入数据的字型高度超出单元格高度,则可适当调整行高。

图 5-42 调整行高和列宽

精确调整行高和列宽的方法:选定要调整行高的行或要调整列宽的列,选择"格式"→"自动调整行高"或"自动调整列宽"命令,如图 5-42 所示,则系统将自动调整到合适行高和列宽。也可以通过"行高"或"列宽"对话框设置适当的数据值。

粗略调整行高和列宽的方法:将鼠标指针移向所需调整行编号框线下方或列编号框线右侧的格线上,使鼠标指针变成一个带有箭头的黑色十字,按下鼠标左键拖动调整行高或列宽即可。

7. 条件格式设置

条件格式是指单元格中数据当给定条件为真时,Excel 自动应用于单元格的格式。可以预置的单元格格式包括边框、底纹、字体颜色等。此功能可以根据用户的要求,快速对特定单元格进行必要的标识,以起到突出显示的作用。其一般的操作步骤:选

定数据区域,选择"开始"选项卡"样式"组中的"条件格式"命令,选择条件格式规则,在弹出的对话框中填入相应的条件判断值即可,图 5-43 所示为设置基本工资小于 4000 的格式设置。

图 5-43　条件格式设置

在 Excel 中,使用条件格式不仅可以快速查找相关数据,还可以通过数据条、色阶、图标显示数据大小。

5.2.3　公式及函数

公式和函数是 Excel 软件的核心。在单元格中输入正确的公式或函数后,会立即在单元格中显示计算出来的结果。如果改变了工作表中与公式有关或作为函数参数的单元格内容,Excel 会自动更新计算结果。在实际工作中,往往会有许多数据项是关联的,通过运用公式,可以方便地对工作表中的数据进行统计和分析。

1. 单元格地址及引用

每个单元格在工作表中都有一个固定的地址,这个地址一般通过指定其坐标来实现。如在一个工作表中,C3 单元格就是第 3 行和第 C 列交叉位置上的那个单元格,这是相对地址;指定一个单元格的绝对位置只需在行、列号前加上符号"$",如$C$3。由于一个工作簿可以有多个工作表,为了区分不同的工作表中的单元格,要在地址前面增加工作表的名称,有时不同工作簿的单元格之间要建立连接公式,前面还需要加上工作簿的名称。如[Book1.xlsx]Sheet2! C3 指定的就是 Book1.xlsx 工作簿文件中 Sheet2 工作表中的 C3 单元格。

单元格引用是指一个引用位置可代表工作表中的一个单元格或单元格区域,引用位置用单元格的地址表示。通过引用,可以在一个公式中使用工作表不同部分的数据,或者在几个公式中使用同一个单元格中的数据,甚至是相同或不同工作簿中不同工作表中的单元格数据。公式中常用单元格引用来代替单元格的具体数据,好处是当公式中被引用单元格数据发生变化时,公式的计算结果会随之变化。同样,若修改了公式,则与公式有关的单元格内容也随着变化。

引用分 3 种:相对引用、绝对引用和混合引用。当把一个含有相对引用的公式复制到其他单元格位置时,公式中的单元格地址也随之发生改变。绝对引用中,单元格地址不会改变。在混合引用中,一个用相对引用,另一个用绝对引用,如 $C3 或者 C$3。公式中相对引用部分随公式复制而变化,绝对引用部分不随公式复制而变化。

下面以单元格 C4 为例,介绍 C4、$C4、C$4 和 $C$4 之间的区别。

在一个工作表中,单元格 C4、C5 中的数据分别是 60、50。如果在 D4 单元格中输入"=C4",那么将 D4 向下拖动到 D5 时,行发生了变化,D5 中的内容就变成了 50,里面的公式变成了"=C5";如果将 D4 向右拖动到 E4,则列发生了变化,E4 中的内容就变成了 60,里面的公式变成了"=D4"。

现在在 D4 单元格中输入"=$C4",将 D4 向右拖动到 E4,虽然列发生了变化,但 E4 中的公式还是"=$C4";而将 D4 向下拖动到 D5 时,行发生了变化,D5 中的公式就成了"=$C5"。如果在 D4 单元格中输入"=C$4",那么将 D4 向右拖动到 E4 时,列发生了变化,则 E4 中的公式变成"=D$4";将 D4 向下拖动到 D5 时,虽然行发生了变化,但 D5 中的公式还是"=C$4"。

如果在 D4 单元格中输入"=$C$4",那么不论将 D4 向哪个方向拖动,自动填充的公式都是"=$C$4"。故行和列前面谁带上了 $ 号,在进行拖动时谁就不变。如果都带上了 $,则在拖动时两个位置都不变。

2. 公式

公式是由用户自行设计并结合常量数据、单元格引用、运算符等元素进行数据处理和计算的算式。用户使用公式是有目的地计算结果,因此 Excel 的公式必须(且只能)返回值,如"=(A2+A3)*5"。

从公式的结构来看,构成公式的元素通常包括等号、常量、引用和运算符等元素。输入公式必须以符号"="开始,然后是公式的表达式。在实际应用中,公式还可以使用数组、Excel 函数或名称(命名公式)来进行运算。

Excel 包含 4 种类型的运算符:算术运算符、比较运算符、文本运算符和引用运算符。算术运算符用于连接数字并产生计算结果,计算顺序为先乘除后加减;比较运算符用于比较两个数值并产生一个逻辑值 TRUE 或 FALSE;文本运算符"&"将多个文本连接成组合文本,例如"美术 & 学院"的运算结果为"美术学院";引用运算符包括冒号、逗号、空格,用于将单元格区域合并运算,其中":"为区域运算符,如 C3:D4 代表 C3 到 D4 之间所有单元格的引用;","为联合运算符,如 SUM(B5,C3:D4)代表 B5 及 C3 至 D4 之间的所有单元格求和;空格为交叉运算符,产生对同时隶属于两个引用单元格区域的交集的引用。

如果在某个区域使用相同的计算方法,用户不必逐个编辑函数公式,这是因为公式具有可复制性。如果希望在连续的区域中使用相同算法的公式,则可以通过双击或拖动单元格右下角的填充柄进行公式的复制。如果公式所在单元格区域并不连续,还可以借助"复制"和"粘贴"功能来实现公式的复制。

Excel在"插入"选项卡"编辑"组中提供了"自动求和"按钮 Σ ▾。若对某一行或一列中数据区域自动求和,则只需选择此行或此列的数据区域,单击"自动求和"按钮,求和的结果将存入此行数据区域右侧的第一个单元格中,或是此列数据区域下方的第一个单元格中。单击"自动求和"按钮 Σ ▾ 右侧的下三角按钮,可选择求平均值、计数、最大值、最小值和其他函数等常用公式。

3. 函数

Excel的工作表函数通常被简称为Excel函数,它是由Excel内部预先定义并按照特定的顺序、结构来执行计算、分析等数据处理任务的功能模块。因此,Excel函数也常被人们称为"特殊公式"。与公式一样,Excel函数的最终返回结果为值。

Excel函数只有唯一的名称且不区分大小写,它决定了函数的功能和用途。

Excel函数通常是由函数名称、左括号、参数、半角逗号和右括号构成。函数的参数是函数进行计算所必需的初始值。用户把参数传递给函数,函数按特定的指令对参数进行计算,把计算的结果返回给用户,如SUM(B1:B10,C1:C10)即表示求B1至B10与C1至C10所有单元格中数据的和。另外有一些函数比较特殊,它仅由函数名和成对的括号构成,因为这类函数没有参数,如NOW()函数、RAND()函数等。

如果要在单元格中输入一个函数,需要以等号"="开始,接着输入函数名和该函数所带的参数;也可以利用编辑栏中的"插入函数"按钮实现函数的插入。在Excel 2010的"公式"选项卡的"函数库"组中,将函数分成了不同的类型,如图5-44所示。当进行函数输入时,也可以直接从中选择。在弹出的函数参数对话框中,输入或选择参数后,单击"确定"按钮即可完成函数运算。

图5-44 Excel函数库

常用函数如下。

(1)求和函数SUM(区域):对所划定的单元格或区域进行求和,参数可以是常数、单元格引用或区域引用。

(2)求平均值函数AVERAGE(区域):计算出指定区域中的所有数据平均值。

(3)计数函数COUNT(区域)/COUNTIF(区域,条件表达式):求出指定区域中包含的数据个数,或者指定区域中满足条件表达式的数据个数。

(4)最大值函数MAX(区域):求出指定区域中最大的数。

(5)最小值函数MIN(区域):求出指定区域中最小的数。

(6)条件函数IF(条件表达式,值1,值2):根据条件表达式的满足条件取值。当条件表达式的值为真时取"值1",否则取"值2"作为函数值。

(7) 排序函数 RANK(值或区域,区域):求指定值或数据在一个特定区域范围内的排名。

(8) 随机数据函数 RAND():求 0～1 平均分布的随机数据。

注意:函数参数中涉及标点符号的,一律使用英文输入状态下的半角符号,否则报错。

5.2.4 数据图表

图表是图形化的数据,它由点、线、面等图形与数据文件按特定的方式组合而成。用一幅图或一条曲线描述工作表的数值及相关的关系和趋势,使工作表具有直观形象、双向联动、二维坐标等特点,更加便于比较和分析。一般情况下,用户使用 Excel 工作簿内的数据制作图表,生成的图表也存放在工作簿中。图表包含图表标题、数据系列、数据轴、分类轴、图例、网格线等元素。图表创建之后,在图标区中,用鼠标选定图表的标题、数据系列等元素,可以对图表进行编辑。

1. 图表的类型和生成

在"插入"选项卡的"图表"组,如图 5-45 所示,可以根据需要选择不同的图表图标。Excel 提供了多种标准的图表类型,每一种都具有多种组合和变换。在众多的图表类型中,根据数据的不同和使用要求的不同,可以选择不同类型的图表。图表的选择主要同数据的形式有关,其次才考虑感觉效果和美观性。下面介绍一些常见的图表类型。

图 5-45 "图表"组

- 柱形图(或条形图):由一系列相同宽度的柱形或条形组成,通常用来比较一段时间中两个或多个项目的相对数量。例如,不同产品季度或年销售量对比、在几个项目中不同部门的经费分配情况、每年各类资料的数目等。柱形图(条形图)是应用较广的图表类型,很多人用图表都是从它开始的。

- 折线图:用来表现事物数量发展的变化。例如,数据在一段时间内呈增长趋势,在另一段时间内处于下降趋势,通过折线图可以对将来做出预测。折线图一般在工程上应用较多,若其中一个数据有几种情况,折线图中就有几条不同的线,例如 5 名运动员在万米赛跑中的速度变化,就有 5 条折线,可以互相对比,也可以添加趋势线对速度进行预测。

- 饼图:对比几个数据在其形成的总和中所占百分比值时最有用。整个饼代表总和,每一个数用一个扇形代表。例如,表示不同产品的销售量占总销售量的百分比等。饼图虽然只能表达一个数据列的情况,但因为表达清楚明了,又易学好用,所以在实际工作中用得比较多。如果想表示多个系列的数据时,可以用圆环图。

- 条形图:由一系列水平条组成,使得对于时间轴上的某一点,两个或多个项目的相对尺寸具有可比性。例如,它可以比较每个季度 3 种产品中任意一种的销售数量。条形图中的每一条在工作表上是一个单独的数据点或数。

- 面积图：显示一段时间内变动的幅值。面积图可以观察各部分的变动,同时也看到总体的变化。
- 散点图：展示成对的数和它们所代表的趋势之间的关系。对于每一数对,一个数被绘制在 X 轴上,而另一个数被绘制在 Y 轴上。过两个数作轴垂线,相交处在图表上有一个标记。当大量的这种数对被绘制后,出现一个图形。散点图的重要作用是可以用来绘制函数曲线,所以在教学、科学计算中会经常用到。
- 股价图：具有 3 个数据序列的折线图,可以用来显示一段时间内一种股票的最高价、最低价和收盘价。通过在最高、最低数据点之间画线形成垂直线条,而轴上的小刻度代表收盘价。股价图多用于金融、商贸等行业,用来描述商品价格、货币兑换率和温度、压力测量等。
- 雷达图：显示数据如何按中心点或其他数据变动。每个类别的坐标值从中心点辐射。来源于同一序列的数据用线条相连。可以采用雷达图来绘制几个内部关联的序列,很容易地做出可视的对比。例如,对于 5 个相同部件的机器,在雷达图上就可以绘制出每一台机器上每一部件的磨损量。

还有其他一些类型的图表,如圆柱图、圆锥图、棱锥图,都是由条形图和柱形图变化而来的,没有突出的特点,而且用得相对较少,就不一一赘述。这里要说明的是,以上只是图表的一般应用情况,有时一组数据可以用多种图表来表现,那时就要根据具体情况加以选择。对有些图表,如果一个数据序列绘制成柱形,而另一个则绘制成折线图或面积图,则该图表看上去会更好些。

创建图表操作步骤非常简单：首先确保数据适合于图表,选择包含数据的区域,在"插入"选项卡的"图表"组,单击某个图表图标,选择图表类型,单击这些图标后,能显示出包含子类型的下拉列表。也可以选择"所有图表类型"命令,弹出如图 5-46 所示的对话框进行选择。

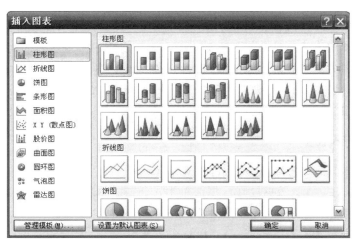

图 5-46 "插入图表"对话框

2. 图表的编辑和修改

图表的编辑和修改是指按照用户的要求对图表类型、图表数据、图表布局、图表样式和外观等进行编辑和设置的操作,使图表的显示效果满足用户的需求。在 Excel 2010 中,编

计算机应用基础

辑图表的操作非常直观。选中创建的图表后,功能区出现图表工具,如图 5-47 所示,可以选择相应的命令对图表进行编辑。

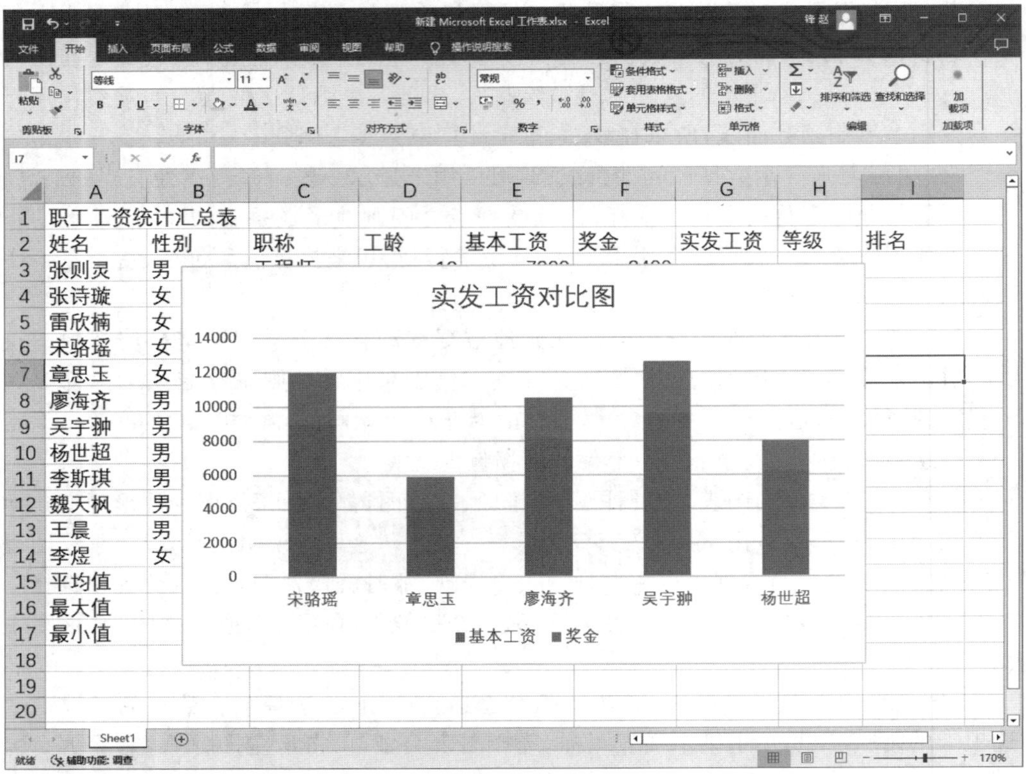

图 5-47　图表工具与编辑

　　例如,选定图表后,在"图表工具-布局"选项卡的"标签"组中,可以设置图表标题、坐标轴标题、图例、数据标签及数据表等相关属性;选中图表,其四周出现 8 个图表区选定柄,按下鼠标拖动可调整图表大小及位置;选中图表,在"设计"选项卡中选择"更改图表类型"命令可以重新选定图表类型。选中图表后,可看到图表所引用的工作表数据区域分别被带有不同颜色的线框标注,拖动选定柄可调整数据区域大小,图表中显示的图形会随表数据区的变化而变化。利用"选择数据"命令可以重新选定数据区域。

5.2.5　数据管理

　　Excel 具有较强的数据管理能力,可以对电子表格数据进行排序、筛选、分类汇总及创建数据透视表等。Excel 的数据放在数据清单中进行管理和分析。数据清单就是包含相关数据的一系列工作表。

图 5-48　获取外部数据

1. 获取外部数据

　　Excel 在某些情况下需要调用外部数据进行操作,以提高工作效率。Excel 的"数据"选项卡中提供了获取外部数据的几种方法,如图 5-48 所示,包括自 Access、自网站、自文本、自其他来源和现有连接。选择相应的命令后弹出数据选取或导入对话框,选择本节案例中提供的按特定格式保存的外部数据文件即可。

2．数据排序

对于工作表中的数据,不同的用户因其关注的方面不同,可能需要对这些数据进行不同的排列,这时可以使用 Excel 的数据排序功能对数据进行分析,用户只要分别指定关键字及升降序,就可以完成排序的操作。

单击数据区中的任意单元格,选择"数据"选项卡"排序和筛选"组中的"排序"命令,弹出如图 5-49 所示的"排序"对话框。

图 5-49 "排序"对话框

在该对话框中的"主要关键字"下拉列表中选定排序依据的列名,排序依据可以是数值、单元格颜色、字体颜色和单元格图标等,排序次序可以为升序、降序和自定义序列。

单击对话框中的"选项"按钮可以对数据清单的行、列数据进行排序。当某些数据按一行或一列中的相同值分组,将对该组相同值中的另一列或另一行进行排序时,用户可以通过单击"添加条件"按钮,采用多列内容组合排序的方法。此时,主要关键字和次要关键字的排序方式可以不同,先按主要关键字排序,当主要关键字内容相同时,再按次要关键字排序。在 Excel 中,排序依据最多可以支持 64 个关键字。

对于排序,在 Excel 中有按单元格中字体和填充颜色排序,或者按单元格数值使用的不同图表进行排序的功能,用户可以在"排序依据"下拉列表中选择设置。

3．数据筛选

对数据进行筛选,就是查询满足特定条件的记录。它是一种用于查找数据清单中的数据的快速方法。使用"筛选"可以在数据清单中显示满足条件的数据行,而其他行被隐藏。Excel 提供了两种筛选数据的命令:自动筛选和高级筛选。

1) 自动筛选

自动筛选适用于简单的筛选条件。单击数据列表中的任意一个单元格,然后选择"数据"选项卡"排序和筛选"组中的"筛选"命令,此时在表格的所有字段列中都有一个向下的筛选箭头。单击数据表中的任何一列标题行的筛选箭头,设置希望显示的特定信息,Excel 将自动筛选出包含特定行信息的全部数据,如图 5-50 所示。

在数据表中,如果单元格填充了颜色,则可以按照颜色进行筛选。

如果筛选条件有多项,如要求将案例中性别为女、职称为工程师、基本工资＞4500 的数据筛选出来,则可进行如下操作:首先单击数据表中"性别"右侧的筛选箭头,选择"女"选项;再单击数据表中"职称"右侧的筛选箭头,选择"工程师"选项;最后单击数据表中"基本

计算机应用基础

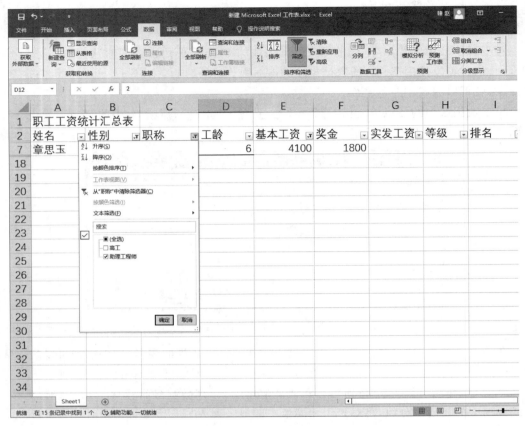

图 5-50   自动筛选

工资"右侧的筛选箭头,选择"数字筛选"→"大于"命令,弹出"自定义自动筛选方式"对话框,设置"基本工资"大于 4500,如图 5-51 所示,然后单击"确定"按钮。筛选结果如图 5-52 所示。

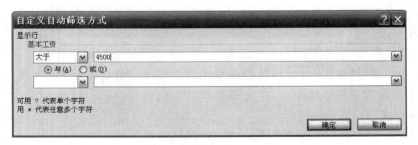

图 5-51   "自定义自动筛选方式"对话框

若要取消对某一列筛选操作的结果,单击该列右端的下三角按钮,从弹出的下拉列表中选择"全选"命令,即可恢复全部数据的显示。若要取消对所有列所做的筛选操作结果,再次选择"排序和筛选"中的"筛选"命令即可。

2)高级筛选

使用自动筛选,可以筛选出符合特定条件的数据。但有时所设的条件较多,用自动筛选就显得比较麻烦,这时,高级筛选更适用。如果条件比较多,可以使用"高级筛选"功能把想

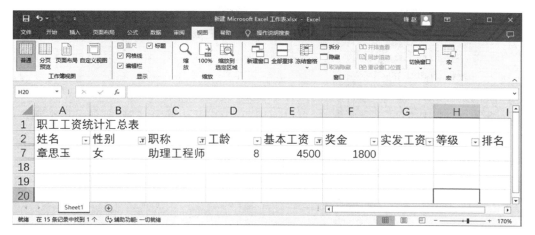

图 5-52　筛选结果

要看到的数据都找出来。

高级筛选的工作方式在几个重要的方面与自动筛选有所不同,高级筛选要求在一个工作表中数据不同的地方指定一个区域来存放筛选的条件,这个区域为条件区域。仍然以案例中性别为女、职称为工程师、基本工资＞4500的数据筛选为例,通过高级筛选的操作方法如下:打开工作表,在工作表中远离单元格数据区域的位置建立条件区域,按照数据筛选条件分别将列标志和条件输入条件区域中。选择"排序和筛选"中的"高级"命令,屏幕会弹出如图5-53所示的"高级筛选"对话框。如果想保留原始的数据列表,须将符合条件的记录复制到其他位置,应在"高级筛选"对话框中"方式"选项中选中"将筛选结果复制到其他位置"单选按钮,并在"复制到"框中输入将复制的位置区域。将"列表区域"和"条件区域"分别选定,再单击"确定"按钮,就会在原数据区域显示出符合条件的记录。

图 5-53　"高级筛选"对话框

计算机应用基础

高级筛选可以设置行与行之间的"或"关系条件,也可以对一个特定的列指定 3 个以上的条件,还可以指定计算条件,这些都是比自动筛选的优越之处。高级筛选的条件区域应该至少有两行,第一行用来放置列标题,下面的行则放置筛选条件,需要注意的是,这里的列标题一定要与数据清单中的列标题完全一样才行。在条件区域的筛选条件设置中,同一行上的条件默认是"与"条件,而不同行上的条件默认是"或"条件。

在设置自动筛选的自定义条件时,可以使用通配符,其中问号"?"代表任意单个字符,星号"＊"代表任意一组字符。如筛选出姓王的员工工资,可在表格"姓名"字段的"自定义自动筛选方式"对话框中设置姓名等于"王＊",筛选结果如图 5-54 所示。

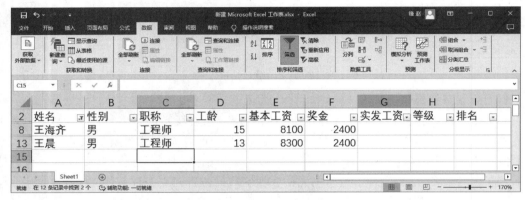

图 5-54 "王＊"筛选结果

4. 数据有效性

在向工作表中输入数据时,为了防止用户输入错误的数据,可以为单元格设置有效的数据范围,限制用户只能输入指定范围内的数据,极大地减少了数据处理操作的复杂性。

在设置数据有效性时,有多个选项需要设置,下面结合案例进行介绍,设置职工公积金单元格区域内的数据范围为 200～500,具体步骤如下。

选中要设置数据有效性的单元格区域,选择"数据"选项卡"数据工具"组中的"数据有效性"命令,弹出"数据有效性"对话框。在对话框中进行有效性条件、输入信息、出错警告等设置,本例中设置了有效性条件为整数数据介于最小值 200 和最大值 500 之间,出错警告样式为停止,标题为"出错啦!",错误信息为"公积金金额须介于 200 与 500 之间!",如图 5-55 所示。

图 5-55 数据有效性设置

对单元格区域设置有效性数据后，如果输入不符合规定范围的数据，则 Excel 会弹出如图 5-56 所示的错误提示信息。

5. 分类汇总

在 Excel 中，数据表格输入完成后，可以依据某个字段将所有的记录分类，把字段值相同的记录作为一类，得到每一类的统计信息。运用"分类汇总"功能，可以免去一次次输入公式和调用函数对数据进行求和、求平均、求乘积等操作，从而提高工作效率。当然，也可以很方便地移去分类汇总的结果，恢复数据表格的原形。

图 5-57　"分类汇总"对话框

要进行分类汇总，首先要确定数据表格最主要的分类字段，并依据分类字段对数据表格进行排序。例如，要求案例按照性别汇总"工龄"和"基本工资"的平均值，则首先需要按性别进行排序，否则分类汇总的数据便毫无实用意义。排序后选定数据范围内的任一单元格，选择"数据"选项卡"分级显示"组中的"分类汇总"命令，弹出如图 5-57 所示的"分类汇总"对话框，选择"分类字段"为性别、"汇总方式"为平均值、"选定汇总项"包括工龄和基本工资，然后单击"确定"按钮，分类汇总显示结果如图 5-58 所示。

注意：必须确保要进行分类汇总的数据为下列格式：第一行的每一列都有标志，并且同一列中应包含相似的数据，在区域中没有空行或空列。

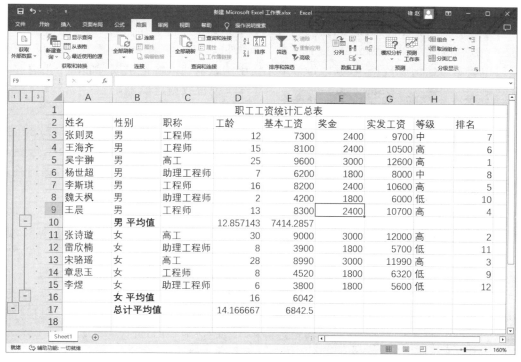

图 5-58　分类汇总结果

第 5 章

计算机应用基础

如果想在每个分类汇总后有一个自动分页符,可勾选"每组数据分页"复选框;如果希望分类汇总结果出现在分类汇总的行的上方,而不是在行的下方,则取消勾选"汇总结果显示在数据下方"复选框;分类汇总后,单击分类汇总数据左边的折叠按钮,可以将具体数据折叠,单击＋号可以扩展开;如果用户要取消分类汇总,只需在"分类汇总"对话框中单击"全部删除"按钮,屏幕就会回到未分类汇总前的状态。

6. 数据透视表

数据透视表是一种对大量数据快速汇总和建立交叉列表的交互式动态表格,能帮助用户分析、组织数据,如计算平均数、标准差,建立列联表,计算百分比,建立新的数据子集等。它能够对行和列进行转换以查看源数据的不同汇总结果,并显示不同页面以便从不同的角度查看数据,还可以根据需要显示区域中的明细数据。建好数据透视表后,可以从大量看似无关的数据中寻找联系,从而将纷繁的数据转换为有价值的信息,以供研究和决策所用。

1）数据透视表的组成

数据透视表一般由以下几部分组成。

（1）页字段:数据透视表中指定为页方向的源数据清单或表单中的字段。单击页字段的不同项,在数据透视表中会显示与该项相关的汇总数据。

（2）数据字段:含有数据的源数据清单或表单中的字段。它通常汇总数值型数据,数据透视表中的数据字段值来源于数据清单中同数据透视表行、列、数据字段相关的记录的统计。

（3）数据项:数据透视表的分类,代表源数据中同一字段或列中的单独条目。数据项以行标或列标形式出现,或出现在页字段的下拉列表框中。

（4）行字段:数据透视表中指定为行方向的源数据清单或表单中的字段。

（5）列字段:数据透视表中指定为列方向的源数据清单或表单中的字段。

（6）数据区域:数据透视表中含有汇总数据的区域。数据区中的单元格用来显示行和列字段中数据项的汇总数据,数据区每个单元格中的数值代表源记录或行的一个汇总。

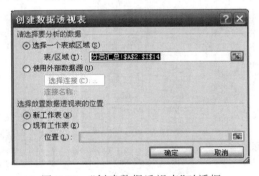

图 5-59 "创建数据透视表"对话框

2）创建数据透视表

选择"插入"选项卡"表"组中的"数据透视表"命令,在弹出的下拉列表中有"数据透视表"和"数据透视图"命令,选择"数据透视表"命令,弹出如图 5-59 所示的"创建数据透视表"对话框。

在"选择一个表或区域"中选择输入源数据所在的区域范围,在"选择放置数据透视表的位置"中选择"新工作表"后,单击"确定"按钮,弹出数据透视表的编辑界面,如图 5-60 所示。在右侧出现的是"数据透视表字段"列表,在该列表中选择要添加到报表的字段,即可完成数据透视表的创建。双击数据透视表中值字段,可以根据需要选择汇总方式,包括计数、平均值、最大值、最小值等。在"数据透视表分析-工具"选项卡中,可以设置数据透视表的布局、样式以及样式选项等,帮助用户设计所需的数据透视表。

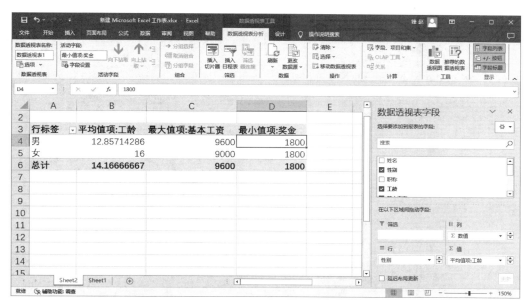

图 5-60　数据透视表

5.3　演示文稿软件 PowerPoint

PowerPoint 是微软公司 Office 办公集成软件中的一个应用程序,能够制作集文字、图像、声音、动画及视频等多媒体元素为一体的演示文稿,是目前最实用、功能最强大的演示文稿制作软件之一,在工作汇报、企业宣传、产品推介、婚礼庆典、项目竞标、管理咨询中被广泛使用。PowerPoint 无论是在创建、播放演示文稿方面,还是在保护管理信息和信息共享方面,都有很多功能,如全新的直观型外观、自定义版式和精美的 SmartArt 图形等。

PowerPoint 提供了普通视图、幻灯片浏览、备注页和幻灯片放映等视图模式,每种视图都包含该视图下特定的工作区、功能区和其他工具,其窗口如图 5-61 所示。在功能区中选择"视图"选项卡,在"演示文稿视图"组中选择相应的按钮即可改变视图模式。或者单击主窗口右下角的"视图切换"按钮,可以在普通视图、幻灯片浏览和幻灯片放映等视图方式之间切换。

普通视图是 PowerPoint 最主要的编辑视图,用于设计演示文稿。该视图实际上包含了幻灯片视图、大纲视图两种视图模式。幻灯片视图主要用于对单幅幻灯片进行外观设计,编辑文本,插入图形、声音和影片等多媒体对象,并对某个对象设置动画效果或创建超链接;大纲视图主要用于输入和修改大纲文字,当文字输入量较大时用这种视图进行编辑较为方便。

幻灯片浏览视图是缩略图形式的演示文稿幻灯片。该视图用于从整体上浏览和修改幻灯片效果,如改变幻灯片的背景设计、配色方案,调整顺序,添加和删除幻灯片,幻灯片的复制和移动等操作,但不能编辑幻灯片中的具体内容,编辑工作只能切换到普通视图中进行。

备注页视图用于为幻灯片创建备注。备注可以在普通视图下的备注区进行创建,也可以在备注页视图模式下进行创建。注意,插入备注页中的对象不能在幻灯片放映模式下显示,可通过打印备注页打印出来。

幻灯片放映视图以全屏幕播放演示文稿中的所有幻灯片,可以听到幻灯片中的声音,看

计算机应用基础

图 5-61　PowerPoint 工作窗口

到各种图像、视频剪辑、动画和幻灯片切换效果。阅读视图与幻灯片放映视图类似,只不过在顶部增加了标题栏,并在底部增加了状态栏,可以通过状态栏中的不同按钮完成不同幻灯片和不同视图的切换。

5.3.1　演示文稿基本操作

使用 PowerPoint 创建的文件称为演示文稿,而幻灯片则是组成演示文稿的每一页,在幻灯片中可以插入文本、图像、声音、动画和影片等。PowerPoint 的用户界面和基本操作,如启动和退出,缩放版面或文字,包括使用密码、权限和其他限制保护演示文稿,SmartArt图形、图片或剪贴画、形状、艺术字、图表等对象的插入及编辑,实时翻译,格式及兼容性等功能,这些都可参照 Word 及 Excel 的操作进行。

1. 演示文稿的创建和保存

启动 PowerPoint 演示文稿应用程序后,系统将自动新建一个默认文件名为"演示文稿1"的空白文稿。空演示文稿是一种形式最简单的演示文稿,没有应用模板设计、配色方案以及动画方案,可以自由设计。

除此之外,还可以根据模板创建演示文稿。模板是一种以特殊格式保存的演示文稿,一旦应用了一种模板后,幻灯片的背景图形、配色方案等就都已经确定,所以套用模板可以提高创建演示文稿的效率。选择"文件"→"新建"命令,在"新建演示文稿"对话框的"已安装的模板"中任意选择一种,单击"创建"按钮即可。

如果想使用现有演示文稿中的一些内容或风格设计其他的演示文稿,还可以使用"根据现有内容新建"功能。在"新建演示文稿"对话框中选择"根据现有内容新建"命令,然后在弹出的对话框中选择需要应用的演示文稿文件,单击"新建"按钮即可。

PowerPoint 2007 以上版本的演示文稿扩展名为.pptx,如果想兼容早期的版本,可以选择"文件""另存为"命令,在"保存文档副本"下拉列表中选择"PowerPoint 97-2003 演示文稿",此时文稿的扩展名是.ppt。PowerPoint 2010 可以自行设计自动保存的时间,以尽可能减少文稿丢失造成的损失。选择"文件"→"PowerPoint 选项"命令,弹出"PowerPoint 选项"对话框,如图 5-62 所示。在对话框中选择左侧的"保存"选项,打开"保存"选项内容,勾选"保存自动恢复信息时间间隔"复选框,设置对演示文稿进行自动保存和恢复的时间间隔,如设定 10 分钟,单击"确定"按钮。

图 5-62 "PowerPoint 选项"对话框

2. 设置主题

主题是一套统一的设计元素和配色方案,是为演示文稿提供的一套完整的格式集合,是主题颜色、主题字体和主题效果三者的组合。主题作为一套独立的选择方案应用于文件中,可以简化专业设计师水平的演示文稿的创建过程。不仅可以在 PowerPoint 中使用主题颜色、字体和效果,而且可以在 Excel、Word 和 Outlook 中使用它们,使设计的演示文稿具备统一的风格。在 PowerPoint 中内置了大量主题,用户在创建演示文稿过程中,可以直接使用这些主题创建演示文稿,如图 5-63 所示。可以从 Microsoft Office 官方网站下载其他主题。如果要自定义演示文稿,则可以更改主题。

在"设计"选项卡的"主题"组中单击下拉按钮,弹出下拉列表,在该列表中选择要使用的主题,即可更改当前幻灯片的主题。

3. 幻灯片基本操作

演示文稿是由许多张零散的幻灯片构成的,制作好演示文稿后,可以根据需要对其布局进行整体的管理,如插入新的幻灯片、移动和复制幻灯片或者删除幻灯片等。

插入新幻灯片:在"开始"选项卡的"幻灯片"组中单击"新建幻灯片"按钮,在弹出的下拉列表中选择一种版式的幻灯片,即可在当前幻灯片下面插入一张新的幻灯片。

移动和复制幻灯片:在普通视图的"幻灯片"任务窗格中,选择要移动的幻灯片图标,按住鼠标左键不放,将其拖动到目标位置后释放鼠标,即可移动该幻灯片。在拖动的同时按住

计算机应用基础

184

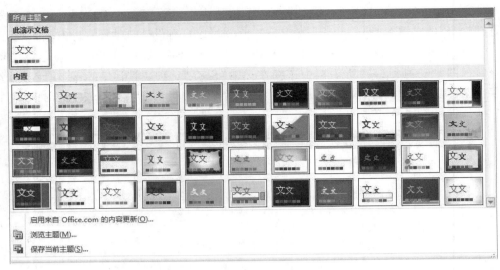

图 5-63　内置主题

Ctrl 键不放则可以复制该幻灯片。

删除幻灯片：选择要删除的幻灯片，在"开始"选项卡的"幻灯片"组中单击"删除"按钮或者直接按 Delete 键即可删除。

设置背景颜色：PowerPoint 提供了丰富的背景设置，通过对幻灯片颜色和填充效果的更改，可以获得不同的背景效果。在"设计"选项卡的"背景"组中单击"背景样式"按钮，可以直接选择 PowerPoint 内置的 12 种背景。

设置填充效果：可以选择使用系统自带纹理、图案或者图片文件作为幻灯片的填充效果。在"设计"选项卡的"背景"组中单击"背景样式"按钮，在弹出的"背景样式"下拉菜单中选择"设置背景格式"命令，弹出如图 5-64 所示的对话框。选中"图片或纹理填充"单选按钮，即可选择某一种纹理、图片文件或剪贴画进行填充。

图 5-64　"设置背景格式"对话框

PowerPoint 为了进一步美化幻灯片背景，特别加上了 3 种背景编辑美化方式，即"图片更正""图片颜色""艺术效果"，可以对背景进一步加工以达到更精美的效果。

5.3.2 母版设置

当需要对已有模板或主题进行调整或设计新的模板时，就会使用到"幻灯片母版"命令。幻灯片母版是幻灯片层次结构中的顶层幻灯片，用于存储有关演示文稿的主题和幻灯片版式信息，包括背景、颜色、字体、效果、占位符大小和位置等。

每个演示文稿至少包含一个幻灯片母版。修改和使用幻灯片母版的主要优点是可以对演示文稿中的每张幻灯片（包括以后添加到演示文稿中的幻灯片）进行统一的样式更改。由于无须在多张幻灯片上重复输入相同的信息，因此节省了时间。单击"视图"选项卡"母版视图"组中的"幻灯片母版"按钮即可设计和修改如图 5-65 所示的幻灯片母版。

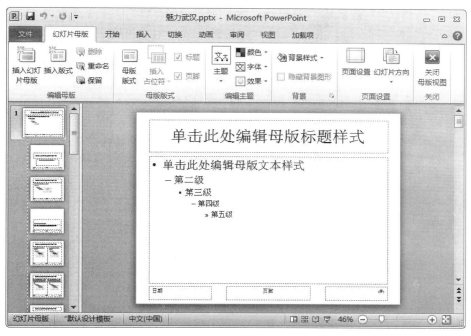

图 5-65　幻灯片母版

每个幻灯片版式的设置方式可以不同，但与给定幻灯片母版相关联的所有版式将包含相同主题效果。在开始构建各张幻灯片之前最好先创建幻灯片母版，而不是在构建了幻灯片之后再创建母版。如果先创建了幻灯片母版，则添加到演示文稿中的所有幻灯片都会基于该幻灯片母版和相关联的版式。因此，开始更改时，请务必在幻灯片母版上进行。

如果在构建了各张幻灯片之后再创建幻灯片母版，则幻灯片上的某些项目可能不符合幻灯片母版的设计风格。可以使用背景和文本格式设置功能在各张幻灯片上覆盖幻灯片母版自定义内容，但其他内容如页脚、徽标等则只能在幻灯片母版视图模式下修改。

在"幻灯片母版"选项卡的"关闭"组中，单击"关闭母版视图"按钮即可恢复到页面视图模式。

计算机应用基础

5.3.3 多媒体元素操作

1. 插入声音或视频

PowerPoint 可以在幻灯片放映时播放音乐、声音和影片,产生声情并茂的效果。通过"插入"选项卡"媒体"组中的"视频"或"音频"功能,可以在演示文稿中插入影音文件。PowerPoint 支持的声音文件格式为 WAV、MID、RMI、AIF、MP3 等,支持的影片格式为 AVI、CDA、MLV、MPG、MOV、DAT 等。双击插入的音频或视频文件,可调出音频工具或视频工具。

以插入音频为例,在"音频工具-播放"选项卡的"音频选项"组中,可以设置音频(视频)的播放起止时间,如图 5-66 所示。

图 5-66　音频工具及音频插入效果

若要在放映该幻灯片时自动开始播放音频剪辑,可在"音频选项"组的"开始"列表中单击"自动"按钮。若要通过在幻灯片上单击音频剪辑来手动播放,可在"音频选项"组的"开始"列表中单击"单击时"按钮。若要在演示文稿中单击切换到下一张幻灯片时播放音频剪辑,可在"音频选项"组的"开始"列表中单击"跨幻灯片播放"按钮。连续播放音频剪辑直至停止播放,可勾选"音频选项"组的"循环播放,直到停止"复选框。在播放声音文件时,屏幕中会出现一个小喇叭图标,若在播放时要求不显示,可以选中该图标,在"音频工具-播放"选项卡的"音频选项"组中,勾选"放映时隐藏"复选框。

当把制作的演示文稿发给别人时,演示文稿中所插入的音频或视频文件会因路径丢失而不能正常播放;在日常工作中,经常要带着 U 盘,将一个演示文稿通过 U 盘带到另一台计算机中,然后将这些演示文稿展示给别人。如果另一台计算机没有安装 PowerPoint 软件,那么将无法使用这个演示文稿。"打包"功能可以解决这个问题。

选择"文件"→"保存并发送"命令,选择其中的"将演示文稿打包成 CD"命令,单击"打包成 CD"按钮,如图 5-67 所示,弹出"打包成 CD"对话框。

在"打包成 CD"对话框中单击"复制到文件夹"按钮,选择保存路径并命名文件夹后单击"确定"按钮,演示文稿与音频视频文件将被

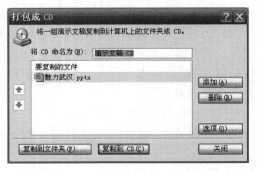

图 5-67　"打包成 CD"对话框

打包在一个文件夹内，传送文件夹给别人后可以照常播放，不会再丢失链接。这样，在 Windows 系统中没有安装 PowerPoint 软件也可以播放。

2. 插入 SWF 动画

PowerPoint 中也可以插入 SWF 格式的动画影片，但所采用的办法不是上述的"插入"选项卡"媒体"组中的"视频"或"音频"功能，而是须选择"文件"→"PowerPoint 选项"命令，弹出如图 5-68 所示的"PowerPoint 选项"对话框，在"自定义功能区"选项中勾选"开发工具"复选框，此时在 PowerPoint 功能区中将出现"开发工具"选项卡。

图 5-68　添加"开发工具"选项卡

打开"开发工具"选项卡，如图 5-69 所示，选择"控件"→"其他控件"命令，弹出如图 5-70 所示的对话框，在对话框中选择 Shockwave Flash Object 并通过鼠标在幻灯片中拖动来设定一个范围插入控件，并在控件属性设置框中设置 Movie 参数路径及名称，即可实现插入 SWF 动画效果。

图 5-69　"开发工具"选项卡

3. 创建按钮、设置超链接

在 PowerPoint 中可以在演示文稿中创建超链接，实现与演示文稿中的某张幻灯片、另一份演示文稿、其他类型文档或是域名地址之间的跳转，也可以添加交互式动作，添加动作按钮实现"播放""上一张""下一张"等命令。

在"插入"选项卡的"插图"组中,单击"形状"按钮下方的三角按钮,弹出"形状"下拉列表,移动滚动条到"动作按钮"列。PowerPoint 提供了一组动作按钮,可以将动作按钮添加到演示文稿中,这些按钮都是 PowerPoint 预定义好的。

选择一个动作按钮,在幻灯片编辑区拖动鼠标即可绘制一个动作按钮,绘制完成弹出"动作设置"对话框,其中包括"单击鼠标"和"鼠标移过"两个选项卡设置,如图 5-71 所示。当选择"单击鼠标"时,也可以选择"播放声音",这样当单击鼠标时会播放用户选择的声音。

图 5-70　选择 Shockwave Flash
Object 控件

图 5-71　"动作设置"对话框

超链接是指向特定位置或者文件的一种链接方式,可以利用它指定程序的跳转位置,只有在幻灯片放映时才有效。通过"动作设置"对话框,可以为创建的动作按钮添加超链接,链接到文稿中的某张幻灯片、某个文件或者某个站点、电子邮件等。在"单击鼠标"选项卡中选择超链接,然后单击右边的黑色三角按钮,选择 URL 选项,输入要链接的地址,如 http://www.baidu.com,单击"确定"按钮即可完成。在幻灯片放映时单击"播放"按钮,就会跳转到链接的网站主页。

选中幻灯片中要创建超链接的文本或者图形对象,右击,在弹出的快捷菜单中选择"超链接"命令,弹出如图 5-72 所示的"插入超链接"对话框。选择"链接到"选项中不同的链接文件可以设置不同类型的超链接。

图 5-72　"插入超链接"对话框

5.3.4 动画效果

1. 设置幻灯片切换效果

在 PowerPoint 幻灯片播放过程中，为了使幻灯片之间的切换变得平滑、自然，可以设置幻灯片切换效果。幻灯片切换效果是添加在幻灯片之间的一种过渡效果，是指一张幻灯片如何从屏幕上消失，以及另一张幻灯片如何显示在屏幕上的方式。可以为一组幻灯片设置同一种切换效果，也可以为每张幻灯片设置不同的切换方式。

如图 5-73 所示，在"切换"选项卡的"切换到此幻灯片"组中，单击右侧向下的"其他"按钮，即可展开 PowerPoint 幻灯片切换方案列表，在列表中可以选择一种切换方案应用到当前幻灯片。若单击"全部应用"则应用到演示文稿的所有幻灯片中。

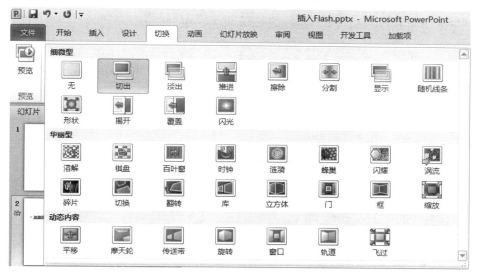

图 5-73　幻灯片切换

PowerPoint 提供了 3 类切换方案：细微型、华丽型和动态内容。

2. 动画效果

在幻灯片上添加动画效果，可以动态显示文本、图形、图像和其他对象，以突出重点、提高演示文稿的趣味性。选择要设置动画效果的对象，然后单击"动画"选项卡"动画"组中右下角"其他"下拉按钮，即可展开动画样式列表，如图 5-74 所示。选择需要的动画样式应用到指定的对象，在动画效果库中选择想要的动画效果。

PowerPoint 提供了 4 类动画方案：进入动画、强调动画、退出动画及动作路径。如果对当前动画方案不满意，则可以在动画样式列表中选择"无"取消动画效果设置。

在"动画"选项卡的"计时"组中，在"开始"下拉菜单中选择动画激活方式，在"持续时间"中设置动画速度，在"延迟时间"中设置动画延迟的时间。

当简单的幻灯片动画不能满足演示需求时，可通过动画效果库中的"更多进入效果""更多强调效果""更多退出效果""其他动作路径"来设置所需的动画效果。在"动画"选项卡的"计时"组可设置时间和动画激活方式。

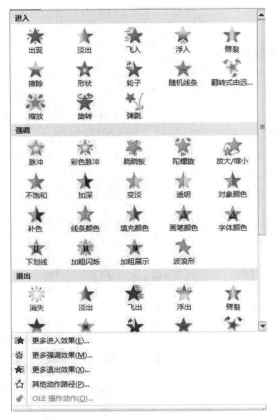

图 5-74　添加动画

5.3.5　放映设置及打包

设计好的演示文稿可以直接在计算机上播放,浏览者不仅可以看到幻灯片上的文字、图像、影片等内容,还可以听到声音,看到各种动画效果以及幻灯片之间的切换效果。

1. 设置演示文稿的放映

放映幻灯片时,系统默认的设置是播放演示文稿中的所有幻灯片,也可以只播放其中的一部分幻灯片。在"幻灯片放映"选项卡的"设置"组中,单击"设置幻灯片放映"按钮即可对准备放映的演示文稿进行放映设置。如图 5-75 所示,在"设置放映方式"对话框中,可以对放映类型、放映选项、放映幻灯片、换片方式以及多监视器等进行详细设置。

放映幻灯片时,单击演示文稿窗口右下角的"幻灯片放映"按钮,从当前幻灯片开始放映。或者选择"幻灯片放映"选项卡"开始放映幻灯片"组中的命令,选择"从头开始""从当前幻灯片开始""广播幻灯片""自定义放映"4 种放映方式。

开始放映后,通过 3 种方式可以结束幻灯片放映:一是通过设置幻灯片切换间隔时间,让幻灯片放映完毕后自动结束;二是在循环放映时按 Esc 键退出;三是在放映过程中右击,在弹出的快捷菜单中选择"结束放映"命令。

2. 控制幻灯片放映

放映幻灯片时,可以按照顺序或设置的链接,以手动或自动方式控制幻灯片的播放。

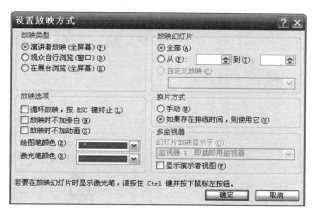

图 5-75 设置放映方式

手动放映时,在放映的幻灯片上单击或按 PgDn 键放映下一张幻灯片,按 PgUp 键返回上一张幻灯片。在放映的幻灯片上右击,可以从快捷菜单中选择下一张、上一张或按标题定位,也可以在放映时单击幻灯片上设置过链接的对象,跳转到目标幻灯片。

在利用演示文稿进行演讲时,有时候需要一边播放演示文稿,一边看稿件(演讲内容与演示内容不一致时),显得很忙乱,通过设置自动方式可以使演示文稿自动演示。

在"幻灯片放映"选项卡的"设置"组中提供了"排练计时"功能,在启用该功能后,幻灯片进入放映状态,当单击"播放"按钮时,PowerPoint 会记录每一张幻灯片切换的时间,并在今后使用该幻灯片进行放映时自动按照该时间设置播放幻灯片。单击"排练计时"按钮后,演示进入放映状态,在界面的左上角有显示记录时间的控件,如图 5-76 所示。

在排练计时的基础上加上录制演示者声音的功能,可以供排练者事后观摩自己的讲演,以便进行改进。单击"幻灯片放映"选项卡"设置"组中的"录制幻灯片演示"按钮,弹出"录制幻灯片演示"对话框,勾选"旁白和激光笔"复选框,单击"开始录制"按钮开始录制,如图 5-77所示。

图 5-76 排练计时

图 5-77 录制旁白

设置好排练计时和录制旁白后,还需设置放映方式,才能让演示文稿自动放映。单击"幻灯片放映"选项卡"设置"组中的"设置幻灯片放映"按钮,弹出"设置放映方式"对话框,在"换片方式"中选中"如果存在排练时间,则使用它"单选按钮,单击"确定"按钮,再放映时就会按照排练的时间及旁白进行自动演示。

3. 打印演示文稿

对演示文稿进行打印时,可以选择不同的打印方式。选择"文件"→"打印"命令,如图 5-78 所示,可以设置打印的范围以及打印的份数。同时,还可以选择打印的类型,可供选择的有幻灯片、讲义、备注页和大纲。在选择打印讲义类型后,还可以选择每页打印几张幻灯片等内容。

图 5-78　打印设置

　　打印时幻灯片的打印预览将显示在屏幕的右侧。若要显示其他页面,则可以单击打印预览屏幕底部的箭头进行翻页。

　　使用位于打印预览界面右下角的缩放滑块,增加或减小显示大小,可以更改打印预览缩放设置。

　　如果要设置幻灯片页面方向、大小,则需要在"设计"选项卡的"页面设置"组中设置页面方向,并在弹出的"页面设置"对话框中进行大小设置,如图 5-79 所示。

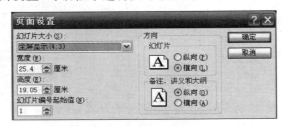

图 5-79　"页面设置"对话框

习　　题

一、单选题

1. 下列不属于 Microsoft Office 软件包的软件是(　　)。

　　A. Excel　　　　　　B. Word　　　　　　C. Photoshop　　　　　　D. PowerPoint

2. 当插入点在 Word 文档中时,按 Delete 键将删除(　　)。

    A. 插入点所在的行　　　　　　　　　　B. 插入点所在的段落

    C. 插入点左边的一个字符　　　　　　　D. 插入点右边的一个字符

3. 以下(　　)不是 Word 文档的扩展名。

    A. .docx　　　　　　B. .xlsx　　　　　　C. .docm　　　　　　D. .dotm

4. 在编辑 Word 文档时,重复上一次的操作应按(　　)键。

    A. Ctrl+Z　　　　　B. Ctrl+T　　　　　C. F3　　　　　　　D. F4

5. 在 Excel 单元格 E3 中有公式"=C3+D3",将 E3 单元格的公式复制到 D4 单元格内,则 D4 单元格的公式是(　　)。

    A. =B2+C2　　　　B. =B3+C3　　　　C. =B4+C4　　　　D. =B5+C5

6. Excel 工作表数据发生变化时,相关联的图表(　　)。

    A. 断开连接　　　　B. 自动更新　　　　C. 保持不变　　　　D. 损坏

7. 若在 Excel 的同一单元格中输入的文本有两个段落,在第一段落输入完成后,应使用(　　)快捷键在单元格内实现换行。

    A. Ctrl+Enter　　　　　　　　　　　　B. Tab+Enter

    C. Alt+Enter　　　　　　　　　　　　D. Shift+Enter

8. 在某个 Excel 工作表的 A9 单元格中输入(　　)并按 Enter 键后,不能显示 A4+A5 的结果。

    A. =SUM(A4,A5)　　　　　　　　　　B. =SUM(A4:A5)

    C. =SUM(A4_A5)　　　　　　　　　　D. =A4+A5

9. 在 Excel 单元格中输入分数 1/2,正确的输入方法是(　　)。

    A. 0 1/2　　　　　　B. 1/2　　　　　　C. '1/2　　　　　　D. %1/2

10. 在 PowerPoint 幻灯片演示过程中,要想终止演示,可按(　　)键。

    A. Delete　　　　　B. Alt+F4　　　　C. Esc　　　　　　D. 以上都可以

二、填空题

1. 在 Word 中,若发生误操作,则可以按_____快捷键进行恢复。

2. Word 2010 版本创建的文件,另存为兼容 Word 97-2003 版本,其文件扩展名为_____。

3. 在 Word 文档中,若只打印文档的第 5 页到第 9 页,应在"打印"对话框中的"页码范围"中输入_____。

4. 在 Excel 中,统计 A3 到 C3 单元格中所有数据的平均值,可以使用函数表达式_____。

5. 在 Excel 中,在单元格插入公式要以_____开始。

6. 在 Excel 中,工作表分类汇总前必须先按照分类字段对工作表进行_____。

7. 若要求只显示满足特定条件范围的数据,可以使用 Excel 的_____功能。

8. 在 PowerPoint 中,_____为演示文稿提供完整的格式集合,包括颜色、字体、效果等。

9. 在 PowerPoint 中,修改和使用_____可以对演示文稿中每张幻灯片进行统一的样式更改。

三、简答题

1. 你所学过的微软的 Office 办公软件主要包含哪几个？各有什么用途？

2. 在 Word 文档中,使用"查找/替换"功能将文档中的文本"链接"替换成红色、黑体,请写出具体操作步骤。

3. 在 Excel 中,单元格的引用方式分为哪两种？分别有何特点？＄C＄2 属于哪一种引用？

4. 简述幻灯片母版的用途。

5. 图 5-80 为某 Excel 成绩表。上机和期末成绩为百分制,分别占总评成绩的 40％ 和 60％,请写出以下问题的具体方法及函数引用。

(1) 如何输入使得学号首位为 0？

(2) 如何使用公式和填充柄在 E2 到 E6 单元格内求出"总评"成绩？

(3) 如何利用函数和填充柄在 C7 到 E7 单元格内求出"各部分平均值"？

(4) 如何使用函数在 C8 单元格中求出总评成绩及格人数？

	A	B	C	D	E
1	学号	姓名	上机40%	期末60%	总评
2	0415001	张正	75	70	72
3	0415003	许晶晶	80	85	83
4	0415005	李强	95	95	95
5	0415007	王希林	30	70	54
6	0415009	李四化	68	48	56
7	各部分平均值		69.6	73.6	72
8	及格人数		3		

图 5-80　Excel 成绩表

第6章　计算机网络与伦理

随着计算机网络的飞速发展与网络应用的不断更新,网络所能够提供的资源和便利已使得网络技术与社会生活结合日益紧密,网络已成为重要的社会基础设施。本章从网络的基本概念入手,讲述网络的发展、分类、网络协议及常见的网络传输介质和网络设备,重点探讨基于互联网的 HTTP 应用、E-mail 应用及其常用工具软件,介绍网络安全及防范措施,网络文明及网络道德,最后针对网络文献检索知识和技巧进行详细阐述。

6.1　网络基本概念

6.1.1　计算机网络的定义

计算机网络是计算机技术和通信技术紧密结合的产物,它的诞生对人类社会的进步和发展产生了深远的影响。如今,计算机网络无处不在,从手机中的浏览器到具有无线接入服务的机场,从具有宽带接入的家庭网络到每张办公桌都有联网功能的传统办公场所,再到联网的汽车、联网的传感器、互联网等,可以说计算机网络已成为人类日常生活与工作中所必不可少的一部分。那么到底什么才是计算机网络呢?

根据网络的发展现状,可以将其定义为:计算机网络是指将地理位置不同、具有独立功能的多台计算机及其外部设备通过一定的通信设备和线路连接起来,借助功能完善的网络软件实现资源共享和信息传递的计算机系统。

早期的计算机网络采用主机之间直接互联,是以数据交换为主要目的。现代计算机网络可以认为是由互联的数据处理设备和数据通信控制设备组成的。从逻辑功能上看,整个计算机网络可以分为资源子网和通信子网两大部分,如图 6-1 所示,这两部分连接是通过通信线路实现的,以资源共享为主要目的。

计算机网络包括硬件和软件两大部分。网络硬件提供的是数据处理、数据传输和建立通信通道的物理基础,而网络软件是真正控制数据通信的,二者缺一不可。计算机网络的组成又主要包括下述 4 部分。

(1) 计算机设备。计算机设备是网络设备中最基本的组成元素。

(2) 通信设备和通信线路。通信设备是指网络连接设备和网络互联设备,包括网卡、交换机、路由器和调制解调器等,如图 6-2 所示。通信线路是指传输介质及其介质连接部件。传输介质分为有线介质和无线介质两大类。有线介质包括双绞线、同轴电缆和光纤等,如图 6-3 所示;无线介质包括无线电波、红外线等,如图 6-4 所示。

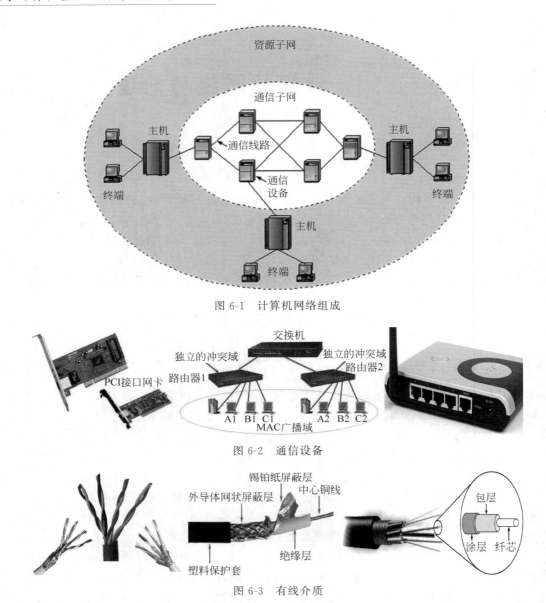

图 6-1　计算机网络组成

图 6-2　通信设备

图 6-3　有线介质

（3）网络协议。网络协议是互联的计算机系统之间实现通信必须遵循的一个约定和具有特定语义的一组通信规则。

（4）网络软件。网络软件是在计算机网络环境中用于支持数据通信和各种网络活动的软件。根据网络软件的功能，可以将其分为网络系统软件和网络应用软件两大类。

数据通信是计算机网络的基础，没有数据通信技术的发展，就没有计算机网络的今天。数据通信系统是通过数据电路将分布在远地的数据终端设备与计算机系统连接起来，实现数据传输、交换、存储和处理的系统。比较典型的数据通信系统主要由数据终端设备、数据电路、计算机系统 3 部分组成。其中，用于发送和接收数据的设备称为数据终端设备，用来连接数据终端设备与数据通信网络的设备称为数据通信设备。数据终端设备发出的数据信号不适合信道传输，所以数据通信设备的功能就是完成数据信号中模拟信号与数字信号的

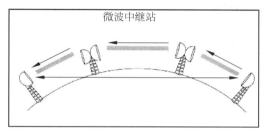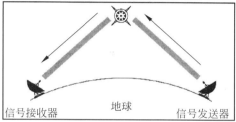

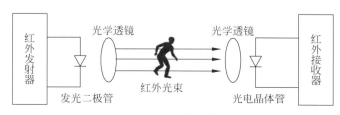

图 6-4   无线介质

变换。

传输信道是通信系统必不可少的组成部分。目前数据通信中常用的有无线信道和有线信道。在通信信道中,数据的传输方式有并行传输和串行传输两种,如图 6-5 所示。并行传输方式中,每次同时传送若干二进制位,每位占一条传输线,例如要传送一字节的数据,就需要 8 条传输线,最常见的例子是计算机和外围设备之间的通信。串行传输是逐位传送二进制位,每次传输一位,故只需要一条传输线,例如要传送一个字节的数据,需要传送 8 次。在远距离传输中,为了降低成本,通常采用串行传输方式。

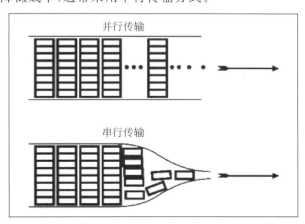

图 6-5   并行传输与串行传输

6.1.2   网络分类

从不同的角度出发,计算机网络的分类也不同,常见的分类方法有以下几种。

(1) 按网络覆盖地理范围分类,计算机网络可以分为 3 种基本类型。

① 局域网(Local Area Network,LAN)。能在有限的地理区域内提供连接,如学校的计算机实验室、办公室网络等,通常覆盖范围为一栋大楼或相邻几栋大楼,由单位或部门专有。

② 城域网(Metropolitan Area Network,MAN)。覆盖范围在几千米到几十千米的高

速公共网络,用于将同一个区域内的多个局域网互联起来的中等范围计算机网络,包括地区网络和行业网络等。

③ 广域网(Wide Area Network,WAN)。覆盖范围通常是几十千米到几千千米,可以跨越海洋,可能是一个国家或地区甚至全球。广域网有国家网络和洲际网络之分。

Internet 是全球最大的互联网,是网络的网络,不属于以上分类。

(2) 按网络的拓扑结构分类,计算机网络可分为总线型网络、环状网络、星状网络、树状网络和网状网络等,如图 6-6 所示。网络的拓扑结构是指网络系统中的节点和通信线路构成的几何形状。

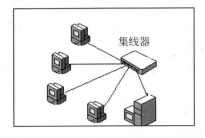
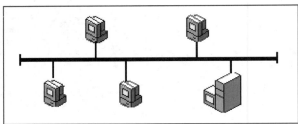
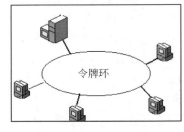
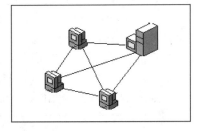

图 6-6　网络拓扑结构

(3) 按照网络的逻辑功能可以分为资源子网和通信子网。

资源子网是指网络用户的接入部分,主要提供共享的资源;通信子网一般由电信部门组建管理,主要提供传输用户数据的线路和设备。

(4) 按照网络的使用角色可以分为公用网和专用网。公用网是指国家的电信公司出资建造的大型网络,如 163 网;专用网是指以某个单位为本单位的工作需要而建立的网络,一般不为外单位提供服务,如校园网、企业网等。

6.1.3　网络协议及域名系统

1. TCP/IP

网络协议是通信双方必须遵守的一组约定。TCP/IP 就是这样一组约定,它实际上是一个协议集,包括 TCP、IP、UDP、ICMP、ARP、HTTP、FTP、SMTP 和 Telnet 等多个协议,详情如下所述,其中最有名的协议就是 TCP(传输控制协议)和 IP(网际协议),故整个协议集称为 TCP/IP。Internet 就是基于 TCP/IP 构建的。

(1) HTTP:超文本传输协议,负责 Web 服务器与 Web 浏览器之间的通信。

(2) SMTP:简易邮件传输协议,用于电子邮件的传输。

(3) POP:邮局协议,用于从电子邮局服务器向 PC 下载电子邮件。

（4）FTP：文件传输协议，负责计算机之间的文件传输。

（5）DHCP：动态主机配置协议，用于向网络中的计算机分配动态 IP 地址。

2. IP 地址

就像每一部电话都有唯一的电话号码一样，互联网上的每一台计算机都有唯一的一个 IP 地址。IP 使用 IP 地址在计算机之间进行传递信息，这是 Internet 运行的基础。而网关，顾名思义，就是一个网络连接到另一个网络的"关口"，实质上是一个网络通向其他网络的接口 IP 地址。网关的 IP 地址是具有路由功能的设备的 IP 地址，并且该设备连接至少两个以上的网络。能担当网关工作的网络设备可以是路由器、交换机等。

1）IPv4

目前 Internet 上使用的 IP 地址是第 4 版，称为 IPv4。它由 32 位二进制组成，通常采用点分十进制表示法，即每 8 位为一组，分为 4 组，每一组用 0～255 的十进制表示，组和组之间用圆点分隔，如点分十进制数表示的 IP 地址 202.114.24.68，用二进制表示为 11001010 01110010 00011000 01000100。

Internet 上的 IP 地址分为 5 类，分别为 A 类、B 类、C 类、D 类和 E 类。其中 A 类、B 类、C 类地址经常使用，称为 IP 主地址，它们均由网络地址和主机地址两部分组成。

A 类地址中第一个 8 位组最高位始终为 0，其余 7 位表示网络地址，共可表示 128 个网络，但有效网络数为 126 个，因为其中全 0 表示本地网络，全 1 保留作为诊断用。第二至四个 8 位组共 24 位表示主机地址，每个网络最多可连入 16 777 214 台主机。A 类地址一般分配给具有大量主机的网络使用。

B 类地址中第一个 8 位组前两位始终为 10，剩下的 6 位和第二个 8 位组共 14 位表示网络地址。第三、四个 8 位组共 16 位表示主机地址。因此有效网络数为 16 382，每个网络有效主机数为 65 534，这类地址常分配给中等规模主机数的网络。

C 类地址中第一个 8 位组前 3 位始终为 110，剩下的 5 位和第二、三个 8 位组共 21 位表示网络地址。第四个 8 位组共 8 位表示主机地址。因此有效网络数为 2 097 150，每个网络有效主机数为 254。C 类一般分配给小型的局域网使用。

2）IPv6

IPv6 是下一个版本的互联网协议，它的提出背景是，随着互联网的迅速发展，IPv4 定义的有限地址空间已被耗尽，地址空间的不足必将影响互联网的进一步发展。IPv4 采用 32 位地址长度，而 IPv6 采用 128 位地址长度，几乎可以提供数量不受限制的地址。

3. 子网掩码

子网掩码与 IP 地址密切相关。子网掩码也是一个 32 位二进制串，它用来区分网络地址和主机地址。如果一个 IP 地址的前 N 位为网络地址，则其对应的子网掩码前 N 位为 1，后 $32-N$ 位为 0，对应 IP 地址中的主机地址部分。

例如，如果用户 IP 地址为 202.114.24.68，其子网掩码为 255.255.255.0，那么表示 IP 地址中的 202.114.24 为网络地址，而 68 为网络上主机地址。

4. 域名系统

IP 地址虽然可以唯一标识主机的地址，但不方便记忆，也不能反映主机的用途，因此互联网还提供了易于记忆的域名系统（Domain Name System，DNS），为主机分配一个由多个部分组成的域名。它采用层次结构，每一层构成一个域，用圆点隔开。它的层次从左到右逐

级升高,其一般格式如下:

计算机.组织机构名.二级域名.顶级域名

顶级域也称第一级域,通常分为两类:通用域和地理域。通用域用于表示主机提供服务的性质,如 com(商业机构)、edu(教育机构)、gov(政府机构)、net(网络服务机构)、mil(军事机构)、org(非营利机构)、aero(航空业)。地理域用于区别主机所在的国家或地区,如 cn(中国)、jp(日本)、de(德国)、kr(韩国)、hk(中国香港)。

在每个顶级域名下可以建立二级域名。我国将二级域名划分为"类别域名"和"行政区域名"。其中"类别域名"共 6 个,分别为 ac、com、edu、gov、net、org。"行政区域名"共 34 个,适用于我国的各省、自治区、直辖市和特别行政区,如 bj 为北京、sh 为上海、hb 为湖北等。

二级域名下可以进一步设置三级域名,通常为具体组织机构名称。例如 edu.cn 的下级域名通常为学校域名,如 tsinghua(清华大学)、pku(北京大学)、whu(武汉大学)、hifa(湖北美术学院)等。每个机构为各主机分配主机域名,如湖北美术学院 WWW 服务器的主机名为 www,则其域名全称为 www.hifa.edu.cn。

Internet 通过域名系统将域名地址解析成 IP 地址,用户只需记住域名地址就可以了。

6.2 网络应用服务

互联网已经渗透到社会生活的方方面面,给我们的学习、生活和工作带来了极大的便利,其所提供的大多数服务都遵循客户机/服务器模式。服务器是提供服务的一方,必须运行服务器程序;客户机是访问服务的一方,需要运行相应的客户端软件。作为服务器的计算机必须始终处于运行状态。以下为几种常用的互联网应用服务的介绍。

6.2.1 WWW 服务

1. HTTP 应用

HTTP(Hyper Text Transfer Protocol)称为超文本传输协议,是互联网提供的最独特、最富有吸引力的服务,也是使用最广泛、最方便的服务。采用超文本方式,可以提供交互方式图形界面信息服务的 WWW(World Wide Web),具有强大的信息链接功能。

WWW 不是传统意义上的物理网络,是基于 Internet 的、由软件和协议组成的、以超文本文件为基础的全球分布式信息网络。WWW 上的信息通过以超文本为基础的页面来组织。所谓超文本是相对文本而言的,是指包含了链接的文本,通过链接可以从一个信息主题跳转到另一个信息主题。网页需要使用超文本标记语言(Hyper Text Markup Language,HTML)。HTML 对文件显示的具体格式进行了规定和描述,正是这些超链接使得分布在全球不同主机上的超文本文件能够链接在一起。

WWW 是以 C/S(客户机/服务器)模式工作的,供用户浏览的超文本文件被放置在WWW 服务器上,用户通过 WWW 客户端即 WWW 浏览器发出页面请求,WWW 服务器收到该请求后,经过一定处理返回相应的页面至用户浏览器,用户就可以在浏览器上看到自己的请求了。整个传输过程中双方按照 HTTP 进行交互。

WWW 上的信息浩如烟海,如何定位到要浏览的资源所在的服务器是首先要解决的问题。统一资源定位器(Uniform Resource Locator,URL)就是文件在 WWW 上的地址,它用于标识互联网上的主机地址。URL 格式如下:

协议类型://主机域名或 IP 地址[:端口号]/路径/文件名

其中,协议类型可以是 HTTP、FTP 或 Telnet 等。例如,URL 为 http://www.hifa.edu.cn/index.htm,其中 HTTP 为协议类型,www.hifa.edu.cn 为湖北美术学院的域名,index.htm 为网站首页超文本文件名。

URL 通常显示在浏览器地址栏中,浏览器是 Web 客户端软件,常用的浏览器包括 Google Chrome、Microsoft Edge、Mozilla Firefox、Safari、360、搜狗等。

2. Google Chrome 浏览器

Google Chrome 浏览器的主窗口界面如图 6-7 所示,Chrome 是一款由 Google 开发的免费网络浏览器。它于 2008 年首次发布,目前是全球最受欢迎的浏览器之一。Chrome 的用户界面简洁而直观。在顶部有一个地址栏,可以用于输入网址或进行搜索。地址栏右侧有一个空心五角星按钮,单击可以将当前页面添加到书签。在地址栏上面是标签栏,单击标签栏右侧的"+"可以进入新的标签页。Google Chrome 支持多标签浏览,每个标签页都在独立的"沙箱"内运行,在提高安全性的同时,一个标签页的崩溃也不会导致其他标签页被关闭。在右上角有个三个点的按钮,单击可以进入设置界面。

图 6-7   Google Chrome 浏览器窗口界面

3. Microsoft Edge 浏览器

Microsoft Edge 是微软基于 Chromium 开源项目及其他开源软件开发的网页浏览器。2022 年 5 月 16 日,微软官方发布公告,称 IE 浏览器于 2022 年 6 月 16 日正式退役,此后其功能将由 Edge 浏览器接棒,Microsoft Edge 成为微软唯一正在运营的网页浏览器,其窗口界面如图 6-8 所示。

Microsoft Edge 窗口与 Google Chrome 基本一致,顶部是一个地址栏,可以用于输入网址或进行搜索。地址栏右侧有一个带+标识的空心五角星按钮,单击可以将当前页面添加到收藏夹。在地址栏上面是标签栏,单击标签栏右侧的"+"可以进入新的标签页。Microsoft Edge 支持现代浏览器功能,其功能细节包括支持内置 Cortana(微软小娜)语音功能;内置了阅读器(可打开 PDF 文件)、笔记和分享功能;设计注重实用和极简主义;渲染引擎被称为 Edge HTML。2023 年 2 月 7 日,微软发布新版必应及 Edge 浏览器,正式引入 ChatGPT 技术。

图 6-8　Microsoft Edge 浏览器窗口界面

6.2.2　E-mail 应用

1. 电子邮件简介

电子邮件,简称 E-mail,是一种通过电子手段进行信息交换的通信方式,电子邮件的内容可以包含文字、图形、图像、声音等多种信息。

在 E-mail 系统中有两个服务器:POP3 服务器和 SMTP 服务器。POP3 是 POP(Post Office Protocol,邮局协议)的第 3 个版本,负责接收邮件,SMTP(Simple Mail Transfer Protocol,简单邮件传输协议)负责发送邮件。它们都是由性能高、速度快、容量大的计算机承担,E-mail 系统内所有邮件的收发都必须经过这两个服务器。

需要使用电子邮件服务的用户,首要条件是要拥有一个电子邮箱。电子邮箱是通过电子邮件服务机构为申请用户建立的,当用户申请 E-mail 账号时,就等同于在 E-mail 服务器上为用户开辟一块专用的存储空间,用来存放该用户的电子邮件。当用户发送邮件时,实际上是先发送到自己的 SMTP 服务器的信箱中,再由 SMTP 服务器转发到对方的 POP3 服务器。收信人只需打开自己的 POP3 服务的信箱就可以接收信件了。

2. E-mail 地址

每个电子邮箱都有一个邮箱地址,称为 E-mail 地址。E-mail 地址用来标识用户信箱在邮件服务器上的位置。电子邮件的格式大体上可分为 3 种:邮件头、邮件体和附件。

邮件头相当于传统邮件的信封,它包括收件人地址、发件人地址和邮件主题。

邮件体相当于传统邮件的信纸,用户在这里输入邮件的正文。

附件则是传统邮件中所没有的东西,它相当于在一封信之外,还附带一个"包裹",这个"包裹"是一个或多个计算机文件,可以是数据文件、声音文件、图像文件或者软件程序文件等。

用户的 E-mail 地址格式为 username@hostname。其中,username 代表用户名,对于同一个邮件服务器来说,这个用户名必须是唯一的。@(发 at 音)是分隔符,hostname 是邮件服务器的域名。例如,在 mail.qq.com 服务器上有一个名为 10035154 的账户,那么该用户的完整 E-mail 地址就为 10035154@qq.com。

3. 常见的电子邮箱和电子邮件处理软件

互联网上提供电子邮件服务的网站有很多,有收费的,也有免费的。很多门户网站都提供邮件服务,用户只需要在这些网站的邮件服务网页上,按照系统提示输入相关信息,如申请的用户名、密码和个人基本信息等,就可以获得自己的邮箱。常见的电子邮箱有 Hotmail(微软)、Gmail(谷歌)、QQ Mail(腾讯)、163 Mail(网易)、126 Mail(网易)、188 邮箱(网易)、139 邮箱(移动)、189 邮箱(电信)、新浪邮箱等。

常见的电子邮件处理软件有 Foxmail、Outlook、畅游、网易邮箱大师等。

4. 邮件客户端软件

收发电子邮件的一种方法是通过 Web 邮件系统。用户需要先登录 Web 邮件系统的服务页面,如 mail.qq.com,再输入自己的账号和密码进入邮件管理页面进行邮件的收发。使用这种方法,因为所有的邮件都保存在服务器上,所以用户必须上网才可以看到以前的邮件;如果用户有多个不同域名的邮箱地址,则需要分别登录每个邮箱的服务页面,才能收到所有邮箱的邮件。

收发邮件的另一种方法是通过邮件客户端软件。通常邮件客户端软件比 Web 邮件系统提供更为全面的功能,速度更快。使用邮件客户端软件还可以将已收邮件和已发邮件都保存在自己的机器中,不用上网也可以对以前的邮件进行阅读和管理。邮件客户端还可以同时快速收取用户所有不同域名下的邮箱中的邮件。

在使用邮件客户端软件之前,需要用户先登录 Web 邮件服务系统的服务页面进行相应的设置,开启 POP3 和 SMTP 功能。以腾讯邮箱为例,登录 mail.qq.com,在邮箱选项中设置 POP3 和 SMTP 服务,如图 6-9 所示。在开启 POP3 和 SMTP 功能时可参考 Web 邮箱提示设置相关邮件客户端软件。

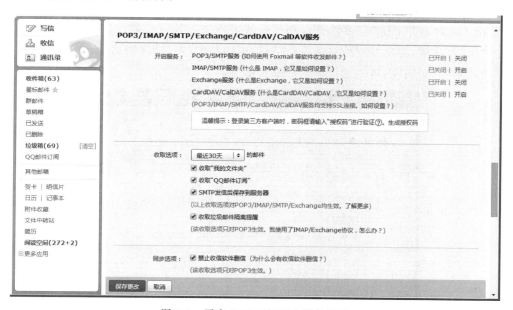

图 6-9　开启 POP3/SMTP 服务设置

计算机网络与伦理

Foxmail 是一款中文版的邮件客户端软件,其设计优秀,使用方便,运行高效稳定,支持全部的电子邮件功能。其主窗口界面如图 6-10 所示。

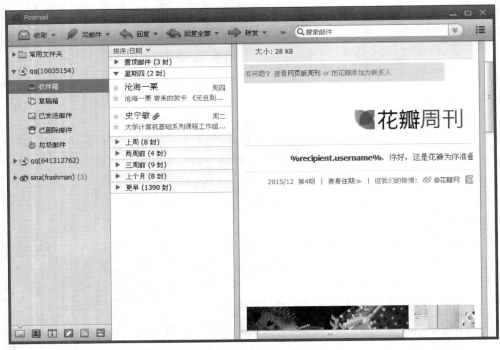

图 6-10　Foxmail 主窗口界面

接下来以 Foxmail 软件为例介绍如何利用客户端软件收发邮件。

1)设置邮箱账号及属性

启动 Foxmail 后,用户需要添加邮箱账号才可以进行邮件的收发。单击"系统设置"选项中的"账号"选项,弹出"账号"对话框,在对话框中单击"新建"按钮命令,弹出如图 6-11 所示的"新建账号"对话框,可手动设置新的邮箱账号。

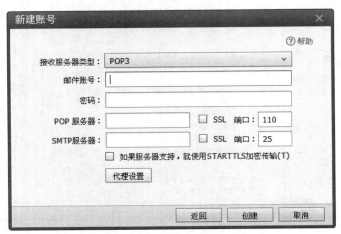

图 6-11　"新建账号"对话框

其中,"邮件账号"文本框中需要输入完整的 E-mail 地址,如 10035154@qq.com,在"密码"文本框中输入邮箱的密码,如果不填写,则在每次启动 Foxmail 后,第一次收取邮件时需要输入密码。邮件服务器的地址可以从邮箱提供网站的 Web 邮件系统服务页面中获得,这里设置 POP 服务器(接收邮件服务器)为 pop.qq.com,SMTP 服务器(发送邮件服务器)为 smtp.qq.com。部分邮件服务提供网站需要"使用 SSL 来连接服务器",则需要设置相应的端口号。

Foxmail 支持接收多个邮箱地址的邮件,但邮箱账号属性的设置是针对各个账户和不同邮件服务提供网站的,如果用户不止一个邮箱账号,要分别进行设置,效果如图 6-12 所示。

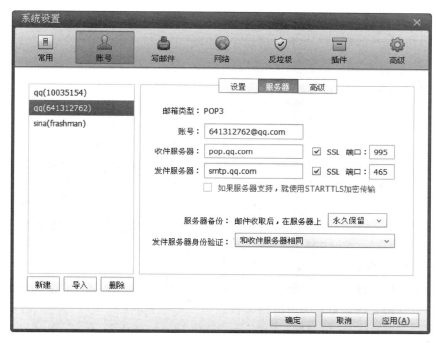

图 6-12 邮件账号属性设置

部分邮件服务器系统为了限制非本系统的正式用户利用本系统发送垃圾邮件或进行其他不当行为,发送邮件时需要进行身份验证,否则不能发送。同时,注意设置在邮件服务器上保留备份,在"服务器备份:邮件收取后,在服务器上"选项后选择"永久保留"即可。

2)撰写邮件

在 Foxmail 主窗口中单击工具栏上的"写邮件"按钮,打开如图 6-13 所示的"未命名-写邮件"窗口。用户可以在此撰写"纯文本邮件"或者"HTML 邮件",也可以利用模板写邮件。

撰写邮件时,邮件头信息包括收件人、发件人、抄送、主题、密送和回复等。默认情况下只显示收件人、抄送、主题。要显示其他项,可以单击工具栏右上角的"选项"按钮,选择"邮件头信息"设置。

计算机网络与伦理

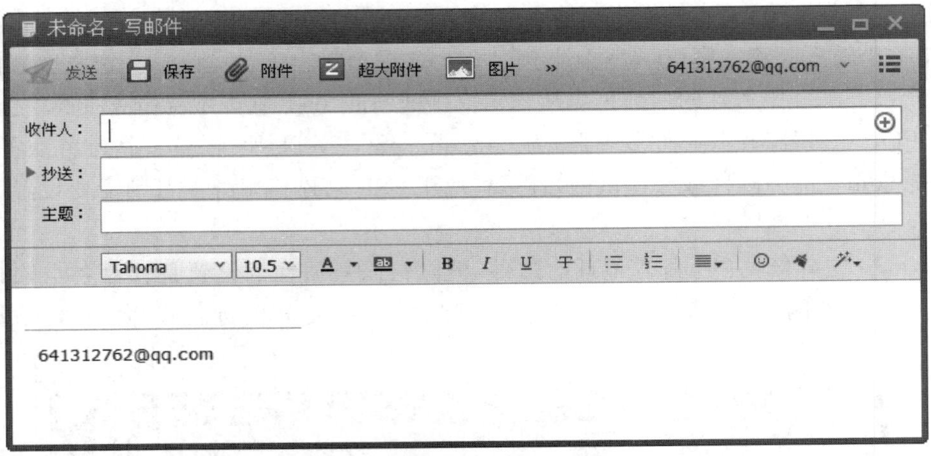

图 6-13　"未命名-写邮件"窗口

"抄送"表示邮件将同时被抄送给其他人,所有"抄送"E-mail 地址都将以明文传送,邮件接收者可以看到此邮件也发送给了哪些人。

"密送"与"抄送"不同,邮件接收者看不到"密送"所填写的邮件地址。

在邮件正文栏输入邮件的正文内容,其中文本可以进行多种格式的设置。

附件是随同邮件一起寄出的文件,文件的格式不受限制,要添加附件,可以单击工具栏上的"附件"按钮,在弹出的对话框中选择要添加的附件文件,附件文件可以是单个,也可以是多个。选取完毕后,单击"打开"按钮,附件文件就显示在窗口的附件区了。另外,也可以通过拖动文件的方式添加附件。选择要作为附件的一个或多个文件,用鼠标将文件拖动到"写邮件"窗口中,放开鼠标即可。

3) 保存、发送、收取、回复及转发邮件

如果一个邮件还没有写完就被迫中断,可以单击工具栏上的"保存内容"按钮将其保存在发件箱中。双击它可以重新打开继续编辑。

邮件撰写完成后,单击工具栏上的"发送"按钮,即可将邮件发出。正常发送出去的邮件会保存在"已发送邮件"中,而暂缓发送和发送失败的邮件会被保存在"发件箱"中。

单击工具栏上的"收取"按钮,将弹出一个收取邮件的对话框,收取当前邮箱所有账户的邮件。收取邮件结束后,单击邮箱账号下的"收件箱"即可查看所有已经阅读和还未阅读的所有邮件。还未阅读的邮件前有一个未拆开的信封标识的图标,单击邮件,该邮件内容即可显示在"内容预览"窗口中,双击邮件,将打开该邮件的阅读窗口。

如果邮件包含了附件,窗口中将会自动显示出附件的文件图标和名称。双击附件图标,将弹出"附件"对话框。可以直接单击"打开"按钮打开该文件,也可以单击"保存"按钮,还可以直接将选中的附件图标拖动到桌面或者指定文件夹中完成保存。右键选中以后还可以选择执行"删除"命令。

选中要回复的邮件,单击工具栏上的"回复"按钮,打开"写邮件"窗口,系统会自动帮用户填好收件人地址和主题,并在邮件正文区的末尾显示来信内容。邮件写完后,单击工具栏上的"发送"按钮即可发送。

选中要转发的邮件,单击工具栏上的"转发"按钮,可以将邮件转发给其他人。打开的

"写邮件"窗口中包含了原邮件的内容,如果原邮件包含有附件也会自动附上,用户还可以编辑修改邮件的内容。在"收件人"文本框中填入要转发的邮件地址,单击工具栏上的"发送"按钮即可发送。

6.2.3 搜索引擎应用

Internet 上的信息浩如烟海,用户在上网时遇到的最大问题就是如何快速、准确地获取有价值的信息。那么如何在数以百万个网站中快速、准确地查找到所需要的信息呢?搜索引擎的应用解决了这个问题。

1. 搜索引擎的概念及分类

搜索引擎是指根据一定的策略、运用特定的计算机程序搜集 Internet 上的信息,并对信息进行组织和处理,将处理后的信息显示给用户,为用户提供检索服务的系统。流行的搜索引擎有 Google、Baidu、Ask、Bing、Lycos 等。

搜索引擎通常有两种类型:分类搜索和关键词搜索。

分类搜索也称目录搜索,搜索引擎公司对网站类别和性质进行分类并形成一个链接列表,方便用户按照分类目录找到所需的信息,并不依靠关键词进行查询,如百度的网址之家、谷歌的 265 网址导航等,如图 6-14 和图 6-15 所示。

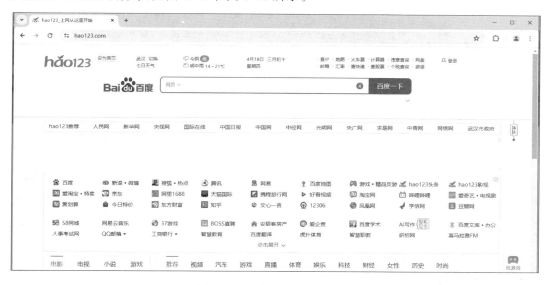

图 6-14　百度的网址之家首页

关键词搜索也称全文搜索。这种方式是名副其实的搜索引擎,典型代表是国际上的 Bing 和国内的 Baidu。它们主动地从 Internet 上提取各个网站的信息,建立起索引数据库,能检索与用户查询关键词相匹配的记录,按照一定的排列顺序返回结果。根据搜集结果来源的不同,全文搜索引擎也可分为两类:一类拥有自己的网页抓取、索引和检索系统,通过独立的蜘蛛、爬虫或搜索机器人程序,建立网页数据库,搜索结果直接从自身的数据库中调用,如 Bing 和 Baidu 就属于此类;另一类则是租用其他搜索引擎的数据库,并按照自定义的格式排列搜索结果,如 Lycos 搜索引擎。关键词搜索的典型网站如图 6-16 及图 6-17 所示。

计算机网络与伦理

大学计算机基础与计算思维(第2版)

208

图 6-15　谷歌 265 网址导航首页

图 6-16　Bing 搜索引擎

2. 常用的搜索技巧

搜索引擎的使用可以帮助用户很方便地查询网上信息,但是当输入关键词后,出现了成百上千个查询结果,而且这些结果中并没有多少是用户真正想要的内容,这不是因为搜索引擎没有用,而是因为用户没有合理地使用搜索引擎而已。

图 6-17 Baidu 搜索引擎

1）单关键词搜索

在搜索引擎中输入关键词，如"版画技法"，然后单击"搜索"按钮就行了，系统很快会返回查询结果，这是最简单的查询方法，使用方便，但是查询的结果可能包含很多无用的信息，并不精确。

2）多关键词搜索

多关键词搜索通常利用布尔检索。所谓布尔检索，是指通过标准的布尔逻辑关系来表达关键词和关键词之间的逻辑关系的一种查询方法，这种检索方法允许用户输入多个关键词，各个关键词之间的关系可以用逻辑关系词来表示。

and 称为逻辑"与"，用 and 连接关键词，表示它所连接的两个关键词必须同时出现在查询结果中，例如输入"版画技法 and 教程"，它要求查询结果中必须同时包含"版画技法"和"教程"。

or 称为逻辑"或"，它表示所连接的两个关键词中任意一个出现在查询结果中就可以。例如"木刻版画 or 丝网版画"，就要求查询结果中可以只有木刻版画，或者只有丝网版画，或者同时包含木刻版画和丝网版画。

如果要表示所连接的两个关键词中应从第一个关键词概念中排除第二个关键词，也可以用到关键词之间的逻辑关系"非"，例如构造关键词"木刻版画-价格"，就要求查询的结果中包含"木刻版画"，但同时不能包含"价格"信息。

3）强制搜索

如果要搜索的关键词的长度较长，搜索引擎可能会在经过分析后，对查询关键词进行拆分后再进行搜索，这样搜索出来的结果往往是不符合用户需求的，此时可以强制让搜索引擎不拆分查询关键词进行查询，只需给查询关键词加上双引号""，就可以达到这种效果。

4）指定类型文件的搜索

可以利用 Google 等搜索引擎提供的文档搜索语法"filetype：文档类型"来实现，不仅能搜索一般的文字页面，还能对一些特定格式的文档进行检索。比较容易支持的文档类型包括微软公司的 Office 文档（如 doc、xls、ppt 等）、Adobe 文档（如 swf、pdf 等）。如搜索有关木刻版画的 doc 文档，可以构造如下关键词"木刻版画 filetype：doc"，在 Baidu 搜索引擎中查询结果如图 6-18 所示。

计算机网络与伦理

图 6-18　指定类型文件的搜索

5) 限定在 URL 链接中搜索

网页 URL 中的某些信息常常有某种有价值的含义。如果对搜索结果的 URL 做某种限定,则可以获得较好的效果。搜索引擎提供的查询语法为"关键词 1 inurl:关键词 2",其中的关键词 2 必须是在 URL 中出现的关键词。例如,Internet 上各种论坛的 URL 中通常会包含 forum,这时可以使用"版画技法 inurl:forum"作为关键词,就可以查到有关版画技法的论坛信息。注意,"inurl:"和后面所跟的关键词之间不能有空格,与前面的关键词之间需要有空格。在百度中查询的结果如图 6-19 所示。

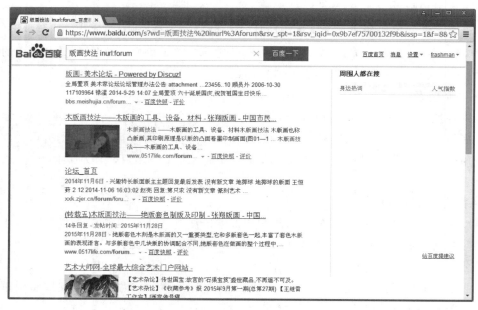

图 6-19　限定在 URL 链接中搜索

6.3 网络安全与网络道德

6.3.1 计算机病毒与防范

1. 计算机病毒概述

1994年2月28日出台的《中华人民共和国计算机安全保护条例》中,对病毒的定义如下:计算机病毒是指编制或者在计算机程序中插入的破坏计算功能或者毁坏数据,影响计算机使用,并能自我复制的一组计算机指令或者程序代码。

计算机病毒与生物医学病毒都有传染和破坏的特性,因此这一名词是由生物医学上的"病毒"概念引申而来的。因此,计算机病毒是一种特殊的危害计算机系统的程序,它能在计算机系统中驻留、繁殖和传播,它具有类似生物学病毒的某些特征:传染性、隐蔽性、潜伏性、破坏性、可触发性等。

2. 计算机病毒的特征

1) 可执行性

计算机病毒与其他合法程序一样,是一段可执行程序,但它不是一个完整的程序,而是寄生在其他可执行程序上,因此它享有一切程序所能得到的权力。病毒在运行时,与合法程序争夺系统的控制权。计算机病毒只有当它在计算机内得以运行时才具有传染性和破坏性等特性。也就是说,计算机的 CPU 控制权是关键问题。若计算机在正常程序控制下运行,而不运行带病毒的程序,则这台计算机总是可靠的,整个系统是安全的。相反,计算机病毒一经在计算机上运行,在同一台计算机内病毒程序与正常系统程序或与其他病毒程序争夺系统控制权时往往会造成系统崩溃,导致计算机瘫痪。反病毒技术就是要提前取得计算机系统的控制权,识别出计算机病毒的代码和行为,阻止其取得系统控制权。

2) 传染性

计算机病毒的传染性是指病毒具有将自身复制到其他程序中的特性。这是计算机病毒最重要的特征,是判断一段程序代码是否为计算机病毒的依据。病毒可以附着在其他程序上,通过磁盘、U盘、计算机网络等载体进行传染,被传染的计算机又成为病毒生存的环境及新传染源。病毒程序一旦侵入计算机系统就开始搜索可以传染的程序或存储介质,然后通过自我复制迅速传播,因而具有极强的传染性。

3) 隐蔽性

计算机病毒是一种具有很高编程技巧、短小精悍的可执行程序,一般只有几百或几千字节大小。它通常依附在正常程序之中或磁盘引导扇区中,或者一些空闲概率较大的扇区中,这是它的非法可存储性。计算机病毒想方设法隐藏自身,就是为了防止用户觉察,其隐蔽性表现在如下两方面。

一是传染的隐蔽性。大多数计算机病毒在进行传染时速度是极快的,一般不具备外部表现,不易被人发现。

二是计算机病毒程序存在的隐蔽性。一般的计算机病毒程序都夹在正常程序之中,很难被发现,而一旦病毒被激活,往往已经给计算机系统造成了不同程度的破坏。

4) 潜伏性

计算机病毒的潜伏性是指计算机病毒具有依附其他媒体而寄生的能力。依靠病毒的寄生能力,病毒传染合法的程序和系统后,并不会立即发作,而是悄悄隐藏起来,然后在用户不易觉察的情况下进行传染。这样,病毒的潜伏性越好,在系统中存在的时间也就越长,传染的范围也就越广,其危害性也越大。

潜伏的第一种表现是指计算机病毒程序不用专用检测软件是检查不出来的;第二种表现是指计算机病毒的内部往往有一种触发机制,不满足触发条件时,计算机病毒除了传染外不做什么破坏。触发条件一旦满足,计算机病毒就开始破坏系统。

5) 非授权可执行性

用户通常调用执行一个程序时,把系统控制交给这个程序,并分配给其相应系统资源如内存等,从而使之能够运行完成用户的需求。因此,程序的执行过程对用户是透明的。但由于计算机病毒隐藏在合法的程序或数据中,当用户运行正常程序时,计算机病毒伺机窃取到系统的控制权,得以抢先运行,欺骗用户让其还以为在执行正常程序。

6) 破坏性

无论何种病毒程序一旦侵入系统都会对系统的运行造成不同程度的影响。即使不直接产生破坏作用的病毒程序,也会占用系统资源,包括占用内存空间、占用磁盘存储空间及系统运行时间等。一些病毒程序甚至会删除文件,摧毁计算机系统和数据系统使之无法恢复,造成不可挽回的损失。病毒程序的破坏性体现了计算机病毒设计者的真正意图。

7) 可触发性

计算机病毒一般都具有一个或几个触发条件。满足其触发条件或激活病毒的传染机制,使之进行传染;或激活病毒的表现部分或破坏部分。触发的实质是一种条件的控制,病毒程序可以依据设计者的要求,在一定条件下实施攻击。这个条件可以是输入特定字符、使用特定文件、某个特定日期或特定时刻,或者是病毒内置的计数器达到一定次数等。

8) 变种性

某些计算机病毒在传播过程中自动改变自己的形态,从而衍生出另一种不同于原版病毒的新病毒,这种新病毒称为计算机病毒变种。具有变形能力的计算机病毒能更好地在传播过程中隐蔽自己,使之不易被反病毒程序发现及清除。有些病毒甚至能产生几十种甚至更多变种病毒,其后果比原版病毒严重得多。

3. 计算机病毒的分类

按照计算机病毒的特点及特性,计算机病毒的分类方法有很多种,因此,同一种病毒可能有不同的分类方法。

1) 按寄生方式分类

(1) 引导型病毒。该类型病毒利用操作系统的引导模块放在某个固定的位置获得控制权,并将真正的引导区内容搬家转移或替换,待病毒程序被执行后,再将控制权交给真正的引导区内容,使得这个带病毒的系统看似正常运转,而实际上病毒已隐藏在系统中伺机传染。引导型病毒几乎清一色都会常驻内存中,差别只在于内存中的位置。

(2) 文件型病毒。该类型病毒主要以感染文件扩展名为.com、.exe 等可执行程序为主,借助于病毒的载体程序,即要运行病毒的载体程序,方能把文件型病毒引入内存。已感染病毒的文件执行速度会减慢,甚至完全无法执行。有些文件被感染后,一旦执行就会遭到删除。大多数的文件型病毒都会把自己的代码复制到其宿主文件的开头或结尾处。感染病毒的文件被执行后,计算机病毒就会伺机再对下一个文件进行感染。

（3）复合型病毒。复合型病毒是指具有引导型病毒和文件型病毒寄生方式的计算机病毒。这类病毒扩大了病毒程序的传染途径,既感染磁盘的引导记录,又感染可执行文件,因此在检测和清除这类型病毒时,必须全面彻底地根治才行。

2）按破坏性分类

（1）良性病毒。良性病毒是指那些只为了表现自身,并不彻底破坏系统和数据,但会大量占用 CPU 时间、增加系统开销、降低系统工作效率的一类计算机病毒。

（2）恶性病毒。恶性病毒是指那些一旦激活后就会破坏系统和数据,造成计算机系统瘫痪的计算机病毒。这种病毒危害性极大,有些病毒激活后会给用户造成不可挽回的损失。

4. 计算机病毒的传播

计算机病毒的传播途径主要有以下几个。

（1）通过不可移动的计算机硬件设备进行传播。这些设备通常有计算机的专用 ASIC 芯片和硬盘等。这种病毒虽然极少,但其破坏力极强,目前尚没有较好的检测手段。

（2）通过移动存储设备来传播,如光盘、U 盘、移动硬盘等。在移动存储设备中,现在的 U 盘是使用最广泛的移动存储介质,因此也成了计算机病毒寄生的温床。

（3）通过计算机网络传播。现在信息技术的巨大进步使得空间距离不再遥远,但也为计算机病毒的传播提供了新的途径。计算机病毒可以通过网页浏览、电子邮件、文件下载等多种方式感染计算机系统。在网络使用越来越普及的情况下,这种方式已成为病毒传染最主要的途径。

（4）通过点对点通信系统和无线通道传播。随着移动互联网技术的发展和手机上网的普及,计算机病毒通过点对点通信及无线通信传播的方式也变得极为普遍,可以预见不久的将来这种传播途径一样成为计算机病毒扩散最主要的途径。

5. 计算机病毒的防范

计算机病毒与反病毒是两种以软件编程技术为基础的技术,这两种技术的发展是交替进行的,因此对计算机病毒应以预防为主,防止计算机病毒的入侵要比计算机病毒入侵后再去发现和排除要好得多。根据计算机病毒的传播特点,防治计算机病毒关键需要注意以下几点。

（1）要提高对计算机病毒的认识。计算机病毒不再像过去单机时代是一些无关紧要的小把戏,在计算机应用高度发达、计算机网络高度普及的时代,计算机病毒对信息网络的破坏所造成的危害越来远大。

（2）养成使用计算机的好习惯,有效地防止计算机病毒入侵。不在计算机上随意使用来历不明的盗版光盘及 U 盘,经常用杀毒软件检测硬盘和外来磁盘,慎用共享软件和绿化软件,对系统重要文件进行备份和写保护,不在系统盘上存放数据和程序,新引进的软件需要确认不带病毒方可使用。

（3）充分利用和正确使用现有的杀毒软件,特别是及时升级杀毒软件病毒库,更新杀毒软件升级版本。

（4）开启计算机病毒查杀软件的实时监测功能,这样特别有利于及时防范利用网络传播的病毒,特别是一些恶意脚本程序的传播。

213

（5）有规律地备份系统关键数据，保证备份的数据能够准确、迅速地恢复。

6. 防火墙技术

防火墙技术是为了保证网络路由安全性而在内部网和外部网之间的界面上构造的一个保护层。所有的内外部连接都强制性地经过这一保护层接受检查过滤，只有被授权的通信才允许通过。因此，防火墙不是杀毒软件，也不是通过杀毒来保障网络的安全，而是被设计为只运行专用的访问控制软件从而隔离内部网络和外部网络的设备和服务。

防火墙通常包含软件部分和硬件部分的一个系统或多个系统的组合，是一种逻辑隔离部件，而不是物理隔离部件。它所遵循的原则是，在保证网络通畅的情况下，尽可能地保证内部网络的安全。防火墙是在已经制定好的安全策略下进行访问控制，所以一般情况下它是一种静态安全部件，也可以根据实际情况进行动态的策略调整。

防火墙的功能主要包括访问控制功能、内容控制功能、全面的日志管理功能、集中管理功能和自身的安全性与可用性。防火墙也有以下几种基本类型：嵌入式防火墙、基于软件的防火墙、基于硬件的防火墙和特殊防火墙。

6.3.2 信息安全与知识产权

1. 信息安全

信息安全本身包含的范围很大，大到国家军事、政治等机密安全，小到防范商业、企业机密泄露，防范青少年对不良信息的浏览、个人信息的泄露等。网络环境下的信息安全体系是保证信息安全的关键。网络信息安全是一个涉及计算机科学、网络技术、通信技术、密码技术、信息安全技术、应用数学、数论、信息论等多种学科的边缘学科。从广义上讲，凡是涉及网络上信息的保密性、完整性、可用性、真实性和可控性的相关技术和理论都是网络信息安全所研究的领域。其通用的定义如下。

网络信息安全是指网络系统的硬件、软件及其系统中的数据受到保护，不会由于偶然的或者恶意的原因而遭到破坏、更改、泄露，系统能够连续、可靠、正常地运行，网络服务不中断。

信息安全是指保证信息系统中的数据在存取、处理、传输和服务过程中的保密性、完整性和可用性，以及信息系统本身能连续、可靠、正常地运行，并且在遭到破坏后还能迅速恢复正常使用的安全过程。

早期的信息安全主要是确保信息的保密性、完整性和可用性。随着通信技术的发展和计算机技术的不断更新，特别是二者结合所产生的网络技术的不断发展和广泛应用，对信息安全问题又提出新的要求。现在的信息安全通常包括 5 大属性，即信息的可用性、可靠性、完整性、保密性和不可抵赖性，即防止网络自身及其采集、加工、存储、传输的信息数据被故意或偶然地非授权泄露、更改、破坏或使信息被非法辨认、控制，确保经过网络传输的信息不被截获、破译或篡改，并且能被控制和合法使用。

通过数据加密可以有效保障信息安全。所谓数据加密就是将要保护的信息变成伪装信息，使未授权者不能理解它的真正含义，只有合法接收者才能从中识别出真实信息。所谓伪装就是对信息进行一组可逆的数学变换。伪装前的信息称为明文，伪装后的信息称为密文，伪装的过程即把明文转换为密文的过程。

密码学是信息安全的核心。要保证信息的保密性，使用密码对其加密是最有效的办法。

要保证信息的完整性,使用密码技术实施数字签名,进行身份认证,对信息进行完整性校验是当前实际可行的办法。在很多情况下,数据加密是保证信息保密性的唯一办法。

按照收发双方密钥是否相同来分类,可以将加密系统分为对称密钥密码系统和非对称密钥密码系统。在对称密钥密码系统中,收信方和发信方使用相同的密钥,并且该密钥必须保密。在非对称密钥密码系统中,给每个用户分配两把密钥:一个是私有密钥,是保密的;另一个是公共密钥,是公开的。

为解决收发双方对信息的否认、伪造、篡改以及冒充等问题,通信双方在网上交换信息时可用公钥密码进行身份认证,这就是数据签名技术。在数据签名技术出现之前,曾经出现过一种"数字化签名"技术,简单说就是通过在手写板上签名,然后将图像传输到电子文档中,这种"数字化签名"由于容易被非法剪切和复制,是不安全的。数字签名技术与数字化签名技术是两种截然不同的安全技术,数字签名与用户的姓名和手写签名形式毫无关系,它实际使用了信息发送者的私有密钥变换所需传输的信息,利用公开密钥加密技术验证报文发送方。

通过一定的验证技术,确认系统使用者身份以及系统硬件的数字化代号真实性,这个过程称为认证,其中对系统使用者身份的验证技术过程称为身份认证。目前主要的认证技术包括口令核对、基于智能卡的身份认证、基于生物特征的身份认证等。其中,生物特征是人类自身唯一的生理和行为特征,如指纹、掌形、虹膜、视网膜、面容、语音、签名等。

2. 知识产权

知识产权就是人们对自己的智力劳动成果所依法享有的权利,是一种无形财产。知识产权分为工业产权和版权两大类,工业产权包括专利权、商标权、制止不当竞争等。提高社会公众的知识产权意识,建立一个尊重知识、尊重知识产权的良好的市场秩序,是政府、企业和用户的共同愿望。作为软件开发者,应该了解拥有的权利以及如何保护自己的权利免受侵害。作为软件使用者,应该了解软件知识产权内容,从而正确使用软件和维护自己的切身利益。软件知识产权保护可以使软件开发者和软件使用者的利益均获得有效保障。

目前大多数国家采用著作权法来保护软件,将包含程序和文档的软件作为一种作品。源程序是编制计算机软件的最初步骤,文档则是用来描述程序的内容、组成、设计、功能规格、开发情况、测试结果和使用方法的文字资料与图表等。为了保护计算机软件著作权人的权益,调整计算机软件在开发、传播和使用中发生的利益关系,国务院根据《中华人民共和国著作权法》,特别制定了《计算机软件保护条例》。与一般著作权一样,软件著作权包括人身权和财产权,这是法律授予软件著作权的专有权利。人身权是指发表权、开发者身份权;财产权是指使用权、许可权和转让权。

软件的开发需要大量的智力和财力的投入,软件本身是高度智慧的结晶,与有形财产一样,也应受到法律的保护,以提高开发者的积极性和创造性,促进软件产业的发展,从而促进人类社会的进步。打击侵权盗版、保护软件知识产权,关系到中国软件产业的发展和软件企业的存亡。作为新一代的青年大学生,更应该主动和自觉地加入到软件知识产权保护的队伍中来。

在实际生活中,软件的保护也是一个综合的保护,还可以通过专利法、合同法和反不正当竞争法来进行保护。

6.3.3 网络文明与道德

道德是由一定的社会组织借助于社会舆论、内心信念、传统习惯所产生的力量,使人们遵从道德规范,达到维持社会秩序、实现社会稳定目的的一种社会管理力量。在信息技术日新月异的今天,人们无时无刻不在享受着信息技术给人们带来的便利与好处。然而,随着信息技术的深入发展和广泛应用,网络中已出现许多不容回避的道德和法律问题。我们不能为了维护道德规范而拒绝网络空间闯入我们的生活,也不能听任网络道德处于失范无序状态,或消极地等待其自发的道德运行机制的形成。因此,在充分利用网络提供的历史机遇的同时,抵御其负面效应,大力进行网络道德建设已刻不容缓。

网络道德的基本原则是诚信、安全、公开、公平、公正、互助。网络道德的三个斟酌原则是全民原则、兼容原则和互惠原则。作为当代人,上网时还应该遵守以下网络道德标准。

(1) 要加强思想道德修养,自觉按照社会主义道德的原则和要求规范自己的行为。

(2) 要依法律己,遵守"网络文明公约",法律禁止的事坚决不做。

(3) 要净化网络语言,坚决抵制网络有害信息和低俗之风,健康、合理、科学上网。

(4) 严格自律,学会自我保护。

以下是有关网络道德规范的要求。

(1) 不应该用计算机去伤害他人。

(2) 不应干扰别人的计算机工作。

(3) 不应窥探别人的文件。

(4) 不应用计算机进行偷窃。

(5) 不应用计算机作伪证。

(6) 不应使用或复制没有付钱的软件。

(7) 不应未经许可而使用别人的计算机资源。

(8) 不应盗用别人的智力成果。

(9) 应该考虑自己所编的程序的社会后果。

(10) 应该以深思熟虑和慎重的方式来使用计算机。

(11) 为社会和人类做出贡献。

(12) 避免伤害他人。

(13) 要诚实可靠。

(14) 要公正并且不采取歧视性行为。

(15) 尊重包括版权和专利在内的知识产权。

(16) 尊重他人的隐私。

(17) 保守秘密。

以下是在网络上的不道德行为。

(1) 有意造成网络交通混乱或擅自闯入网络及其相连的系统。

(2) 商业性或欺骗性地利用大学计算机资源。

(3) 偷窃资料、设备或智力成果。

(4) 未经许可而接近他人的文件。

(5) 在公共用户场合做出引起混乱或造成破坏的行动。

（6）伪造电子邮件信息。

6.4　网络资源及文献检索

随着互联网的迅猛发展，网络上的信息资源呈指数级增长，人们信息需求的日益多样化、个性化使网络成为人们获取信息的重要渠道。现代信息社会中，人们总是不断在学习和更新自己的专业知识。在学习过程中，除了图书馆资源之外，还有哪些可利用的学习资源？又怎样才能找到它们呢？网络资源及文献检索可以帮忙解决这个问题。网络资源是利用计算机系统通过通信设备传播和网络软件管理的信息资源，包括书目、索引、文摘、网络期刊、网上图书等。通俗来讲，文献可以理解为具有历史价值或学术价值的图书资料。现代意义上的文献是用文字、图形、符号或用音频、视频等技术手段记录人类知识的一切物质，也可以将文献理解为固化在某种物质载体上的知识。但面对浩瀚的网络资源和文献资料，我们又该如何利用呢？

可以通过一个案例来分析和学习。例如，要查找本专业 2007—2015 年关于"绘画技法"的文献。分析如下：①范围——本专业；②主题——绘画技法。可以从这两方面着手进行查找和整理资料。从网上获取资料是一个系统过程，具体如下。

（1）明确要检索的主题和范围。

（2）对所要检索的主题和范围进行分析和筛选。

（3）根据需要，选择合适的搜索引擎或数据库，确定检索关键词进行检索。

（4）对检索结果进行分析。

6.4.1　网上教育信息资源

如图 6-20 所示，网上教育信息资源可分为如下几种类型。

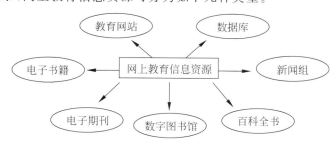

图 6-20　网上教育信息资源类型

1. 电子书籍

常见的电子书籍网站有中国国家数字图书馆、中国数字图书馆、科学文库、各省高校数字图书馆以及 Z-Library、超星、书格、Manybooks 等。图 6-21 为湖北省高等学校数字图书馆（网址详见前言二维码）的首页。

2. 电子期刊

电子期刊是网上的重要信息资源，主要有电子报纸类、电子杂志和期刊类、电子新闻和信息服务类（NIS）3 类。图 6-22 为维普资讯中文期刊服务平台期刊检索的页面（网址详见前言二维码）。

计算机网络与伦理

图 6-21　湖北省高等学校数字图书馆的首页

图 6-22　维普资讯中文期刊服务平台检索的页面

万方数字化期刊全文数据库以中国数字化期刊群为基础,整合了中国科技论文与引文数据库及其他相关数据库中的期刊条目部分内容,基本包括了我国文献计量单位中自然科学类统计源期刊和社会科学类核心源期刊,不仅是我国网上期刊的出版联盟,而且是核心期刊测评和论文统计分析的数据源基础。万方《数字化期刊全文数据库》目前包含有期刊4500多种,全文总量达450万篇。

3. 百科全书

常见的电子百科全书网有韦式在线辞典网、辞典百科网、我国《英汉-汉英科技大辞典》的网络版、大不列颠百科全书网、知识在线网、网络知识百科全书网等。

4. 数据库

数据库是指大量信息对象的集合,允许用户根据某些属性进行检索。网上有各种各样的数据库,也包括各类科学图书馆和科技图书文献中心提供的检索服务,如国家科技图书文献中心检索、中国科学院文献情报中心发布的 GoOA 和公益学术平台 PubScholar、CNKI中国学术辑刊全文数据库、中国万方数据库等。图 6-23 为万方数据库(网址详见前言二维码)的首页。

图 6-23 万方数据库的首页

万方数据库是中国唯一完整的科技信息群。它汇集科研机构、科技成果、科技名人、中外标准、政策法规等近百种数据库资源,信息总量达 1500 万篇,为广大科研单位、公共图书馆、科技工作者、高校师生提供最丰富、最权威的科技信息。

5. 教育网站

常见的教育网站有国家高等教育智慧教育平台、国家中小学智慧教育平台、学科网、中国高等学校教学资源网等。图 6-24 为国家智慧教育公共服务平台(网址详见前言二维码)的首页。

图 6-24　国家智慧教育公共服务平台的首页

6. 数字图书馆

常见的数字图书馆有中国国家图书馆、清华大学数字图书馆、英国的爱丁堡工程学图书馆、美国总统图书馆以及美国国会图书馆等。其中,美国国会图书馆是世界上最大的图书馆,其网站也是网上最大的网站之一,提供了丰富的信息资源。图 6-25 为中国国家图书馆网站首页。

图 6-25　中国国家图书馆的首页

数字资源检索系统是国家图书馆最新推出的数字资源综合检索平台,旨在有机地整合国家图书馆收藏的多文种、多学科、多载体、多类型且分布式存在的印刷型和数字化的信息资源,面向社会公众提供方便快捷的一站式检索和信息获取服务。该系统实现了查找文章、查找电子书、查找期刊、查找数据库的整合检索。用户可以直接在该系统内一次对多个数据库进行检索,还可以通过检索结果获得所需的电子原文;查找电子书可以在多个数据库中同时进行。可以通过所属学科、期刊名称、ISSN 号等查找电子期刊;可以通过数据库类型、学科分类、数据库名称等方式查找数据库。

6.4.2 网络资源获取途径

1. 搜索引擎

目前较为优秀的中文搜索引擎有百度、必应、搜狗、360 搜索等,而知名度较高的国外搜索引擎则有 AltaVista、Google、Infoseek、GoTo、LookSmart、Excite、Yahoo 等。

2. 虚拟图书馆

由专业机构搜集的网络信息一般反映为虚拟图书馆。在国内,人们通常称其为学科导航。图 6-26 为 CALIS 管理中心联合北京大学图书馆、上海交通大学图书馆、中国人民大学图书馆和深圳大学图书馆共同成立的 CALIS 新一代图书馆服务平台建设联盟(网址详见前言二维码)的首页。

图 6-26　CALIS 新一代图书馆服务平台建设联盟的首页

3. 网络信息资源数据库

目前,常用的中文数据库有中国知网、万方数据系统、超星数字图书馆等。常用的国外数据库有 SCI、IEEE/IEE、Kluwer Online、Cambridge Scientific Abstract、Current Contents Connect 等。图 6-27 为中国知网的首页。

计算机网络与伦理

222

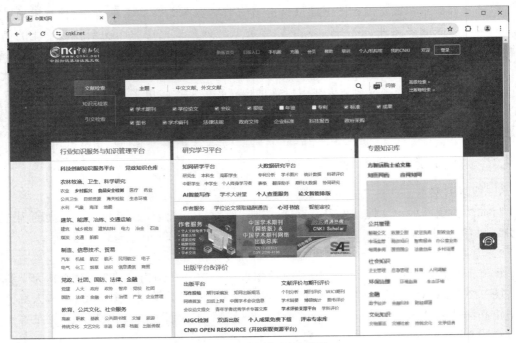

图 6-27　中国知网的首页

4. 专门的搜索引擎检索

常见的专门搜索引擎有人物搜索引擎、图片搜索引擎、域名搜索引擎、IP 地址搜索引擎、网址搜索引擎、主机名搜索引擎、商业搜索引擎以及 FTP 搜索引擎等。

6.4.3　网络资源检索技巧

1. 选择合适的搜索引擎

互联网上的搜索引擎较多,各个搜索引擎的功能不尽相同,在进行网络检索时,选择一个合适的搜索引擎非常重要。一般而言,选择搜索引擎可以考虑以下几方面因素:①搜索引擎的功能和适用性;②搜索引擎的查全率与查准率,覆盖网页的多少;③搜索引擎的熟练掌握程度;④如果有专业搜索引擎,则应尽可能选用专业搜索引擎;⑤若检索结果不理想,则可考虑更换搜索引擎或使用多个搜索引擎检索。

2. 确定正确的主题或检索关键词

确定的主题或检索关键词的正确与否是检索网络信息成败的关键。主题和关键词的确定方法和步骤如下。

(1)用清晰、简洁的句子(中文或英文)表达出自己的信息需要。

(2)从句子中抽取最重要的概念作为检索关键词(主题词)。

(3)了解信息需求的大主题(宽泛的主题)和小主题(缩小的主题),确定适当的检索主题。

3. 充分利用搜索引擎的功能和各种检索语法

互联网上的搜索引擎种类很多,各种搜索引擎都有各自的检索功能和检索语法,但是它们都具备分类主题的浏览检索和关键词检索两种检索方式,用户在具体的检索过程中,可以综合利用这两种方式,不必拘泥于其中一种方式。

4. 及时调整检索策略,必要时进行扩检和缩检

在检索结果不如意的情况下,要及时调整检索策略,必要时可以根据检索情况进行扩检和缩检。在检索结果较少情况下可以进行扩检,扩检主要有两种方法:一是利用检索词的上位词或广义词(概念上外延更宽广的词)进行检索;二是利用检索词的同义词、近义词或俗名等其他名称进行扩检。在检索结果较多的情况下,可以使用检索词的下位词或狭义词进行缩检,也可以利用搜索引擎的条件限定功能进行缩检。

5. 跟着超链接走

利用超链接进行网络信息的搜寻主要有以下方法。

(1)当超链接打不开时,右击超链接,通过快捷菜单查看"属性",从"属性"中可以看到该超链接的 URL,分析 URL 的构成,使用"右切断网址"的方法,从右至左依次删除网址中斜杠后面的内容,直至链接成功。在新网页中再继续一层层地查找相关信息。

(2)当检索到一个相关的网页时,可以分析其 URL 构成,试着构建相关信息的 URL,进入构建的 URL 网页查找更多的相关内容。

(3)在了解 URL 构成的基础上,根据需要构建出相关的网址。如需要检索"人民日报",可以设想其 URL 为 www.peopledaily.com,但结果链接不上,再添加".cn"域名,为 www.peopledaily.com.cn,结果正确,浏览器跳转到新的 URL:www.peopledaily.com.cn。

6. 通过分析检索结果逐步逼近

一般在检索的过程中,用户可以从检索结果中发现一些非常有价值的新线索,如更加贴切的检索词、好的专业网站、一些免费的相关期刊、相关信息链接以及有用的网络导航等,可以根据这些线索进一步查找更符合检索需要的或更多的信息。

6.4.4 常用数据库及特种文献检索

特种文献包括学位论文、专利文献、科技报告、会议文献、标准文献、政府出版物、产品样本、技术档案、艺术品等。

1. 学位论文的检索

学位论文是大学生或研究生为获得学位而提交的学术研究论文,它们的研究水平较高,所以在科学研究中有很好的参考价值。目前可以检索到学位论文的数据库和机构主要有以下几种。

(1)CNKI 学位论文库。包括《中国博士学位论文全文数据库》和《中国优秀硕士学位论文全文数据库》。

(2)中国科学文献服务系统。

(3)国家科技图书文献中心。

(4)中国科学院文献情报中心。

(5)中国科学技术信息研究所。

(6)万方数据。

2. 专利文献的检索

目前,利用网上专利数据库检索系统是搜集、获取专利信息的一条重要途径。中国有多个网站提供中国专利信息检索服务,主要有国家知识产权局专利检索系统、中国专利信息检索系统、中国知识产权网、中国专利信息网等网站。

(1) 国家知识产权局网站。

(2) 中国专利信息网。

3. 科技报告检索

科技报告按内容可以分为报告书(Report)、札记(Notes)、论文(Papers)、备忘录(Memorandum)、通报(Bulletin)等,按发行密级可分为秘密报告(Confidential Reports)、机密报告(Secret Report)、绝密报告(Top Secret Report)、非密限制发行报告(Restricted Report)、非密公开报告(Unclassified Report)、解密报告(Declassified Report)等。

提供科技报告检索服务的数据库有两个:中国科技成果数据库和全国科技成果交易数据库(NDSTRTI)。

4. 会议文献检索

提供国内会议文献网络检索服务的数据库如下。

(1) 中国知网的《中国重要会议论文集全文数据库》。

(2) 万方数据资源的《中国学术论文库》(CACP)。

(3) 国际科技图书文献中心的《中文会议论文数据库》。

5. 标准文献的检索

标准按使用范围可分为国际标准、区域性标准和国家标准,国家标准又分为行业标准、地方标准和企业标准。按内容和性质可分为技术标准和管理标准。按成熟度可分为强制性标准、推荐性标准,还有试行标准和草案标准。

国内标准文献信息的主要网站如下。

(1) 万方数据资源系统。

(2) 中国标准服务网。

(3) 国内外标准信息服务网。

(4) 中国标准信息网。

6. 艺术作品专门检索

常用的艺术作品检索系统有 Artlib 世界艺术鉴赏库、CAMIO 艺术博物馆在线数据库、雄狮美术知识库、华艺世界美术资料库、雅昌艺术书城数据库、ARTstor 艺术科学图像库、Bridgeman 艺术图书馆等。这些网址收录了世界各地丰富多样的艺术作品。其中,Artlib 世界艺术鉴赏库通过建立以经典艺术作品和艺术文献为中心的内容体系,搜集世界范围内的艺术品和艺术资料,收录全世界 13 300 多位艺术家的 200 000 多幅高清艺术作品图像,并处于实时更新状态,涵盖油画、素描、版画、水彩、国画、书法、壁画、雕塑、篆刻、建筑艺术及其他类型,包含艺术普及、艺术故事、艺术品、艺术家、艺术机构五大内容模块。

6.5　计算机伦理与职业道德准则

计算机技术是当前智能时代最核心的技术,是整个社会运转的中枢。然而,随着整个社会更加依赖计算机和网络,人们发现计算机故障和计算机滥用已经产生了一系列全新的社会问题,如计算机犯罪、软件盗版、黑客、计算机病毒、侵犯隐私、过于依赖机器和工作场所的压力等。这些社会问题中每一个都会造成计算机专业人员和用户的道德困境。计算机伦理和职业道德准则能够在一定程度上帮助人们解决这些道德难题,帮助计算机使用者树立起符合社会伦理的行为规范。

6.5.1　计算机伦理

计算机伦理又称为信息伦理或技术伦理,主要关注的是计算机技术在设计、开发、使用和管理过程中所涉及的道德问题和伦理原则,涉及隐私和数据保护、社会影响、计算机算法的道德问题和互联网伦理等多方面。

1. 隐私和数据保护

随着计算机技术的快速发展,个人和组织的数据收集与存储能力得到了极大的提升。然而,这也引发了隐私和数据保护的问题。如何在数据收集和使用中平衡个人隐私权和公共利益,确保个人数据的安全和保护,是计算机伦理研究的重要问题之一。例如,如果公民的个人信息尤其是敏感信息被滥用而得不到有效保护,将会侵害公民的基本权利,降低网民的安全感,甚至可能引发对互联网和信息化的反感。

2. 社会影响

计算机技术在社会各个领域中广泛应用,它们的设计和使用方式会对社会产生深远影响。例如,自动化和人工智能技术可能导致失业问题,算法的偏见可能引发不公正,虚拟现实技术可能改变我们对现实世界的认知等。研究人员需要关注如何评估和管理这些技术的社会影响,并提出相应的对策。同时,铺天盖地的广告和莫名其妙的电子邮件可能会使人们陷入无用信息的沼泽中,从而空耗宝贵的时间,垃圾邮件无疑就是当代的信息文明滋生出的、无数的数字化信息垃圾,并日益演变成信息污染,每年全球因垃圾邮件造成的损失高达20亿美元以上。网络色情信息和网络色情活动也都呈现出愈演愈烈的趋势,给上网者尤其是青少年造成了心灵伤害。这些都带来了恶劣的社会影响和严重的社会问题。

3. 计算机算法的道德问题

计算机算法的设计和运用已经深入到了我们的日常生活中。如何确保算法的公正性、透明度和可解释性,是计算机伦理研究的重要问题。此外,算法在信息过滤和推荐系统中也涉及道德问题,如何确保算法不引导用户形成偏见和过滤信息,也是一个值得研究的问题。

4. 互联网伦理

互联网连接了全球数十亿人,使得人们可以进行交流、获取信息和参与社交网络。然而,互联网的使用也带来了一系列的伦理问题,如网上欺诈、隐私泄露、网络骚扰等。研究人员需要关注如何构建一个道德和公正的互联网环境,以保护用户权益和网络安全。

除此之外,某种意义上说,对人工智能的追求是计算机领域一个很大的伦理问题,因为我们还要判定人工智能是否是人类的正确目标——尽管它离现实的目标还差很远。计算机专家是否该研究设计那些他们明知会使更多的人显得多余的系统和设备?我们是否真的应该把用机器代替人类做更多工作当作目标?对人类智慧来说,如此强调造出一个机器的智慧形式是否有点屈尊了?也许可以更进一步讲,假定我们知道计算机的不可靠性,我们能否把自己的性命交托给人工智能的专家系统?一个负责任的计算机专业人员该持何种态度?他们是否应该提醒用户相关的危险性或者拒绝操作那些性命攸关的设备?

6.5.2 计算机职业道德准则

1. 计算机职业

相对而言,计算机是一个新的领域,新出现的计算机职业既没有时间又没有组织能力来建立一整套道德规范或伦理学。较早的职业,像医疗和法律行业,有数世纪的时间来形成从业人员的道德规范和职业操守,但计算机不像医疗和法律,它的行业活动超出自己的专业范围,是一个开放的领域,没有边界。传统的职业包含了脑力劳动、高水平的技巧和长时间的训练,为社会提供必不可少的服务。但除了这些,传统职业是高度组织化的,有一个核心体,它在成员们达到一定技术水平时承认其资格,尽管成员有相当大的自主权,但他们被要求在从事职业时必须遵从行业核心组织制定的一套行业道德守则。

那么计算机是什么样的职业呢?正在成长的计算机行业从业人员还没有像医生或者律师这样的社会身份,其职业往往被定位为工程师或者数据管理人员,通常是在不同的团队中承担不同的角色。随着信息技术在不同行业的渗透和应用,计算机行业从业人员也在每天的工作中面临着越来越多的道德困境,作为一名合格的职业计算机从业人员就需要在遵守特定的计算机职业道德的同时,还需要遵守一些基本的社会主义职业道德规范,包括爱岗敬业、诚实守信、办事公道、服务群众、奉献社会等,这样才能塑造出计算机职业从业人员的良好形象。

2. 计算机职业道德的基本要求

法律是道德的底线,计算机职业从业人员职业道德的最基本要求就是国家关于计算机管理方面的法律法规。我国的计算机信息法规制定较晚,目前还没有一部统一的有关计算机信息法或计算机职业道德准则,但是全国人大、国务院和国务院的各部委等具有立法权的政府机关还是制定了一批管理计算机行业的法律法规,如《全国人民代表大会常务委员会关于维护互联网安全的决定》《计算机软件保护条例》《互联网信息服务管理办法》《互联网电子公告服务管理办法》等,这些法律法规是应当被每一位计算机职业从业人员所牢记的,严格遵守这些法律法规正是计算机职业从业人员职业道德的最基本要求。

3. 计算机职业道德的核心原则

任何一个行业的职业道德,都有其最基础、最具行业特点的核心原则,计算机行业也不例外。世界知名的计算机道德规范组织 IEEE-CS/ACM 软件工程师道德规范和职业实践(SEEPP)联合工作组曾就此专门制定过一个规范,根据此项规范计算机职业从业人员职业道德的核心原则主要有以下两项。

原则一:计算机专业人员应当以公众利益为最高目标。

原则二:在保持与公众利益一致的原则下,计算机职业从业人员应注意满足客户和雇主的最高利益。

4. 计算机职业的行为准则

所谓行为准则,就是一定人群从事一定事务时其行为所应当遵循的一定规则。一个行业的行为准则就是一个行业从业人员日常工作的行为规范。2018 年国际计算机协会制定并发布了《计算机协会道德与职业行为准则》,2023 年中国计算机学会制定并发布了《中国计算机学会职业伦理与行为守则》,两者均介绍了计算机伦理原则(包括一般伦理原则和职业伦理原则)和计算机职业行为规范,为会员的具体行为提供规范指引,并对违反上述守则行为的披露、惩罚和申诉等方面提出相关要求,促进了计算机行业和学会会员的职业持续健康发展。鉴于计算机职业从业人员属于科技工作者之列,参照《中国科学院科技工作者科学行为准则》的部分内容对计算机职业从业人员的行为准则列举如下。

(1) 爱岗敬业。面向专业工作,面向专业人员,积极主动配合,甘当无名英雄。

(2) 严谨求实。工作一丝不苟,态度严肃认真,数据准确无误,信息真实快捷。

(3) 严格操作。严守工作制度,严格操作规程,精心维护设施,确保财产安全。

(4) 优质高效。瞄准国际前沿,掌握最新技术,勤于发明创造,满足科研需求。

(5) 公正服务。坚持一视同仁,公平公正服务,尊重他人劳动,维护知识产权。

习　　题

一、单选题

1. 计算机网络最突出的优点是(　　　)。

    A. 精度高   B. 运算速度快

    C. 存储容量大   D. 共享资源

2. 下列选项中正确的 IP 地址是(　　　)。

    A. 202.18.21   B. www.hifa.edu.cn

    C. 202.266.18.21   D. 202.201.18.21

3. 计算机病毒是一种(　　　)。

    A. 生物病毒   B. 计算机部件

    C. 游戏软件   D. 特殊的有破坏性的计算机程序

4. 电子邮件地址由两部分组成:用户名@(　　　),如 lym@sina.com。

    A. 文件名   B. 域名   C. 匿名   D. 设备名

5. 主机域名 www.hifa.edu.cn 由 4 个子域组成,其中(　　　)子域是最高层次域。

    A. www   B. hifa   C. edu   D. cn

6. 计算机病毒是一种(　　　)。

    A. 生物病毒   B. 被破坏的程序

    C. 已损坏的磁盘   D. 具有破坏性的计算机程序

7. Internet 上的通信协议为(　　　)。

    A. IPX   B. WINS   C. TCP/IP   D. DNS

8. 计算机病毒的特征不包括(　　　)。

    A. 潜伏性   B. 传染性   C. 破坏性   D. 免疫性

9. FTP 是(　　　)。

    A. 超文本标识语言   B. 超文本文件

    C. 文件传输协议   D. 超文本传输协议

10. 在浏览器地址栏中输入网址,最前面出现的 http 是(　　　)。

    A. 文件传输协议   B. 超文本传输协议

    C. 超文本标记语言   D. 超文本

二、填空题

1. 计算机网络包括资源子网和_____子网。

2. 一条 20M 带宽的网线,理论下载速度是_____ Mb/s。

3. IP 地址由网络地址和_____两部分组成。

4. 局域网常见拓扑结构有总线型结构、环状结构、_____结构和混合型结构。

5. 网络按照地理覆盖范围可以分成_____、城域网和广域网。

三、简答题

1. 什么是计算机网络? 按照覆盖范围划分,实验室机房构建的网络属于哪一种?

2. 什么是计算机病毒? 为了防范计算机病毒,我们在日常使用计算机时应采取哪些措施?

3. 简述防火墙与杀毒软件的区别。

参 考 文 献

[1] 教育部高等学校大学计算机课程教学指导委员会.新时代大学计算机基础课程教学基本要求[M].
北京：高等教育出版社,2023.

[2] 曹成志,宋长龙.大学计算机[M].北京：高等教育出版社,2023.

[3] 薛红梅,申艳光.大学计算机：计算思维与信息技术[M].北京：清华大学出版社,2023.

[4] 张燕翔.当代科技艺术：艺术与科技的创意融合[M].北京：清华大学出版社,2023.

[5] 翟萍,王贺明,张魏华,等.大学计算机基础[M].北京：清华大学出版社,2022.

[6] 王建书,陈建华.多媒体技术及应用[M].北京：清华大学出版社,2023.

[7] 李华,张国强.大学生信息技术：扩展模块[M].北京：电子工业出版社,2024.

[8] 容会,訾永所,邱鹏瑞,等.信息技术[M].北京：机械工业出版社,2022.

[9] 朱莹泽,王会英,王双,等.大学计算机基础[M].北京：机械工业出版社,2023.

[10] 陈国良.计算思维导论[M].北京：高等教育出版社,2012.

[11] 张瑜.多媒体技术与应用[M].北京：清华大学出版社,2015.

图书资源支持

感谢您一直以来对清华版图书的支持和爱护。为了配合本书的使用，本书提供配套的资源，有需求的读者请扫描下方的"书圈"微信公众号二维码，在图书专区下载，也可以拨打电话或发送电子邮件咨询。

如果您在使用本书的过程中遇到了什么问题，或者有相关图书出版计划，也请您发邮件告诉我们，以便我们更好地为您服务。

我们的联系方式：

清华大学出版社计算机与信息分社网站：https://www.shuimushuhui.com/

地　　址：北京市海淀区双清路学研大厦 A 座 714

邮　　编：100084

电　　话：010-83470236　010-83470237

客服邮箱：2301891038@qq.com

QQ：2301891038（请写明您的单位和姓名）

资源下载： 关注公众号"书圈"下载配套资源。

资源下载、样书申请

书 圈

图书案例

清华计算机学堂

观看课程直播